Maren Lehky

Was Ihre Mitarbeiter wirklich von Ihnen erwarten

Die Übersetzungshilfe
für Führungskräfte

Campus Verlag
Frankfurt / New York

Bibliografische Information der Deutschen Nationalbibliothek.
Die Deutsche Nationalbibliothek verzeichnet diese Publikation in der
Deutschen Nationalbibliografie; detaillierte bibliografische Daten
sind im Internet unter http://dnb.d-nb.de abrufbar.
ISBN 978-3-593-38839-7

Copyright © 2009 Campus Verlag GmbH, Frankfurt am Main
Umschlaggestaltung: R.M.E, Roland Eschlbeck und Rosemarie Kreuzer
Satz: Campus Verlag, Frankfurt am Main
Druck und Bindung: Druck Partner Rübelmann GmbH, Hemsbach
Gedruckt auf säurefreiem und chlorfrei gebleichtem Papier.
Printed in Germany

Besuchen Sie uns im Internet: www.campus.de

Inhalt

Vorwort

Dieses Buch ist auf Anregung des Verlages im Rahmen einer Diskussion entstanden, die darum kreiste, dass es eine Vielzahl von Titeln gibt, die mit haarsträubenden marktschreierischen Formulierungen Leser auf das Feindbild Chef einschwören und eine ganze Berufsgruppe mehr oder weniger gekonnt beschimpfen. Und wir fragten uns, ob man in Abgrenzung dazu nicht etwas schreiben könnte, das einem versöhnlichen Ansatz folgt und den Vorgesetzten erklärt, warum das Phänomen »Mitarbeiter schimpft über Vorgesetzten« gerade in der heutigen Zeit so ausgeprägt ist und was man dagegen tun kann.

Ich persönlich finde es bitter zu sehen und zu lesen, wie wir in der Arbeitswelt immer weiter auseinanderzudriften drohen und wie ein Keil zwischen »die da oben« und »uns hier unten« getrieben wird, häufig unterstützt von den Medien. Nun ist es ja leider nicht so, dass es keine drastischen Beispiele gäbe, die genau dafür Anlass bieten – dieses Buch ist in den Zeiten der Wirtschaftskrise entstanden. Täglich kommen neue schlechte Nachrichten über Managementfehler, Entlassungen oder schräge Vorgehensweisen in Restrukturierungsprozessen ans Tageslicht. Und dennoch gibt es sie, die erfolgreichen, einfühlsamen, konsequenten, vorbildlichen Manager, die sich mit ihren Mitarbeitern beraten, bevor sie entscheiden, denen Nachhaltigkeit wirklich ein Anliegen ist, die nicht nur ihren nächsten Bonus im Visier haben, denen es Spaß macht, gemeinsam mit ihren Teams etwas voranzubringen. Über die lesen und hören wir allerdings leider zu selten.

Mein Anliegen ist es also, eine Brücke zwischen Mitarbeitern und Vorgesetzten zu bauen, die Kluft zu verringern. Ich bin der festen Überzeugung, dass wir es uns weder leisten können noch leisten sollten, Vorgesetzte generell zu kritisieren und eine ganze Berufsgruppe infrage zu stellen, sondern ich möchte, dass wir aufeinander zugehen und die anstehenden großen Aufgaben, die vor uns liegen, gemeinsam lösen. Ich möchte zu der Erkenntnis beitragen, dass kein Chef ohne seine Mitarbeiter erfolgreich ist, dass es seine Verantwortung ist, für ein motiviertes Team zu sorgen, dabei aber sowohl Menschlichkeit als auch Konsequenz bei Regelverstößen walten zu lassen, wenn jemand das Team oder das Unternehmen schädigt.

Dieses Buch soll helfen, sich in Mitarbeiter hineinzuversetzen, es soll ihnen eine Stimme geben. Aus ihrer Sicht wird beschrieben, was Führung manchmal scheitern lässt und was Mitarbeiter demotiviert. Mit diesem Blick »hinter die Kulissen« können sich auch Vorgesetzte besser in ihre Rolle hineinfühlen und sich ihr noch bewusster werden: Wie viele Hoffnungen ruhen auf ihnen, wie viele Wunschbilder werden auf sie projiziert? Welche Dinge nimmt man Vorgesetzten übel, was brauchen und erwarten Mitarbeiter von Führungskräften – insbesondere in so angespannten und bewegten Zeiten? Es geht um Erklärungsansätze, die dafür sensibilisieren, was erfolgreiche Führung ausmacht.

Warum ich mich für Führungsthemen einsetze, werde ich oft gefragt. Es ist mein Weg, mich für eine bessere Welt zu engagieren, denn ich halte Führung für *den* entscheidenden Hebel, um Unternehmenserfolg zu gestalten.

Und ja, ich träume noch. Von einer Arbeitswelt, in der das gemeinsame *Wir* Grenzen überwindet, in der Vorgesetzte die Ehre und Freude der Führungsaufgabe wieder für sich entdecken und in der angestellte Manager so entscheiden und agieren, als sei es ihr eigenes Unternehmen; in der die Würde des Menschen unantastbar ist, man Konflikte konstruktiv löst, die unterschiedlichen Rollen akzeptiert und in der wir alle gemeinsam in die Hände spucken, um unsere Unternehmen voranzubringen, die Wirtschaft zu fördern und dabei über sichere und wirtschaftlich vernünftige Arbeitsplätze einen großen Beitrag zur sozialen Gerechtigkeit zu leisten.

Ich habe selbst in vielen Unternehmen und in eigenen Teams einen solchen »Geist« erlebt und teilweise selbst erzeugt. Und ich wünsche mir, dass das öfter möglich ist und die Welt dann auch darüber berichtet, wo es gelingt und was hilft, statt genüsslich die Wunden zu vergrößern und damit die Angst der Arbeitnehmer weiter zu schüren. Angst und Wut waren noch nie gute Ratgeber oder gar Treiber für Innovation und Erfolg. Letztere brauchen wir aber dringend. Insofern freue ich mich, wenn dieses Buch einen kleinen Beitrag zur Diskussion oder zur

Verhaltensänderung leisten kann und wenn für Sie, liebe Leserin, lieber Leser, etwas Nützliches dabei ist. Auch in diesem, meinem neunten Buch, geht es um praktische Tipps, konkrete Fragen zur Selbstreflexion und um das eine oder andere Aha-Erlebnis. Schauen Sie, was für Sie dabei ist!

Ein Hinweis noch: Die in diesem Buch gewählte Schreibweise mit den männlichen Bezeichnungen umfasst gedanklich natürlich auch alle Frauen, alle weiblichen Bezeichnungen. Aus Gründen der Lesefreundlichkeit habe ich jedoch auf die gesonderte Schreibweise verzichtet. Ich danke für Ihr Verständnis und wünsche Ihnen nun viel Vergnügen und gute Erkenntnisse beim Lesen sowie viel Erfolg in der Übersetzung auf Ihren Führungsalltag!

Maren Lehky, 2009

Einleitung

Narzissten, Nieten, Aufschneider – der Chef als Feindbild

Wenn man einen Menschen richtig beurteilen will, so frage man
sich immer: Möchtest du den zum Vorgesetzten haben?

Kurt Tucholsky

Die Lage in deutschen Unternehmen scheint ernst: »Mitten durch die
Gesellschaft geht ein Graben, er teilt Deutschland in zwei Lager, in die
Manager und die Bevölkerung«, meldet die *Die Zeit* im Dezember 2006.
Unter der Überschrift »Die Welt der Bosse« diagnostiziert die Wochen-
zeitschrift gar, Topmanager lebten längst in einem »Paralleluniversum«
zur Welt der Arbeiter und Angestellten. Mit dieser düsteren Einschätzung
stehen die Journalisten nicht allein da. Auch Jochen Kienbaum, Gründer
und Chef der gleichnamigen Unternehmensberatung, konstatiert im
Handelsblatt im Jahr zuvor »tiefe Gräben zwischen Chefetage und Belegschaft«, und die *Süddeutsche Zeitung* weiß: »Die Bürger haben den
Glauben an ihre Wirtschaftselite längst verloren« (*Magazin* vom 20. Juni
2008). Hier beklagt auch Innenminister Wolfgang Schäuble »ein gestörtes
Vertrauen in die Integrität der Eliten« und fordert Gegenmaßnahmen.

Nur noch Nieten im Topmanagement?

Keine Frage, Topmanagern bläst der Wind der öffentlichen Meinung
hart ins Gesicht, die Finanzkrise hat den Konflikt in hohem Maße ver-
schärft. Das Thema ist jedoch nicht neu: Bereits 1992 landete der Wirtschaftsjournalist Günter Ogger mit *Nieten in Nadelstreifen* einen Bestseller, und seitdem reißt die Chefschelte nicht ab. Der Ton ist inzwischen
(noch) konfrontativer geworden, die Titel immer provokanter. *Menschenschinder oder Manager* lautet das Thema der US-Psychologen Paul
Babiak und Robert D. Hare, und ein mögliches Fragezeichen hinter diesem Buchtitel spart man sich gleich ganz. Stanford-Professor Robert I.

Sutton dagegen hat einen *Arschloch-Faktor* entdeckt und gibt Überlebensregeln für den »geschickten Umgang mit Aufschneidern, Intriganten und Despoten im Unternehmen«. Dass Gossensprache Auflage garantiert, bewies auch die PR-Fachfrau Margit Schönberger mit ihrem Buch *Mein Chef ist ein Arschloch, Ihrer auch?*. Sie hat es laut Untertitel mit »Machtmenschen, Feiglingen und Wichtigtuern« zu tun und verdient inzwischen weiter an dem Folgeband *Der Arsch auf dem Sessel*. Titel, die man nicht laut aussprechen mag.

Die Sünden auf der Teppichetage

Ob bekannter Topmanager oder mittlere Führungskraft von nebenan – wer Führungsverantwortung trägt, scheint inzwischen unter dem Generalverdacht der Unfähigkeit, der mangelnden Integrität, wenn nicht gar einer behandlungsbedürftigen psychischen Störung zu stehen. Dass derartige Pamphlete auf fruchtbaren Boden fallen überrascht nicht, denn in regelmäßigen Abständen melden die Medien die neuesten Verfehlungen auf der Teppichetage. Und das sind immer dieselben.

Raffgier und persönliche Bereicherung

Ein Bundesbankpräsident, der öffentlich zur Sparsamkeit mahnt und sich einen mondänen Silvesteraufenthalt im Berliner Nobelhotel Adlon von einem Kunden, nämlich der Dresdner Bank, sponsern lässt? Als das Anfang 2004 bekannt wurde, schlugen die Wellen hoch. Ernst Welteke verstand die ganze Aufregung nicht und musste von der Politik mühsam zum Rücktritt überredet werden. Zwei Jahre später machte Ruheständler Welteke erneut Schlagzeilen, weil er mit der Bundesbank vor Gericht um die Höhe seiner Altersbezüge stritt. Stolze 8 000 Euro genügten ihm angeblich nicht, um »seinen Lebensstandard aufrechtzuerhalten«. Welteke erstritt schließlich eine Pension von 13 000 Euro – eine Summe, für die der Durchschnittsrentner 500 Jahre arbeiten müsste, wie das Magazin *Focus* süffisant ausrechnete. Als Super-GAU in puncto Ansehen des Topmanagements erwies sich auch der Fall Zumwinkel. Der Postchef galt als Musterbeispiel für Integrität und umsichtiges Handeln, bis er im Februar 2008 vor laufenden Kameras von der Bochumer Staatsanwaltschaft abgeführt wurde. Klaus Zumwinkel wurde vorgeworfen, über »Stiftungen« in Liechtenstein Steuern in Millionenhöhe hinterzogen zu haben.

Unsensibilität und Blindheit für die eigene Außenwirkung

Ungeschicktes Agieren in der Öffentlichkeit wirkt sich kaum weniger verheerend aus als justiziable Verfehlungen. Dagegen ist auch das politische Spitzenpersonal nicht gefeit, etwa der Umweltminister Sigmar Gabriel, der sich 2008 per Bundeswehrmaschine aus dem mallorquinischen Urlaubsort zur Kabinettssitzung nach Berlin einfliegen ließ. In der Wirtschaft greifen die Topmanager der Deutschen Bank gerne einmal daneben, von Hilmar Kopper und seinen »Peanuts« anlässlich der Schneiderpleite (gemeint waren offene Handwerkerrechnungen, die die Existenz mancher Firmen bedrohten) bis zu Josef Ackermann und seinem deplatzierten Victory-Zeichen zu Beginn des Mannesmann-Prozesses. Auch Ackermanns Rede auf der Aktionärsversammlung 2005 ist unvergessen, in der er Milliardengewinne und den Abbau Tausender Stellen in einem Atemzug verkündete.

Eklatante Fehleinschätzungen und Missmanagement

Jürgen Schrempp wollte aus einem schwäbischen Automobilkonzern eine »Welt AG« schmieden und führte Daimler unter anderem in die unheilige Allianz mit Chrysler. Die missglückte gründlich: Die inzwischen rückgängig gemachte Fusion kostete das Unternehmen Milliarden, doch der ausgeschiedene Schrempp profitierte sogar noch vom Anstieg des Aktienkurses nach Bekanntgabe des verlustreichen Verkaufs von Chrysler. Schrempp hielt Aktienoptionen, die ihm nach »Rückabwicklung seines Lebenswerkes« knapp 6 Millionen Euro einbrachten, wie der Berliner *Tagesspiegel* im Juni 2007 berichtete.

Marcel Ospel dagegen, Verwaltungsratschef der Schweizer Bank UBS, wurde 2008 in die Wüste geschickt, weil er beim missglückten Versuch, die UBS zum weltgrößten Investmenthaus zu machen, geschätzte Abschreibungen in der sagenhaften Höhe von 25 Milliarden Euro anhäufte. Um die Jahreswende 2008/2009 wurde der Ruf der gesamten Bankenbranche durch die verlustreichen Hasardspiele zahlreicher Topmanager in Landesbanken, Sparkassen und Privatbanken dauerhaft beschädigt und gipfelte in der *Spiegel*-Titelstory im Februar 2009 in der neuen Berufsbezeichnung »Bangster«.

Gesetzesverstöße und kriminelle Machenschaften

Gelegentlich bekommt das Topmanagement es sogar mit der Justiz zu tun, und die Medien sorgen dafür, dass die Vergehen der Wirtschaftsführer sich tief ins Gedächtnis der Zeitungsleser und Fernsehzuschauer einbrennen. Peter Hartz, Ex-Personalvorstand bei Volkswagen und eine Zeit lang als innovativer Wirtschaftsreformator auch von der Politik gefeiert, entging mit einer Haftstrafe auf Bewährung und einer hohen Geldbuße nur knapp dem Gefängnis, weil unter seiner Führung Betriebsräte durch hohe Zuwendungen und »Lustreisen« gewogen gehalten wurden. Heinrich von Pierer, langjähriger Siemens-Vorstandschef und späterer Aufsichtsratsvorsitzender, war als Kanzler(innen)berater von einem Tag auf den anderen nicht mehr gefragt, als eine Verstrickung in die Siemens-Schmiergeldaffäre immer wahrscheinlicher wurde. Gleich anschließend rätselte man im Frühsommer 2008, wer bei der Deutschen Telekom die Verantwortung für das Abhören von Journalisten und Vorstandsmitgliedern trug.

Messen mit zweierlei Maß

Vor dem Hintergrund solcher Meldungen haben nicht zuletzt die hohen Managementgehälter die Führungseliten in Verruf gebracht. Der persönliche Ansehensverlust angesichts von Verfehlungen, Versäumnissen oder Misserfolgen mag hoch sein – doch finanziell fallen die Bosse in der Regel weich. Und während sich Arbeitnehmer mit immer neuen Sparappellen konfrontiert sehen (in der Regel, um »den Aufschwung nicht zu gefährden«) und die Reallöhne seit Jahren stagnieren oder sogar sinken, kennen die Vorstandsbezüge nur eine Richtung: nach oben. »Die Vorstände der 30 Konzerne aus dem Deutschen Aktienindex genehmigten sich in 20 Jahren ein Gehaltsplus von 650 Prozent«, meldete die *Frankfurter Rundschau* im Juli 2008 unter der Überschrift »Der gespaltene Wohlstand«. Dass es dabei nicht um die Millionengehälter an sich geht, sondern um das mehr als komfortable Einkommen auch bei mäßigem Erfolg, zeigt der Fall Klaus Kleinfeld. Zum Anfang vom Ende der Karriere des damaligen Siemens-Chefs gehörte neben der Insolvenz der an BenQ verkauften Handysparte auch die Meldung, der Siemensvorstand habe sich unter seiner Regie eine »üppige Gehaltserhöhung« bewilligt, während man öffentlich über den massiven Abbau von Stellen diskutierte (*Focus* im Januar 2007).

Warum so viele Chefs ein Imageproblem haben

Man könnte all das als Imageproblem einer kleinen Kaste von Topmanagern abtun, als verheerende Außenwirkung einiger schwarzer Schafe, als Mischung von »Zerrbild« und »Klischees«, wie Josef Ackermann in einem Interview mit dem *Spiegel* Anfang März 2008 behauptet. Doch es nützt weder Ackermann noch seinen Kollegen etwas, wenn der Bankmanager darauf verweist, Oskar Lafontaine als Parteivorsitzender der »Linken« lebe in seiner Villa weitaus »prunkvoller« als er selbst. Der Schaden ist angerichtet. Generalisierungen und Pauschalurteile machen den Menschen das Leben einfacher, gerade in schwierigen Zeiten. Und vermutlich hat *Die Zeit* Recht, wenn sie im Mai 2008 hinter der massiven Managerschelte auch eine »Projektionsfläche für [eigene] Abstiegsängste« vermutete. Wer über eine Top-Führungskraft schimpft – im zitierten Fall über René Obermann, der im Jahr 2007 50 000 Mitarbeiter der Telekom in eine Tochterfirma ausgliederte, wo sie »länger und für weniger Geld« arbeiten müssten –, wird demzufolge auch von seinen eigenen Sorgen vor einem ähnlichen Schicksal getrieben. Als Arbeitnehmer identifiziert man sich eben mit anderen Arbeitnehmern und nicht mit einem Vorstand unter Erfolgsdruck.

Auch der Hinweis auf die Leistungen und Erfolge anderer Spitzenkräfte – vom Porsche-Chef Wendelin Wiedeking, der seine Mitarbeiter fair am Unternehmenserfolg beteiligte, über Michael Otto, der ein traditionelles Versandhaus zum größten Versandhandel der Welt machte, oder Wolfgang Reitzle, der den von einer Übernahme bedrohten Linde-Konzern als Weltmarktführer für Industriegase etablierte, bis zu BASF-Vorstand Jürgen Hambrecht, der 2008 von Personalexperten aufgrund seiner hohen Glaubwürdigkeit, Führungsqualitäten und wirtschaftlichen Erfolge zum besten aller DAX-Chefs gekürt wurde[1] – auch der Hinweis auf solche positiven Vorbilder trägt kaum dazu bei, das Image der Topleute aufzupolieren. »Good news is no news«, wissen Pressepro-fis. Was Auflage garantiert und sich im kollektiven Gedächtnis festsetzt, ist der Skandal, nicht die Erfolgmeldung.

War denn im Management früher alles besser? Verfehlungen hat es sicher immer gegeben, doch heute stehen Spitzenmanager im grellen Licht der öffentlichen Aufmerksamkeit, denn ihre »Performance« ist längst kursrelevant. »Die Hälfte aller Anleger lässt sich beim Aktien-kauf vom Image des CEOs leiten«, meldet das *manager magazin* im Mai 2004 und beruft sich auf eine Studie der Kommunikationsagentur Bur-son-Marsteller. Entscheidend sei die Frage: »Kann ich diesem Mann mein Geld anvertrauen?« Dabei geht es nicht (nur) um wirtschaftliche Kennzahlen. Wäre das der Fall, müsste Josef Ackermann ein wahrer Publikumsliebling sein, denn auch im internationalen Vergleich steht die Deutsche Bank gut da. Es geht auch und gerade um telegenes Auftreten, um Glaubwürdigkeit und eine »authentische« Außenwirkung. Nicht je-der Betriebswirt, Ingenieur oder Naturwissenschaftler, den überzeu-gende Arbeit und gute Vernetzung in eine hohe Position führten, bringt die darstellerischen Qualitäten eines Barack Obama mit. Und so kann es passieren, dass ein Vorstandschef wie Klaus Kleinfeld, der im Frühjahr 2007 in einem Interview der *Tagesthemen* zur Siemens-Schmiergeldaf-färe eher unbeholfen und unsicher agiert, am nächsten Tag in den Me-dien landauf und landab Prügel bezieht und sich die Frage nach seiner Führungseignung gefallen lassen muss.

Der unfähige Chef von nebenan?

Auch auf den unteren und mittleren Führungsebenen hakt es nicht sel-ten. Jeder kennt jemanden, der einen »schlimmen« Chef hat, oder sieht sich gar selbst als Opfer einer unfähigen und daher überbezahlten Füh-rungskraft. »Wie denken Sie über Ihren Chef?«, fragte im Juli 2007 das Online-Portal der *Frankfurter Allgemeinen Zeitung*, FAZJob.net. Als po-sitiv wurde vermeldet, dass »weit mehr als 40 Prozent der 1 700 Teilneh-mer« der Umfrage mit ihrem Chef zufrieden seien (exakt 43,2 Prozent). »Keines der Klischees« treffe zu, man habe »einfach Glück«, sagte diese Gruppe. Anscheinend war man in der FAZ-Redaktion wild entschlossen, das Glas als »halb voll« zu sehen, wie die übrigen Zahlen nahelegen:

- Immerhin 22,5 Prozent der Mitarbeiter sagten, ihr Chef sei »hemmungslos launenhaft« und »nur auf den eigenen Vorteil bedacht«;
- 12,2 Prozent meinten, ihr Vorgesetzter »kompensiere seine Unsicherheit durch Autorität«;
- 11,2 Prozent berichteten, sie hätten es mit jemandem zu tun, der »extrem nachgiebig« sei und versuche, »es allen recht zu machen« und
- 10,9 Prozent empfanden ihren Vorgesetzten als »hart sachorientiert, ohne Interesse am Gegenüber«.

Das macht unterm Strich 56,8 Prozent unzufriedene Mitarbeiter. Rein statistisch betrüge danach die Wahrscheinlichkeit, dass auch Ihre jetzigen, früheren oder zukünftigen Mitarbeiter nicht besonders glücklich mit Ihnen als Führungskraft sind, etwa fünfzig-fünfzig – zu wenig, um die anstehenden Herausforderungen gemeinsam zu bewältigen.

Demotivierte und frustrierte Arbeitnehmer

Einen hohen Grad an Mitarbeiterunzufriedenheit belegen auch andere Umfragen. Gerne und viel zitiert wird seit Jahren der »Engagement-Index« des renommierten US-Marktforschungsinstituts Gallup. Die Gallup-Forscher fragen jährlich in einer Reihe von Ländern nach der »emotionalen Bindung« der Arbeitnehmer an ihr Unternehmen und schließen daraus auf Motivation und Arbeitsleistung. Die Zahlen für Deutschland schwanken von Jahr zu Jahr um 1 oder 2 Prozentpunkte, aber sie bleiben erschreckend. 2006 galt danach:

- 19 Prozent der deutschen Arbeitnehmer haben »keine emotionale Bindung« zu ihrer Arbeit. Diese Gruppe hat innerlich bereits gekündigt.
- 68 Prozent haben eine »geringe emotionale Bindung«, machen also den gefürchteten »Dienst nach Vorschrift«.
- Lediglich 13 Prozent weisen jene »hohe emotionale Bindung« auf, die nach Ansicht der Gallup-Forscher garantiert, dass sich jemand ernsthaft in seinem Job engagiert.

Im internationalen Kontext bildet Deutschland dabei regelmäßig eines der Schlusslichter. Zum Vergleich: In den USA gehört immerhin ein knappes Drittel der Arbeitnehmer zur Spitzengruppe der sehr Engagierten. Die Zahlen des deutschen Marktforschungsinstituts IFAK bestätigen die der amerikanischen Kollegen. 2008 fühlten sich nach einer repräsentativen Umfrage nur 12 Prozent der bundesdeutschen Beschäftigten »ihrem Arbeitgeber gegenüber verpflichtet«. Die große Mehrheit von 64 Prozent »spult am Arbeitsplatz ein Pflichtprogramm ab« und 22 Prozent haben »ihren Arbeitsplatz innerlich schon gekündigt«, heißt es zum aktuellen »Arbeitsklima-Barometer« unter www.ifak.com. Die Marktforscher haben auch eine Erklärung parat: »Schuld an der geringen Verbundenheit der Mitarbeiter und Mitarbeiterinnen mit ihrem Arbeitgeber ist ein Arbeitsumfeld, das den Bedürfnissen und Erwartungen der Beschäftigten nicht gerecht wird und auf Defizite in der Personalführung zurückzuführen ist.«

Die Gallup-Forscher Marcus Buckingham und Curt Coffman formulieren es in ihrem Buch *Erfolgreiche Führung gegen alle Regeln* ein wenig bündiger: »Mitarbeiter verlassen nicht Unternehmen, sondern Vorgesetzte.« Dazu passt ein weiteres IFAK-Ergebnis: »Wenn Sie könnten, würden 35 Prozent der Ungebundenen [also der wenig motivierten Mitarbeiter] ihren Chef beziehungsweise ihre Chefin sofort entlassen.«

Tyrannen und Psychopathen gibt es wirklich

So weit, so schlecht. Als hart arbeitende und gestresste Führungskraft ist man geneigt, sich hinter einen Schutzwall zu flüchten, der aus Argumenten wie Undankbarkeit der Mitarbeiter, Verkennen der heutigen wirtschaftlichen Zwänge, überzogenen Erwartungen und passiver Konsumhaltung (»Chef, mach mich glücklich!«) errichtet wird. Und sicherlich mag das gar nicht so selten zutreffen. Doch aus meiner langjährigen Führungs- und Beratungspraxis in zahlreichen Branchen und Unternehmen weiß ich auch: Es gibt sie tatsächlich, die unfähigen, im Extremfall sogar menschenverachtenden Vorgesetzten, die einem eine Gänsehaut über den Rücken jagen.

Während der Vorbereitung dieses Buches sind mir Beispiele berichtet worden, die mich erschaudern ließen. Da ist die Führungskraft in der Medienbranche, die ihre Mitarbeiter in Meetings systematisch anschreit, auslacht und deren Ideen konsequent verspottet. Da ist der Manager in einem Handelsunternehmen, der im Fahrstuhl einen einzelnen Kollegen bedroht, sich vor ihm aufbaut, die Arme an der Wand seitlich neben ihm abstützt und sich bemüht, ihn zwischen der ersten und sechsten Etage massiv einzuschüchtern. Oder da ist der Führungskollege, der sich im gemeinsamen Meeting hinter einen der eigenen Mitarbeiter stellt und laut flüstert: »Für jede schlechte Idee, die Sie hier produzieren, hacke ich Ihnen einen Finger ab.«

Durch solche Beispiele gewinnt ein erschreckender Hinweis des Schweizer Mediziners Gerhard Dammann dann doch an Glaubwürdigkeit: Amerikanischen Untersuchungen zufolge, berichtet der Psychotherapeut und Chefarzt einer Psychiatrischen Klinik, betrage der Anteil der »Psychopathen« an der Gesamtbevölkerung etwa 1 Prozent. In US-Unternehmen hingegen kämen auf 100 Angestellte im Schnitt acht Personen mit »dissozialer Persönlichkeitsstörung« – »und das auch noch stets in höheren Positionen«.[2]

Es ist müßig, darüber zu spekulieren, ob solche Fälle darauf zurückzuführen sind, dass bestimmte Persönlichkeitskomponenten (wie ausgeprägter Narzissmus) zunächst durchaus förderlich für eine Führungskarriere sein können, dann aber ins psychopathische Extrem umkippen, sobald die eigene Machtfülle es erlaubt oder der Druck von außen zunimmt. Oder ob umgekehrt erst die Machtfülle manche Menschen korrumpiert und zu einem Auftreten jenseits jeglichen Anstands veranlasst. Das erinnert an die Frage nach der Henne und dem Ei. Kritisch ist das Verhalten allemal. Und noch irritierender ist es, wenn solche Fälle im Unternehmen bekannt sind, ohne dass jemand Strafanzeige stellt oder die Person hinauswirft.

Chefs und Mitarbeiter – jenseits der Schwarz-Weiß-Malerei

Nun könnte man entgegnen, dass über 90 Prozent der Chefs immerhin »normal« sind. Vor diesem Hintergrund scheint die pauschale Vorgesetztenschelte, das Gerede über Nieten, Versager, Wichtigtuer und Despoten auf den Chefsesseln, weiterhin ein Ärgernis. Vielleicht wird hier ja auch mit Unterstützung einiger beflissener Buchautoren ein bequemes Feindbild aufgebaut, das von eigenen Versäumnissen ablenken soll? Ganz nach dem Motto: »Ich würde ja gern mehr tun, aber mein autoritärer Chef lässt mich ja nicht!« Oder: »Das Arbeitsklima bei uns ist sooooo demotivierend – da kann man es mir kaum verübeln, dass ich jeden Tag Punkt 16:00 Uhr nach Hause flüchte!«

So einfach ist es nun auch wieder nicht. Weder sind alle Chefs Despoten und alle Mitarbeiter Engel, noch ist es umgekehrt. Jeder von uns kennt Mitarbeiter, an denen alle Motivationsversuche abprallen und die jede Führungskraft zur Verzweiflung treiben, weil sie offenbar fest entschlossen sind, möglichst bequem durchs (Arbeits-)Leben zu gehen. Es gibt nicht nur unfähige oder korrupte Führungskräfte, sondern natürlich auch Mitarbeiter, die sabotieren, unterschlagen, Kollegen drangsalieren, Firmengeheimnisse verraten oder durch verheerende Fehler wirtschaftlichen Schaden anrichten. Und es gibt viele engagierte, hart arbeitende und integre Menschen auf allen Stufen der Karriereleiter. Die Realität ist eben selten schwarz oder weiß, meistens ist sie ziemlich bunt, mit Grauschattierungen und vielen weiteren Farbtönen.

Es geht in diesem Buch also nicht darum, das »Feindbild Chef« durch ein »Feindbild Mitarbeiter« zu ersetzen. Es geht nicht um Rechtfertigungen oder Schuldzuweisungen, sondern um eine Versachlichung der Diskussion. Im Mittelpunkt werden Erklärungsversuche stehen und die Möglichkeiten, die man hat, um gegenzusteuern, wenn es im eigenen Einflussbereich nicht nach Wunsch läuft. Denn die Zahlen zu Demotivation und Frust in den Unternehmen lassen sich nicht wegdiskutieren. Und diese Zahlen schlagen sich Jahr für Jahr in Cent und Euro nieder. Laut *Financial Times Deutschland* vom 6. Oktober 2006 beziffert Gallup den gesamtwirtschaftlichen Schaden der Motivationsmisere in deutschen Unternehmen auf 247 bis 260 Milliarden Euro jährlich. Zum Vergleich: Der gesamte Bundeshaushalt im Jahr 2008 betrug 283,2 Milliarden Euro. Die Soziologen Winfried Panse und Wolfgang Stegmann haben ausgerechnet, dass allein die »innere Kündigung« die deutschen Unternehmen jährlich 93 Milliarden Euro kostet.[3] Auch in einem nur mittelgroßen Unternehmen kommen da schnell einige Millionen zusammen.

Thema dieses Buches sind also nicht die Extremfälle, die rabenschwarzen Schafe unter den Führungskollegen, denen man zu Recht die Etiketten »Menschenschinder« oder »Psychopath« anheftet. Hier bleibt nur der Appell an die Zivilcourage jedes Einzelnen, an die Verantwortlichen in den Chefetagen, an Betriebsräte und Personalabteilungen, solchen Auswüchsen Einhalt zu gebieten. Wer Mitarbeiter drangsaliert, hat in einer Führungsposition nichts verloren. Auch die kurzfristigen Erfolge, die ein solches Schreckensregiment möglicherweise erzielt, rechtfertigen kein Wegschauen. Wenn es dieses Argument denn braucht: Eine tyrannische Führungskraft rechnet sich auf Dauer nicht. »Die Kosten eines Mistkerls« waren im Dezember 2006 der *Frankfurter Allgemeinen Sonntagszeitung* einen ausführlichen Artikel wert. Unter Berufung auf das *Wall Street Journal* wurde dort unter anderem der Fall des Hollywood-Produzenten Scott Rudin geschildert, der in fünf Jahren 250 persönliche Assistenten verschlissen haben soll (das wäre circa einer pro Woche, wenn wir davon ausgehen, dass auch extreme Choleriker hin und wieder einmal Urlaub brauchen). Auch außerhalb Hollywoods gilt: Die Fähigen unter den Mitarbeitern suchen als Erste das Weite, für sie gibt es in der Regel Alternativen. Die Übrigen flüchten sich in die innere Kündigung oder melden sich, wann immer möglich, krank. Ideen, Engagement, Kreativität – all das, was wir im globalen Wettbewerb so dringend brauchen – sucht man in solchen Abteilungen vergeblich. »Management by Champignon« nennen Spötter das: Wer in derart vergifteten Abteilungen den Kopf hebt, bekommt ihn gleich abgehackt.

Der ganz normale Führungsalltag, und um den geht es in diesem Buch, sieht jedoch anders aus. Dort sind es möglicherweise die eigenen kleinen Ungeschicklichkeiten, die Missverständnisse und die (für sich genommen) wenig dramatischen Versäumnisse auf Führungsseite, die jedoch schleichend die Stimmung verändern und Mitarbeiterfrust auslösen. Oder es ist die Hinterlassenschaft eines von den Mitarbeitern gefürchteten Vorgängers, die ganze Angst und resignierte Unselbstständigkeit in der Abteilung, die man als neue Führungskraft erst einmal in positive Energie umwandeln muss.

Andere Führungskollegen wiederum rennen gegen eine Mauer aus Desinteresse an, die durch immer neue Umstrukturierungen Jahr für Jahr ein kleines Stück gewachsen ist. Wer hier als dritter Chef in vier Jahren noch etwas ändern und bewegen will, der sieht sich mit achselzuckenden Äußerungen konfrontiert wie: »Na, diese Restrukturierung überleben wir auch noch!« Oder vielleicht hat sich auch ein larmoyanter Jammerton eingebürgert, und die Mitarbeiter bestätigen sich Tag für Tag, wie schwer der eigene Job, wie unfähig die Geschäftsführung und wie schlecht die Bezahlung doch sei. Wie viel solcher Jammerei ist ganz normal, und ab wann wird das Klagen destruktiv?

Um Fragen wie diese geht es in den folgenden Kapiteln. Ich habe insgesamt sieben Gründe gesammelt, warum man als Führungskraft zur Zielscheibe von Ablehnung, Gejammer oder gar Arbeitsverweigerung werden kann. Wir werden einen Blick hinter die Kulissen werfen und hin und wieder auch schauen, was die Psychologen zur ganz besonderen Beziehung von Chefs und Mitarbeitern zu sagen haben. Und wir werden ganz praktisch ausloten, wie Sie im Alltag gegensteuern und Ihre Abteilung hinter sich versammeln können. Dabei gibt es selten »einfache« Lösungen, denn die Führungssituationen, in denen Sie für gute Ergebnisse sorgen müssen, sind auch selten »einfach«. Und die Menschen, mit denen Sie es zu tun haben, sind es erst recht nicht. Aber in jeder Situation gibt es sinnvolle – und weniger sinnvolle – Handlungsmöglichkeiten. Wählen Sie selbst.

Kapitel 1

Jammern als Ritual – warum viele Menschen gern mal klagen

Das Glück beruht oft nur auf dem Entschluss, glücklich zu sein.

Lawrence Durrell

Sie kennen solche Situationen wahrscheinlich: Am Kopierer, in der Kaffeeküche oder im Besprechungsraum stecken einige Mitarbeiter die Köpfe zusammen. Als Sie auf der Bildfläche erscheinen, verstummt das Gespräch abrupt; und es beschleicht Sie das ungute Gefühl, dass dort gerade nicht besonders schmeichelhaft vom Unternehmen oder gar von Ihnen selbst gesprochen wurde. Ihre Vermutung ist berechtigt: »Der durchschnittliche Mitarbeiter lästert vier Stunden pro Woche über seine Vorgesetzten«, so die *Frankfurter Allgemeine Zeitung* im Juli 2007 unter Berufung auf das geva-institut München. Die gute Nachricht: Lästern und jammern scheint irgendwie zum Leben dazuzugehören. Gerade wir Deutschen sind groß darin, das Glas als halb leer zu sehen statt als halb voll. Wir beschweren uns über das Wetter, wenn es zu warm oder zu trocken, zu nass oder zu durchwachsen ist. Petrus kann es uns nicht recht machen, genauso wenig die deutsche Fußballnationalmannschaft, die gerade zu Beginn der Arbeit an diesem Buch Vize-Europameister wurde. Statt sich über die Erfolge der Fußballer zu freuen, wurde den ganzen Juli 2008 lang abwechselnd über Stürmer-, Trainer- oder Abwehrprobleme diskutiert und am Ende auch noch die Frage aufgeworfen, ob das Quartier zu gemütlich sei und sie deshalb nicht in Schwung kamen. Auch Sportreporter haben offensichtlich ein »Jammer-Gen«.

Mit den äußeren Lebensumständen hat die Neigung zum Klagen nur teilweise zu tun. Das belegt sehr eindrucksvoll eine internationale Studie zur »Average Happiness in 95 Nations«, die im Internet unter http://worlddatabaseofhappiness.eur.nl abrufbar ist. Auf einer Skala von 1 (»unzufrieden«) bis 10 (»zufrieden«) liegt Deutschland mit einem Durchschnittswert von 7,2 Punkten zwar im oberen Mittelfeld, aber noch hinter Guatemala (7,6), Mexiko (7,6) und sogar deutlich hinter Kolumbien (8,1). Unser »Glückswert« entspricht nach dieser Umfrage exakt dem von El Salvador (7,2), und erstaunlicherweise sind die reichen Kuwaiter nicht etwa die glücklichsten Menschen auf unserem Planeten (das sind die Dänen!), sondern mit einem Wert von 7,0 sogar noch etwas weniger zufrieden als wir.

Zufriedenheit und Jammerneigung haben offensichtlich auch etwas mit Lebenseinstellungen und Wertesystemen zu tun. Wer je von einer Reise in ein Schwellen- oder Entwicklungsland zurückgekehrt ist und sich daheim beim ersten Einkauf über die missmutigen Gesichter im gut sortierten und perfekt klimatisierten Supermarkt wunderte, hat das wahrscheinlich schon geahnt. Und wer dann noch im Café, in der Bahn oder beim Sport eins der alltäglichen Jobgespräche mithört (»Mein Chef hat keine Ahnung, meine Kollegen sind unglaublich, was die Entwicklungsabteilung sich dabei bloß gedacht hat, die Bezahlung könnte besser sein, arbeiten lohnt sich ja kaum noch, frisst sowieso alles die Steuer …«), der weiß, dass es auch so etwas wie »Gewohnheitsjammern« gibt. Schade nur, dass man sich dabei den Alltag madig redet und gleichzeitig mit pessimistischem Tunnelblick Erfolge und Positives ausblendet.

Damit soll das Problem nicht kleingeredet werden. Denn die schlechte Nachricht ist: Ein Mitarbeiter, der vier Stunden pro Woche jammert, arbeitet in dieser Zeit höchstwahrscheinlich nicht und ist in der restlichen Arbeitszeit vielleicht weniger produktiv. Anzunehmen, die Menschen würden einen Großteil der Chefschelte auf den Feierabend vertagen, wäre wohl naiv. Auch jenseits persönlicher Betroffenheit kann es einer Führungskraft daher nicht gleichgültig sein, wenn sich die eigene Abteilung in einen Jammerzirkus verwandelt und womöglich irgendwann eine geschlossene Front gegen den Chef entsteht. Denn es gibt einen Punkt, an dem das Alltagsklagen umschlägt in eine allumfassende, destruktive Jammerei, die ganze Abteilungen lähmen und jede engagierte Arbeit blockieren kann. Ist das Klima erst einmal derart vergiftet, leidet die Produktivität massiv. Ein schlechtes Betriebsklima kann zu deutlichen Einbußen beim Gewinn eines Unternehmens führen, wie die *Berliner Zeitung* im Januar 2008 aus einer zweijährigen Forschungsstudie der Universität Bielefeld berichtete. Und das *Handelsblatt* empfiehlt im Juli 2007: »Manager sollten ihr Personal glücklich machen – dann laufen die Geschäfte besser.« Grundlage dieser These ist unter anderem eine Studie der renommierten Wharton School (University of Pennsylvania). Der Wharton-Wissenschaftler Alex Edmans wertete die Aktienkurse der »100 Best Companies to Work for« aus. Ergebnis: Die Aktien der US-Unternehmen mit zufriedenen Mitarbeitern erzielten zwischen 1998 und 2005 doppelt so hohe Kursgewinne wie der Gesamtmarkt.

Was also können Sie tun, um lieb gewordene Jammerrituale zu durchbrechen und Mitarbeiterenergien in positivere Bahnen zu lenken? Was sollten Sie gelassen hinnehmen und unter gewohnheitsmäßiger Chefschelte verbuchen und wann müssen Sie einschreiten? Woran liegt es überhaupt, dass Jammern durchaus ein angenehmer Zeitvertreib sein kann? Was können die Auslöser des Gejammers sein, und welche Emotionen kommen dabei ins Spiel? Die folgenden Fragen helfen Ihnen zu verstehen, was hinter dem Jammern stecken kann – auch bei Ihnen selbst.

Loten Sie aus, was hinter der Jammerei steckt!

- Wenn Sie sich selbst beobachten: Wie oft freuen Sie sich über Positives? Dabei zählt die Freude über schönes Wetter oder einen gelungenen Fernsehfilm genauso wie die über gute Mitarbeiterleistungen oder ein erfolgreiches Meeting.
- Gegenprobe: Wie oft ertappen Sie sich selbst beim Jammern? Über den Dauerregen, über anspruchsvolle Kunden, über Ihren eigenen Chef(!), über die »weltfremden« Vorstellungen in der Zentrale, über die billige Konkurrenz aus Fernost, über …
- Sollten Sie gelegentlich auch über Ihren Vorgesetzten oder »die da oben« jammern: Bei welchen Anlässen geschieht das? Was sind die Auslöser? Welche Emotionen kochen in diesen Momenten bei Ihnen hoch?
- Wenn Sie gemeinsam mit anderen klagen: mit wem vorzugsweise und worüber? Welches Gefühl stellt sich dabei ein? Oder anders gefragt: Was ist der Nutzen eines solchen »Jammer-Chors«?
- Wenn Sie zu dem Schluss kommen sollten, dass gemeinsames Jammern ein gutes (Gemeinschafts-)Gefühl erzeugt: Wie könnten Sie das gleiche Gefühl auf anderem Wege erzeugen? Was bräuchten Sie dafür?

Warum ein bisschen Gejammer einfach dazugehört

Vor einem fatalen Fehler möchte ich Sie gleich zu Beginn dieses Kapitels warnen: Werten Sie nicht jede kritische Mitarbeiterbemerkung, die Ihnen zugetragen wird, jeden beiläufigen Spruch oder jede Mitarbeiterklage in Zeiten, in denen es einmal heiß hergeht (»Ich hab' schon wieder jede Menge Überstunden!«), als Angriff auf Ihre Person oder Ihre Führungsqualitäten! Glauben Sie mir: Gejammert wird (fast) immer! Und auch bei negativem Feedback von Mitarbeitern gilt: Schon ein wenig mehr Gelassenheit erleichtert den Führungsalltag. Anders gesagt: Ein gewisses Maß an Jammern müssen Sie als Chef einfach aushalten, das ist in Ihrem Gehalt inbegriffen.

Fünf Gründe, warum Jammern so beliebt ist

Warum klagen wir eigentlich alle hin und wieder – von der Sekretärin, die über ihren »chaotischen« Chef jammert, bis zum Geschäftsführer, der die Billigkonkurrenz aus dem asiatischen Raum beklagt? Werfen wir einen Blick auf die psychologischen Mechanismen, die hier wirken.

1. Jammern ist leichter als Handeln

Solange man die Ungerechtigkeit der Welt und des eigenen Schicksals beklagt, muss man nicht handeln – man ist ja Opfer widriger Umstände und hat damit moralischen Anspruch auf Bedauern, Trost und Aufmunterung. Und das ist zumindest kurzfristig weitaus angenehmer und bequemer, als Handlungsmöglichkeiten auszuloten und selbst aktiv zu werden. Der Geschäftsführer kann ja nichts für die ausländische Konkurrenz, die Sekretärin nichts für ihren planlosen Chef. »Schuld« sind die anderen. Und auch mancher Mitarbeiter lehnt sich im Bewusstsein, dass »der Chef schuld ist«, erst einmal beruhigt zurück: Dieser enge Terminplan im Projekt XY war nun wirklich nicht einzuhalten; hätte der Chef besser vorinformiert, hätte man den potenziellen Kunden sicher überzeugen können; dass einem die Arbeit seit einiger Zeit nicht so recht von der Hand geht, liegt an mangelnder Motivation durch den Vorgesetzten – nicht etwa an eigener Trägheit.

2. Jammern schiebt die Verantwortung auf andere

Ein zweites gewichtiges Jammermotiv ist: Wer jammert, kann die Verantwortung für den Status quo elegant auf andere abwälzen. Worin der eigene Anteil an der Misere bestehen könnte, bleibt von vornherein ausgeklammert. Wer grübelt schon gern über eigene Versäumnisse nach? Bewahren Sie also Contenance, wenn ein Mitarbeiter, der sich seit Jahren gegen jede IT-Fortbildung mit Händen und Füßen wehrt, nun plötzlich beklagt, wie »kompliziert« die neue Software sei.

3. Jammern verschafft ein Gefühl der Überlegenheit

Wer etwas beklagt, begibt sich damit zumindest vordergründig in die Vogelperspektive. Man blickt eben voll durch! Der Chef ist so unorganisiert, weil er als Marketingmensch Chaos mit Kreativität verwechselt. Kein Wunder, er war ja lange Zeit in einer Agentur, und man weiß ja, wie es da zugeht … Und die deutsche XY-Industrie geht demnächst vor die Hunde, weil die Bundesregierung es versäumt hat, schon vor Jahren energisch gegen Produktpiraterie vorzugehen, und weil das chinesische Geschäftsgebahren so aggressiv ist, was wiederum folgende kulturhistorische Hintergründe hat, und so weiter. Man hat eben den Durchblick – nur tragen solche Überlegungen wenig zu einer Lösung des Problems bei. Folgte nach der manchmal sicher treffenden Analyse dann auch die Schlussfolgerung und entsprechende Handlung, wäre diese Form des Klagens erträglicher.

4. Jammern entlastet

Von der antiken Tragödie erhofften sich die alten Griechen eine kathartische Wirkung: Das Durchleben von Furcht und Schrecken beim Anblick des dramatischen Schicksals der handelnden Personen sollte das Publikum von eben diesen Gefühlen befreien. Jammern hat für viele Menschen heute eine ähnlich befreiende Funktion. Wer einem Freund oder einer Freundin ausgiebig sein Leid geklagt hat, fühlt sich hinterher »irgendwie besser«. Und ich muss leider zugeben: Vor allem Frauen sind meiner Beobachtung nach anfällig für diese kathartische Jammerei – und reagieren äußerst ungehalten, wenn sie das (in dem Fall meist männliche) Gegenüber mit voreiligen Lösungsvorschlägen nervt, statt einfach nur mitfühlend zuzuhören und regelmäßig bedächtig zu nicken. Nicht jede Klage am Arbeitsplatz bedeutet also akuten Handlungsbedarf. Vielleicht möchte da jemand nur ein bisschen mehr Aufmerksamkeit und Anerkennung? Und manchmal pirscht man sich im Verlauf einer solchen Suada ja tatsächlich langsam an Lösungsmöglichkeiten heran.

5. Jammern schweißt zusammen

»Wer jammert, hat immer Kollegen«, sagt ein treffender Spruch. In jeder noch so spannungsgeladenen Abteilungsbesprechung stellt sich ein wohliges Gemeinschaftsgefühl ein, sobald irgendjemand die Sprache auf den schlechten Service bei der Deutschen Bahn oder die neuesten Kapriolen der Telekom-Hotline bringt und man gemeinsam auf einen Dritten schimpfen kann. Nur wenig schweißt einen Kollegenkreis mehr zusammen als ein gemeinsamer »Feind« – die gemeinsame Kritik am neuen Vorstand beispielsweise, der angeblich von nichts eine Ahnung hat, oder das Gejammer über den direkten Vorgesetzten, der vor der Vertreterkonferenz mal wieder mit »völlig überzogenen« Ansprüchen an die Produktpräsentation nervt. Ein Bankenvorstand, der die Übernahme einer mittelständischen Privatbank zu managen hatte, erzählte mir einmal, um die Versöhnung zweier völlig unterschiedlicher Unternehmenskulturen habe er sich in dem Moment keine Sorgen mehr gemacht, als die Belegschaft anfing, gemeinsam gegen »die vom (neuen) Vorstand« zu wettern. Ab da sei ihm klar gewesen, dass die Mitarbeiter der unterschiedlichen Häuser sich zusammengerauft hätten.

Fast könnte man also sagen: Gemeinschaftsmeckern ist das wirksamste Instrument der Teambildung – müsste man nicht die Sorge haben, dass mittelfristig die Arbeitsproduktivität darunter leidet. Der Psychologe und Mediziner Gerhard Dammann spricht in diesem Zusammenhang von der Gefahr einer »paranoid-regressiven ›Wir gegen die‹-Einstellung« der Mitarbeiter: Das »Feindbild Führung« verhindere dann, »dass man sich wirklich initiativ mit den alle betreffenden übergreifenden Aufgaben beschäftigen muss«.[4] Um dem vorzubeugen, setzt man dem Gemeinschaftsjammern am besten etwas entgegen, das das Gemeinschaftsgefühl auf andere Weise stärkt – gemeinsame Ziele und Herausforderungen etwa. Selbst ein externer Gegner (etwa der Markt oder die Konkurrenz), der zusammenschweißt und dessen Überwindung das Wir-Gefühl beflügelt, ist besser, als wenn sich die negative Energie gegen das eigene Umfeld richtet.

Drei Gründe, warum Sie als Chef mit dem Jammern leben müssen

Beginnen wir mit einem ebenso ernüchternden wie tröstlichen Statement: »In zahlreichen Studien wurde gezeigt, dass Führung weniger die autonome und kompromisslose Realisierung einer glasklaren stimmigen Strategie ist, als vielmehr die Kunst des Durchwurstelns angesichts mehrdeutiger Ziele, nur partiell durchschauter Bedingungen, heterogener Interessen, beschränkter Ressourcen, Zeitdruck und komplexer wechselseitiger Abhängigkeiten.« Dieses Fazit zieht der erfahrene Organisationspsychologe Oswald Neuberger, Inhaber eines Lehrstuhls für Personalwesen an der Universität Augsburg, in seinem Standardwerk *Führen und führen lassen*.[5] Neuberger spricht auch von einer »Steuerungsillusion«, an der Berater und Führungstheoretiker eifrig mitstrickten.

In der Praxis bedeutet das nichts anderes als das, was Sie im Führungsalltag wahrscheinlich auch schon gespürt und erlebt haben: Nicht alle Situationen im Unternehmen sind voll durchschaubar (geschweige denn völlig steuerbar), nicht alle Konflikte sind lösbar, nicht jeder Mitarbeiter reagiert so, wie wir kalkuliert haben, nicht alle Teambedürfnisse kann man erfüllen.

Sicher, es gibt wichtige Tools, Methoden und Strategien, die bei der Bewältigung von Führungsaufgaben helfen. Aber es gibt keine einfachen, »todsicheren« Lösungen für alles und jedes. Wenn die Geschäftsleitung Kostensenkungen einfordert, Ihre Mitarbeiter gleichzeitig saftige Gehaltserhöhungen einklagen und Ihre Schlüsselkunden günstigere Angebote erwarten, können Sie nicht alle Seiten zufriedenstellen. So viel zum oben zitierten Rat des *manager magazins*: »Machen Sie Ihre Mitarbeiter glücklich!«

Zu einer Führungsaufgabe gehört es daher auch, Unzufriedenheit und Gejammer bis zu einem gewissen Grad auszuhalten. Wenn man ein bisschen tiefer einsteigt, findet man mehrere Gründe dafür, warum es so ist, wie es ist.

1. Unvermeidbare »Beziehungsprobleme«

Jede menschliche Beziehung birgt Konfliktstoff. Wo Menschen sich miteinander arrangieren müssen, treffen unterschiedliche Interessen, Erwartungen, Erfahrungshintergründe aufeinander. Das gilt für jede Ehe und jede Nachbarschaft, und es gilt unweigerlich auch für die Beziehung zwischen Chef und Mitarbeiter. Doch während wir unseren zukünftigen (Ehe-)Partner Monate oder gar Jahre auf Herz und Nieren prüfen, fällt die Entscheidung für oder gegen einen Mitarbeiter, für oder gegen einen Vorgesetzten, nachdem man sich in Auswahlgesprächen nur wenige Stunden lang »kennen lernen« konnte. Und mit diesem Gegenüber (das man sich in vielen Fällen noch nicht einmal selbst ausgesucht, sondern per Versetzung »geerbt« hat) verbringt man anschließend nicht selten mehr Zeit als mit der eigenen Familie. Kein Wunder, dass es auch unter den Chef-Mitarbeiter-Beziehungen solche gibt, die über kurz oder lang auf eine Scheidung hinauslaufen (mehr dazu in Kapitel 4, *Passungsprobleme*). Und erst recht kein Wunder, dass Mitarbeiter sich manchmal an ihren Chefs reiben und über sie jammern und lästern (müssen). Sie meinen, im Job sollte es doch sachlich und rational zugehen? Auch mit dieser Illusion werden wir uns weiter unten noch beschäftigen. Vorerst wette ich mit Ihnen: Sie selbst geben Ihre Gefühle auch nicht morgens am Empfang ab – und das ist gut so.

2. Die »Dialektik« der Führung

Mit dem besonderen Sprengstoff der Führungsbeziehung hat sich schon Sigmund Freud beschäftigt. Der Begründer der Psychoanalyse war der Auffassung, dass die Geführten eigene Wünsche, Hoffnungen und verdrängte Persönlichkeitszüge auf den gemeinsamen »Führer« projizierten. Diese Idealisierung der Führungsfigur schweiße einerseits die Gruppe zusammen, berge aber immer auch einen »Bodensatz an Hassbereitschaft«, schreibt Freud in seinem Werk *Massenpsychologie und Ich-Analyse*. Insbesondere, wenn die Führungskraft Erwartungen der Geführten enttäusche, breche sich diese latente Aggressivität Bahn.

Idealisierung und Verteufelung sind so gesehen zwei Seiten derselben Medaille, und Führungskräfte eignen sich aufgrund ihrer exponierten Position besonders zum möglichen Opfer dieses psychologischen Mechanismus. Das würde auch erklären, warum frühere Hoffnungsträger oder Lichtgestalten wie Peter Hartz und Klaus Zumwinkel nach ihrem Sturz derart anhaltend zur Zielscheibe einer breiten Öffentlichkeit wurden. Ein anderes Beispiel von der anderen Seite des Atlantiks: Stanford-Professor Robert Sutton zitiert als Beleg für seinen »Arschloch-Faktor« unter anderem die Trefferquote bei Google, wenn man den Namen des Apple-Mitgründers und CEO »Steve Jobs« und »Asshole« eingebe. Sutton fühlte sich noch von 60 000 Fundstellen bestätigt, wenige Jahre später hat sich das schon auf über 130 000 mehr als verdoppelt. Chefs sind offenbar ideale Reizfiguren, sobald einmal Zweifel an ihrem persönlichen Heiligenschein aufkommen. Auch ein Teil des »Alltagsgejammers« geht schlicht auf das Konto überzogener Erwartungen. Mehr dazu in Kapitel 2, *Wunschdenken*.

Mit der Dialektik von Führungsbeziehungen beschäftigen sich auch zeitgenössische Wissenschaftler. David Collinson, Professor für Führung und Organisationslehre an der Lancaster University Management School, kritisiert in dem Aufsatz »Dialectics of Leadership« beispielsweise, dass man in der Führungsdiskussion die Aufmerksamkeit bislang einseitig auf den Führenden gerichtet habe. Ohne Geführte gäbe es aber keine Führung, und die Beziehung zwischen Führendem und Geführtem berge per se Konfliktpotenzial, da hier Notwendigkeit und Neigung, jemand anderem zu folgen, mit der gleichzeitig vorhandenen Neigung kollidiere, sich gegen Vorgaben und Kontrollen aufzulehnen.[6] Vielleicht steckt in uns allen noch etwas vom trotzigen Kind oder rebellischen Teenager, und es gibt ein tief verwurzeltes Bedürfnis, auch mal »dagegen« zu sein und sich gegen Autoritäten abzugrenzen?

3. Die Stellvertreterfunktion der Führungskraft

Da wir uns gerade mit der menschlichen Psyche beschäftigen: Gehen Sie davon aus, dass Sie als unmittelbarer Vorgesetzter derjenige sind, der den Frust über Entscheidungen aushalten muss, die Sie persönlich oft gar nicht zu verantworten haben – vom erneuten Strategiewechsel des Topmanagements über das Outsourcen bestimmter Bereiche, das die ausländische Muttergesellschaft beschlossen hat, bis zu Sparmaßnahmen, die Ihnen Ihr eigener Boss aufnötigt. Sie selbst sind für Ihre Mitarbeiter greifbar und vor Ort, alle anderen sind weit weg und unerreichbar.

Manche Führungsexperten beschreiben den Vorgesetzten daher als Projektionsfläche für Ängste, Aggressionen, Hass- und Neidgefühle der Mitarbeiter, die dieser aufgreifen und aushalten müsse – »ohne jedoch von ihnen überwältigt zu werden«, wie Gerhard Dammann schreibt[7]. Dammann zitiert in diesem Zusammenhang die Containing-Theorie des britischen Psychoanalytikers Wilfred Bion, der sich mit Gruppenprozessen beschäftigte. Er ging davon aus, dass unerträgliche seelische Inhalte auch bewältigt werden könnten, indem man sie einer anderen Person aufbürde, die sie stellvertretend verarbeiten müsse. Diesen Prozess beschreibt Bion als »Containing«. Salopp gesagt: Als Führungskraft sind Sie manchmal auch schlicht dazu da, Druck aus dem Kessel zu lassen und die bösen Geister zu vertreiben. Bevor wir also im Folgenden möglichen Anlässen und Auslösern dafür auf den Grund gehen, dass Mitarbeiter sich ungerecht behandelt fühlen, und bevor wir schauen, wann Handlungsbedarf besteht beziehungsweise welche Handlungsmöglichkeiten Sie haben, hier noch einmal der Hinweis: Hin und wieder kann es klüger sein, die Dinge gelassen hinzunehmen, statt sie durch zu viel Aufmerksamkeit unnötig zu dramatisieren. Das wusste schon ein CDU-Vorsitzender und Bundeskanzler, der sich immerhin 16 Jahre an der Spitze der Republik hielt – so lange wie niemand vor ihm und bisher auch niemand nach ihm.

Jammern im Job: Anlässe und Auslöser

17 Jahre im Personalmanagement verschiedener Branchen von Medien bis Maschinenbau und weit über 100 Führungsseminare, die ich als Unternehmensberaterin in den letzten Jahren gegeben habe, haben mich eines gelehrt: Gejammert wird auf allen Ebenen. Ob ich Teamleiter, Abteilungsleiter oder Bereichsleiter schule oder Vorstände coache: Die Kritik am »System«, am Chef oder an den Gesellschaftern und das Infragestellen von Menschen, die organisatorisch mehr Macht haben als man selbst, scheinen zum guten Ton zu gehören – und das ist vor dem Hintergrund der oben angeführten psychologischen Erklärungen auch gar nicht so verwunderlich. Insofern sollte man erst einmal bei sich selbst anfangen, um zu diagnostizieren, wer jammert und warum eigentlich. Nur wenn diese beiden Aspekte geklärt sind, können Sie als Vorgesetzter gezielt gegensteuern.

Warum Sie keine Ausnahme sind

Wenn Jammern, Lästern und Klagen in Ihrer Abteilung so um sich greifen, dass Sie etwas dagegen unternehmen müssen, helfen Ihnen simple Parolen wie »Kopf hoch!« oder der lapidare Hinweis auf die Vorzüge positiven Denkens nicht weiter. Um den Dingen auf den Grund zu gehen, beobachten Sie sich am besten einmal ein paar Tage oder Wochen selbst: Wie oft lästern Sie eigentlich über Ihren Chef oder den Vorstand? Oder als Vorstand über den Aufsichtsrat oder die Gesellschafter und Anteilseigner? Möglicherweise werden Sie dann zu dem Schluss kommen, dass Sie gar nicht so viel besser sind als Ihre angeblich so »wehleidigen« oder »renitenten« Mitarbeiter, und dass Sie zumindest gelegentlich das Gleiche tun – wenngleich auf höherem Niveau und mit einem ungleich höheren Risiko. Denn wer als Manager dabei erwischt wird, über die Führungsriege öffentlich im Kollegenkreis zu lästern und diese dadurch indirekt infrage zu stellen, bezahlt das nicht selten mit seinem Job. »Mangelnde Loyalität« lautet dann der Vorwurf, und die zählt zu den zehn Führungsfehlern, mit denen ich mich in meinem letzten Buch *Die 10 größten Führungsfehler und wie Sie sie vermeiden* beschäftigt habe. Machen Sie sich im Geiste also jedes Mal eine kurze Notiz, wenn Sie sich beim Lästern oder Jammern ertappen, und beziehen Sie dabei ruhig auch die Gespräche auf dem Golfplatz oder am heimischen Esstisch mit ein.

Gehen Sie dann einen Schritt weiter, als Ihre Mitarbeiter es tun werden (wofür sind Sie schließlich Führungskraft?), und nehmen Sie die jeweiligen Anlässe für Ihr Lamentieren genauer unter die Lupe. Sie geben Ihnen einen Hinweis darauf, was zu ändern ist, damit Ihre Mitarbeiter nicht genauso fühlen.

Anlässe, die zum Jammern verleiten

Die Situationen, die zornig machen und zum Klagen provozieren, sind natürlich bei jedem von uns andere. Ich spekuliere einfach und liste ein paar mögliche Anlässe auf; vielleicht kommt Ihnen das eine oder andere bekannt vor:

• Im Meeting: Ihre Vorschläge wurden nicht gewürdigt, Ihre guten Ideen mit lapidaren Argumenten abgeschmettert. Man hat Ihnen nicht die Aufmerksamkeit gewidmet, die Ihnen zusteht oder die der Sache angemessen wäre.

- Sie haben Monate an einem Projekt gearbeitet, recherchiert, analysiert und aufbereitet – und dann gibt man Ihnen im Vorstand zehn Minuten Präsentationszeit und die Auflage: »Aber maximal drei Charts!«
- Sie sind fest davon ausgegangen, dass Ihre diesjährigen Erfolge in der Jahresabschlussrede im kleinen Abteilungsleiterkreis positiv hervorgehoben und gelobt würden. Doch dann sind nur Kollegen mit ihren Themen vertreten, und Sie fühlen sich übergangen.
- Sie diskutieren mit Ihrem Vorgesetzten ein Projekt, zu dem Sie schon umfassende Vorarbeit geleistet haben. Plötzlich entwickelt Ihr Chef in der Diskussion spontan eine Idee, die leider besser ist als alles, was Sie in wochenlanger Arbeit hervorbrachten.
- Sie haben lange auf den Jour fixe mit Ihrem Chef gewartet, und Ihre Themenliste ist lang. Während der ersten halben Stunde geht er drei Mal ans Telefon, danach checkt er dauernd »unauffällig« seinen Blackberry.

Die Anlässe fürs Jammern werden fraglos vom persönlichen Werteprofil mit beeinflusst: Wer meint, es müsse im Leben vor allem gerecht zugehen, wird sich an der Jahresabschlussrede besonders reiben. Wer sehr ehrgeizig ist und hohe Kompetenz oder persönlichen Erfolg an die Spitze seiner Wertehierarchie setzt, lässt sich ungern von Spontanideen seines Vorgesetzten in den Schatten stellen. Auch der persönliche Erfahrungshintergrund spielt eine Rolle dabei, wie empfindlich wir reagieren: Wer beispielsweise in dem Gefühl aufwuchs, immer die zweite Geige hinter dem begabteren, klügeren, sportlicheren Bruder spielen zu müssen, kann mit beiden Situationen sicher schlechter umgehen als jemand, der für sich eine ausgewogene Lebensbilanz zieht.

Die Rolle der Emotionen

Der Ablauf ist immer der gleiche: Bevor wir jammern, kochen Emotionen hoch: verletzter Stolz, unerfüllter Ehrgeiz, das Gefühl der Niederlage, die Eifersucht oder der Neid auf Kollegen… Wir können (und sollten) unsere Gefühle im Job nicht verleugnen – wir bleiben Menschen, unabhängig von der Karriere, und jeder trägt sein kleines Paket mit sich. Und mag der Chef in allen Situationen auch der Auslöser des Jammerns sein, so liegt die eigentliche Ursache nicht selten tiefer.

Bevor Sie sich jetzt fragen, ob man tatsächlich auch Erfahrungen aus Elternhaus und eigener Erziehung heranziehen sollte, um heutige Reaktionen im Business-Meeting zu erklären – man sollte. Wir werden zeitlebens beeinflusst von früheren und frühesten Erfahrungen, und je stärker man sich dessen bewusst ist, desto besser stehen die Chancen, souveräner damit umzugehen. Mehr dazu im Kapitel *Passungsprobleme*.

Ihren Mitarbeitern ergeht es nicht anders. Der erste Schritt, dem Jammern und Klagen in der Abteilung konstruktiv zu begegnen, ist daher, die Emotionen der Mitarbeiter ernst zu nehmen und mit den Irrationalitäten des Alltags zu rechnen. Ich kenne kein Unternehmen, in dem es rein sachlich und rational zugeht – wer Menschen beschäftigt, bekommt es unweigerlich mit ihren Gefühlen zu tun. Und gerade dort, wo das entschieden ge- und verleugnet wird (»Wir sind doch alle erwachsene Menschen!«), brodelt es unter der sachlichen Oberfläche umso stärker. Das bedeutet nicht, dass Sie Tag für Tag Befindlichkeiten klären müssen, bevor Sie sich den Sachthemen zuwenden. Es bedeutet vielmehr, dass es sich manchmal lohnt, ein wenig genauer hinzusehen und hinzuhören, wenn ein Mitarbeiter sich beim Jammern besonders hervortut.

Für den einen oder anderen Naturwissenschaftler, Techniker oder Betriebswirt, dessen berufliche Sozialisation vom Primat der Rationalität geprägt war, mag das eine bittere Pille sein. Doch Führung fordert den ganzen Menschen, nicht nur seine Fachkompetenz. Und selbst die Naturwissenschaften widmen sich ja längst den irrationalen Zügen der menschlichen Natur. Ich denke etwa an den renommierten Forscher Professor Wolf Singer, Direktor des Max-Planck-Instituts für Hirnforschung in Frankfurt am Main, der die Rolle des Unbewussten für unsere Entscheidungen betont und damit eine Diskussion über die Existenz eines freien Willens angestoßen hat. Wir werden uns in diesem Buch daher immer wieder kurz mit psychologischen Hintergründen beschäftigen, wenn es etwa um Change-Prozesse, unpopuläre Maßnahmen oder auch die Schatten Ihres Vorgängers geht.

Bei der »psychodynamisch orientierten« Organisationsberatung stehen derartige Überlegungen sogar im Fokus. Auch wenn man nicht komplett auf dieses Paradigma einschwenken will, lohnt es sich, die Kernannahmen im Hinterkopf zu behalten:

Grundannahmen der psychodynamisch orientierten Organisationsberatung

1. »Hinter jeder menschlichen Handlung – mag sie auch noch so irrational wirken – kann ein Beweggrund gefunden werden.
2. Ein Großteil von mentalen Prozessen, Gefühlen und Motiven verläuft unbewusst.
3. Nichts ist so determinierend für das, wie eine Person wirklich ist, wie der Ausdruck und die Regulation ihrer Gefühle.
4. Menschliche Entwicklung ist ein intra-, aber auch interpersonaler Prozess.«

(aus: Dammann: *Narzissten, Egomanen, Psychopathen.* 2007, S. 157)

Wenn wir uns im Folgenden den Menschen zuwenden, die besonders anfällig fürs Jammern sind, werden wir hin und wieder auf diese Überlegungen zurückkommen.

»Jammertypen« und wie Sie als Vorgesetzter mit ihnen umgehen

Wer jammert und warum? Menschen zu typisieren ist immer heikel, schließlich ist jeder von uns ein komplexes Unikat. Bitte verstehen Sie die folgenden Seiten daher als stark vereinfachende Zuspitzung.

Der Unterforderte

Wer sich nicht ausgelastet fühlt und seine Aufgaben als unbefriedigende Routine erlebt, reagiert über kurz oder lang mit Überdruss und schlechter Laune. Und allen Studien zum Trotz, es gibt sie tatsächlich immer noch: die Leistungsträger in der Abteilung, die mehr können und wollen. Diese Mitarbeiter erledigen ihr Pensum problemlos und ohne Pannen. Sie haben Ideen, machen konstruktive Vorschläge, bringen sich ein – und resignieren irgendwann, wenn sie den Eindruck haben, ihre Kreativität und ihr Leistungswille seien nicht gefragt. Seien Sie froh, wenn diese Mitarbeiter noch klagen und sich nicht schon stillschweigend umorientiert haben. So hart es klingt: Das Versäumnis liegt hier auf Ihrer Seite. Zu Ihrer Führungsaufgabe gehört es auch, vielversprechende Talente zu entwickeln und ihnen Möglichkeiten zu eröffnen.

▶ **Tipp: Was Sie tun können**

Überlegen Sie, ob Sie sich von der einen oder anderen Aufgabe trennen können, die Sie bislang selbst erledigt haben. Delegieren Sie mutiger als bisher. Ordnen Sie den Mitarbeiter in abteilungsübergreifende Arbeitskreise ab, finden Sie ein anspruchsvolles Projekt für ihn. Und wenn all das aktuell tatsächlich nicht machbar sein sollte, empfehlen Sie ihn lieber für eine interne Beförderung und lassen Sie ihn freundlich ziehen, anstatt zu mauern. (Klein-)halten können Sie echte High Potentials auf Dauer ohnehin kaum, und so gewinnen Sie wenigstens einen Verbündeten im Unternehmen und erwerben sich nebenbei einen guten Ruf als »Talentschmiede« des Unternehmens.

Der Überforderte

Hier fühlt sich jemand zu Höherem berufen, auch wenn Sie entschieden anderer Meinung sind. Ihr Einwand, dass erst einmal das Tagesgeschäft laufen müsse, bevor man über weiterführende Aufgaben reden könne, wird von solchen Mitarbeitern mit Unverständnis quittiert: Schließlich sei es kein Wunder, dass Excel-Tabellen vor Fehlern wimmeln, Kollegen sich über mangelnde Zuverlässigkeit und Kunden über schlechten Service beschweren, wenn man sich ungeachtet seiner beeindruckenden Fähigkeiten mit solchen Banalitäten herumschlagen müsse. Kurz: Wären die eigenen Arbeitsaufgaben nicht so trivial, sähe alles anders aus.

▶ **Tipp: Was Sie tun können**

Wenn Selbstbild und Fremdbild so weit auseinanderklaffen, ist Ihr Fingerspitzengefühl gefragt. Berücksichtigen Sie, dass grandioses Auftreten und Selbstüberschätzung ein krampfhafter Versuch sein können, ein schwaches Selbstwertgefühl zu stabilisieren. Führen Sie ein Mitarbeitergespräch, in dem Sie Ihre eigene Einschätzung sachlich darlegen und an Beispielen belegen. Geben Sie Ihrem Mitarbeiter zunächst die Gelegenheit, seine Sicht der Dinge darzulegen. Auch wenn Ihnen danach sein sollte: Vermeiden Sie barsche Untertöne und Zurechtweisungen. Vermitteln Sie Wertschätzung und heben Sie positive Momente hervor, aber bleiben Sie in der Sache hart: Versäumnisse im Tagesgeschäft sind keine Empfehlung für weiterführende Aufgaben. Lassen Sie sich nicht auf die Abwertung der aktuellen Arbeitsinhalte ein – im Gegenteil, unterstreichen Sie deren Bedeutung für das große Ganze, werten Sie diese Aufgaben auf.

Der Besserwisser

Dieser Mitarbeiter ist sich sicher: Stünde er an der Spitze, sähe alles anders aus. Von der Produktpalette bis zum Prospektmaterial, überall sind nur Dilettanten am Werk. Was im Einzelnen anders sein müsste, bleibt im Vagen – »innovativere« Produkte eben und »spritzigere« Prospekte. Gerne profiliert sich der Besserwisser auch durch bohrende Fragen in Meetings, die eher dem Zweck dienen, Kollegen oder Vorgesetzte bloßzustellen, als tatsächlich die Diskussion voranzutreiben. Gibt es für diese These wirklich Belege, hat man beim Projekt dort auch jenes berücksichtigt, und überhaupt, hätte man das Ganze nicht von vornherein ganz anders anlegen sollen? Aus der zweiten Reihe heraus zu kritisieren verschafft dem Besserwisser ein Gefühl der heimlichen Überlegenheit.

▶ **Tipp: Was Sie tun können**

Nehmen Sie den Besserwisser beim Wort, konfrontieren Sie: Eine interessante Frage, die er da aufgeworfen hat. Warum ist dieser Aspekt seiner Ansicht nach wichtig? Wie wäre denn sein Ansatz für »anders anlegen«? Könnte er dazu bis zum nächsten Meeting einen konkreten Vorschlag ausarbeiten und den kurz präsentieren? Ein paar Folien und eine kurze Tischvorlage seien völlig ausreichend … Danach ergeben sich zwei Möglichkeiten: Entweder der Meckerer weicht aus und entlarvt sich selbst, oder er lässt tatsächlich Taten folgen und präsentiert einen konstruktiven Vorschlag. Im Idealfall registriert er, dass er sich auf diese Weise viel befriedigender Anerkennung verschaffen kann als durch folgenloses Mäkeln. Lassen Sie auf keinen Fall zu, dass er unwidersprochen Zweifel an Ihrer Kompetenz schürt oder durch permanente Negativpropaganda das ganze Team herunterzieht.

Das Opferlamm

Alles Leid der Welt konzentriert sich auf diese Menschen – zumindest in ihrer Eigenwahrnehmung. Niemand kann ermessen, wie schwer sie es haben und wie sehr sie tagtäglich leiden müssen. Immer haben sie die nervigsten Kunden, die schwierigsten Aufgaben, die unzuverlässigsten Kollegen, und im Urlaub ist das Wetter immer schlecht (selbst im sonst sonnigen Florida!). Und wenn keiner dieser Faktoren zutrifft, stürzt bestimmt gerade der Computer ab und die nicht abgespeicherte Datenauswertung verschwindet auf Nimmerwiedersehen im Cyberspace. Dafür ist aber nicht etwa der Mitarbeiter verantwortlich, der gerade zwei Stunden vor sich hin gewerkelt hat, ohne zwischendurch zu speichern, sondern das neue PC-Programm, der Kollege, der einen abgelenkt hat, oder der ganze Stress in der Abteilung und die Geräuschkulisse im Großraumbüro. Kein Wunder, dass man sich da nicht richtig konzentrieren kann…

▶ **Tipp: Was Sie tun können:**

Manchmal ist derartiges Dauerjammern nichts anderes als der ungeschickte Versuch, sich mehr Aufmerksamkeit zu verschaffen. Möglicherweise war Jammern und Klagen früher der einzige Weg, sich die Beachtung der Eltern zu sichern – eben dann, wenn man getröstet, bemitleidet und aufgemuntert werden musste. Im Erwachsenenalter geht diese Strategie allerdings nach hinten los: Das Opferlamm fällt irgendwann auch dem wohlmeinendsten Gegenüber auf die Nerven und lässt alle die Flucht ergreifen. Also jammern diese Menschen häufig noch mehr, in der hilflosen Annahme, dann müsse ihre Umgebung doch endlich begreifen, wie schwer sie es haben, und ihnen Beachtung schenken! Gegensteuern lässt sich manchmal, indem Sie diesen Menschen das geben, wonach sie indirekt verlangen: ein wenig mehr Aufmerksamkeit. In Extremfällen wird das allerdings nichts fruchten, und ändern lässt sich eine derartig tief verwurzelte Lebenseinstellung kaum noch. Dann bleibt Ihnen nur, das Gejammer an sich abprallen zu lassen. Im Extremfall müssen Sie den Redefluss konsequent stoppen und dem Lamento Grenzen setzen, damit nicht das ganze Team darunter leidet.

Die »Giftspritze«

Es gibt tatsächlich Mitarbeiter, die dem Unternehmen eher schaden als nutzen, da deren ganze Energie offenbar in destruktive Bahnen gelenkt wird. Gejammer schlägt hier regelmäßig in Häme um; und wenn wieder einmal etwas schiefgelaufen ist, weiden sich solche Menschen mit kaum verhohlener Schadenfreude daran. Schieben sie nur Dienst nach Vorschrift, können Sie als Vorgesetzter sich schon fast glücklich schätzen – schließlich gibt es auch ein ganzes Repertoire von Möglichkeiten, dem Unternehmen aktiv zu schaden, von Intrigen und Fehlinformationen bis zu kleinen Sabotageakten. Woher derartige Aggressionen und ein so starker Frust kommen, kann man sich gelegentlich zusammenreimen (wenn sich der Mitarbeiter etwa selbst Chancen auf Ihre Position ausgerechnet hatte), in anderen Fällen bleibt dieses extreme Ausnahmeverhalten ein Rätsel. Ob da jemand im falschen Job gelandet ist, ein grundsätzliches Problem mit Autoritäten hat oder es bereits als Zumutung betrachtet, Tag für Tag arbeiten gehen »zu müssen« – darüber lässt sich nur spekulieren. Vielleicht einigen wir uns einfach darauf, dass es neben »psychopathischen« Chefs gelegentlich auch »psychopathische« Mitarbeiter gibt?

▶ **Tipp: Was Sie tun können:**

Hier geht nur: Konfrontieren, zur Rede stellen, unmissverständlich klarmachen, dass es so nicht geht. Dulden Sie hingegen ein solches Verhalten, gehen Sie das Risiko ein, dass Ihre übrigen Mitarbeiter sich fragen, wieso sie selbst sich ins Zeug legen sollen, wenn »so jemand« ungeschoren davonkommt. Oder Sie riskieren, dass Miesmacherei und Häme um sich greifen, insbesondere dann, wenn der auf »Verweigerung programmierte« Mitarbeiter über genügend Durchsetzungsvermögen und ein wenig Charme verfügt. Im schlimmsten Fall nimmt der negativ eingestellte Mitarbeiter (manchmal auch aufgrund langer Unternehmenszugehörigkeit) eine informelle Führungsposition im Team ein und versucht, Ihnen die Führungsrolle streitig zu machen. Fruchten energische Hinweise nichts, sollten Sie sich daher von ihm trennen.

Auf einen Blick

● Die beste Strategie gegen eskalierendes Jammern und Klagen ist, selbst mit positivem Beispiel voranzugehen. Also keine Vogel-Strauß-Politik im Angesicht vorhandener Probleme, sondern vielmehr mit Optimismus und Tatkraft an die Dinge herangehen und den Mitarbeitern die Zuversicht vermitteln, dass man es gemeinsam schaffen wird.

● Lenken Sie in Gesprächen und Meetings die Aufmerksamkeit nach vorne, auf die Zukunft, auf Chancen und Möglichkeiten. Sie stimmen zu, die Vorgaben aus dem Topmanagement sind ehrgeizig. Doch statt weiter nach Gründen zu suchen, warum man das kaum schaffen kann, sollten Sie den Anstoß geben, Maßnahmen zu sammeln, die zur Erreichung des Ziels beitragen könnten. Welche Wege kann man für eine Umsetzung gehen? Brechen Sie dazu gemeinsam mit Ihrem Team große Ziele in kleine Schritte herunter.

- Geben Sie im Alltag und in Meetings nicht den Problemen die Aufmerksamkeit, sondern den Lösungen. Steuern Sie Gespräche aktiv mit Fragen, die nach vorne weisen (»Was können wir tun, damit wir es schaffen?«). Und streichen Sie die Frage nach dem »Warum« oder »Warum nicht« konsequent aus Ihrem Wortschatz.

- Sehen Sie nicht tatenlos zu, wenn einzelne Mitarbeiter permanent schlechte Stimmung verbreiten und das ganze Team nach unten ziehen. Konfrontieren Sie Dauermeckerer sofort – erkundigen Sie sich einfach, wie denn ihr konkreter Gegenvorschlag aussehe. Genügt das nicht, führen Sie ein Mitarbeitergespräch unter vier Augen und unterstreichen Sie, dass Sie diese Form der Stimmungsmache nicht dulden werden und sich mehr konstruktives Engagement wünschen.

- Feiern Sie mit Ihrem Team Erfolge: In der Hektik des Alltags konzentriert man sich schnell auf die Dinge, die nicht funktionieren. Was geklappt hat, wird kommentarlos abgehakt. Das zermürbt auch die leistungsfreudigsten Mitarbeiter auf die Dauer. Oder haben Sie sich noch nie darüber geärgert, dass man Ihnen ein kleines Versäumnis sofort ankreidet, die vielen regelmäßigen Erfolge aber niemals würdigt? Wenn ein schwieriges Projekt gut auf den Weg gebracht worden oder eine knifflige Aufgabe gelöst ist, dann sollte Ihnen das schon ein ausdrückliches Lob, ein paar Flaschen Champagner oder ein gemeinsames »Event« wert sein. Auch das stärkt das Gemeinschaftsgefühl.

- Setzen Sie auf Humor. Die von Natur aus etwas fröhlicheren Rheinländer warnen zu Recht vor Menschen, die »zum Lachen in den Keller gehen«. Gemeinsames Lachen befreit, es hilft, Distanz zu den kleinen und großen Ärgernissen des Alltags zu gewinnen. Und wenn es ganz dick kommt, ist Galgenhumor immer noch besser als Dauerjammern. Außerdem verbindet gemeinsames Lachen ebenso gut (und auf angenehmere Weise!) wie gemeinsames Jammern. Wenn Sie sich inspirieren lassen wollen: Zum »Führungsfaktor Humor« gibt es bereits Managementbücher.[8]

Kapitel 2

Wunschdenken – der Chef als Übervater

Der Mann ist nur so groß wie die Welle, die unter ihm brandet.

Otto von Bismarck

Ob als Vorgesetzter oder Mitarbeiter: Niemand von uns geht völlig unvorbereitet und unvoreingenommen in eine Führungsbeziehung. Wir alle haben Erfahrungen mit Autoritäten, angefangen bei den eigenen Eltern natürlich, dann über Lehrer und Ausbilder bis zu Mentoren oder frühere Vorgesetzte. Jeder – Sie, ich, Ihr Vorgesetzter und natürlich auch Ihr eigener Mitarbeiter – hat in einem gewissen Alter faire und weniger faire Führungspersonen erlebt, fähige und weniger fähige, autoritäre und nachgiebigere. Und jeder hat seine individuelle Einstellung zu Menschen entwickelt, die ihm vorgesetzt sind. Wenn Sie an Klassenkameraden, Kommilitonen oder spätere Kollegen denken, wissen Sie, dass diese Haltung von bereitwilliger Anpassung bis zu notorischer Rebellion reichen kann.

Der Führungsexperte Oswald Neuberger skizziert diese komplexe Gemengelage wie folgt: »Das alte Wechselspiel von Imponiergehabe und Demutsgebärden ist nicht nur Erbe unserer tierischen Vergangenheit, sondern auch Produkt frühkindlicher Erfahrungen, die aus einer Zeit stammen, in der sich die Person noch nicht sprachlich, reflektierend, distanzierend mit ihnen auseinandersetzen konnte. Sie haben sich eingeprägt und wirken unwissentlich und unwillentlich fort. Die Führungsbeziehung ist aus einem solchen Blickwinkel nicht die überlegte und jederzeit kündbare Vereinbarung zwischen reifen Personen, ein Ziel in vertikaler Arbeitsteilung zu verfolgen. Ihr liegen vielmehr erlernte Reaktionsschemata zugrunde, die spontan aktiviert werden und keine Distanzierungschance lassen.«[9] Das mag im Führungsalltag manche überraschende Mitarbeiterreaktion erklären, die aus Ihrer Warte überzogen oder gar völlig unverständlich erscheint und auf die Sie weder Seminare noch Bücher vorbereitet haben. Was gestern noch funktionierte, kann heute bei einem anderen Mitarbeiter auf energischen Widerstand stoßen; und was Ihnen selbst heikel erscheinen mag – beispielsweise ein sehr autoritäres Auftreten –, das fordern verunsicherte Mitarbeiter in Zeiten des Wandels womöglich eindringlich ein, wenn sie wissen wollen, wohin der Weg führt. Jeder von uns hat ein inneres Bild von einem »guten Chef« in sich und gleicht es mit der Realität ab. Die Enttäuschung ist damit vorprogrammiert.

Auch wenn wir hier nicht allen subjektiven »Chef-Idealen« auf den Grund gehen können, lohnt es sich, typische Erwartungen an Vorgesetzte näher zu beleuchten. Denn ein Teil der Chefschelte geht tatsächlich auf das Konto schwer erfüllbarer und teils gegensätzlicher Ansprüche an diejenigen, die einem im Berufsalltag vorgesetzt sind. Auch hier hilft vorab ein Blick auf Ihre eigenen Erwartungen an Führung.

Wer so viel Geld verdient, muss wenigstens perfekt sein!

Vor einigen Jahren fragte das Meinungsforschungsinstitut Forsa 700 Beschäftigte danach, wie ihr »Traumchef« aussähe. Ein schnöder Durchschnittsmensch hätte danach kaum Chancen auf einen Chefsessel: Mitarbeiter wünschen sich einen Boss, der Kritik vertragen kann (96 Prozent), belastbar ist (95 Prozent), außerdem soll er »konsequent und standfest« (94 Prozent), sehr fachkompetent natürlich (92 Prozent) und gerne auch »offen und verständnisvoll« (86 Prozent) sein, so Petra Begemann in ihrem Buch *Den Chef im Griff*.[10] Die Messlatte liegt also hoch, und es drängt sich in der Tat die Frage auf, wie viele der Befragten eigentlich selbst diesen hohen Erwartungen entsprechen würden. Oder sollten für Vorgesetzte per se andere Regeln gelten als für »normale« Zeitgenossen? Kein Wunder, dass in der Führungsliteratur gelegentlich daran erinnert wird, Chefs seien »auch nur Menschen«.

Offenbar erwarten wir intuitiv, wem das Schicksal mehr Macht zugesteht als uns selbst, der müsse wenigstens intelligenter, integrer, größer und schöner sein als wir. Lachen Sie nicht: Es gibt tatsächlich Untersuchungen, die belegen, dass Körpergröße bei der Besetzung von Führungspositionen eine Rolle spielt und dass ein angenehmes Äußeres ein Karrierevorteil ist. Der Ökonom Daniel Hamermesh, der an der Universität Texas zum Zusammenhang von Schönheit und beruflichem Erfolg forscht, hat herausgefunden: »Gutes Aussehen wirkt auf das Gehalt etwa so stark wie eineinhalb Jahre Berufserfahrung« (so die *Frankfurter Allgemeine Sonntagszeitung* vom 13.01.2008 unter der Überschrift »Schönheit macht reich«). Und der »Klub langer Menschen« zitiert stolz aus einer ddp-Meldung: »91 Prozent der führenden deutschen Manager sind größer als 1,80 Meter – ebenso wie 35 der 43 amerikanischen Präsidenten.«[11] Guido Heineck von der Universität München beziffert auf der Basis eines sozio-oekonomischen Panels (SOEP) den Einkommensvorteil großer Menschen mit exakt 0,6 Prozent Brutto-Monatsgehalt mehr pro zusätzlichem Zentimeter Körpergröße.[12] Indirekt wird dieser verblüffende Effekt bestätigt, wenn bei mächtigen und kleinen Männern (wie etwa Bahnchef Hartmuth Mehdorn mit 1,70 Meter oder dem französischen Präsidenten Nicolas Sarkozy mit 1,65 Meter) kaum ein Journalist am Hinweis auf die geringe Körpergröße vorbeikommt. Dass uns überhaupt interessiert, wie groß ein Topmanager oder Spitzenpolitiker ist, zeigt, dass unser evolutionäres Erbe doch stärker wirkt, als wir uns eingestehen mögen. Dabei wissen wir natürlich alle: Im Neandertal mag es von Vorteil gewesen sein, wenn der Größte und Stärkste voranging, aber seit Speer und Steinaxt gegen Laptop und Blackberry eingetauscht wurden, spielt das eigentlich keine Rolle mehr. Nur sagt unser Unterbewusstsein etwas anderes.

Zur Frage nach dem Idealbild eines Chefs stelle ich in Vorträgen oder Seminaren oft die Frage: »Stellen Sie sich bitte vor Ihrem inneren Auge einen Kapitän auf einem großen Kreuzfahrtschiff vor, jetzt einen Notarzt im Krankenhaus, einen Piloten des neuen Airbus 380. Was sehen Sie vor dem inneren Auge?« Die Antwort zu 99 Prozent: einen Mann, circa Anfang bis Mitte 50, grauhaarig, weiß. Bei Nachfrage: in dunkelblauem Anzug, Uniform oder gestärktem weißem Kittel, korrekt gekleidet, sehr gepflegt, ab 1,80 Meter groß; und bei weiterer Nachfrage: mit tiefer sonorer Stimme, ohne Bart und mit sehr ruhigen Bewegungen ...

So sehen also ideale Chefs aus, unser Bild vor dem inneren Auge ist übrigens interessanterweise unabhängig vom Alter oder Geschlecht des Befragten. Und mit dieser unbewussten Erwartungshaltung gehen wir ins Leben und gleichen innerlich ab, wie die Führungsperson uns gegenüber dazu passt – und da schneiden manche nicht gut ab. Umso mehr wird dann auf bewusster Ebene nach einem Ersatz für die fehlenden Eigenschaften aus dem Idealraster gesucht. Dann klingt es beruhigend, wenn man sich wenigstens sagen kann: »Dafür ist er aber wirklich fair« oder »sehr kompetent, der versteht wirklich was vom Fach« oder »sie entscheidet immer fundiert, das muss man ihr lassen, sie lag noch nie daneben.«

Wenn schon urzeitliche Prägungen moderne menschliche Reaktionen mit beeinflussen, verwundert es erst recht nicht, dass durch Erziehung und Kultur geformte Vorstellungen in die Wahrnehmung von Führungspersonen hineinspielen. Mehr dazu im nächsten Abschnitt.

Vater, Held und Visionär: Die Archetypen der Führung

Nach welchen Idealbildern beurteilen wir die real existierenden Führungskräfte? Welche Messlatten legen wir an? Und welche verborgenen Wünsche lassen sich aus diesen Maßstäben ableiten? Dieser Blick auf die Führungsrolle mag ungewöhnlich erscheinen, neu ist er nicht. Oswald Neuberger hat in seinem Buch *Führen und führen lassen* schon vor Jahren auf die »Archetypen der Führung« hingewiesen: Vater, Held und Visionär. Diese Archetypen enthalten bestimmte Erwartungsmuster, und ich bin der festen Überzeugung, dass ein Teil der Chefschelte sich aus der (zum Teil unbewussten) Einforderung archetypischer Ansprüche erklärt.

»Sorge für mich!« – der Vorgesetzte als Vater

Der Chef als fürsorglicher Patriarch, der für seine Mitarbeiter da ist, für sie sorgt und sie mit fester, aber gütiger Hand führt – auf den ersten Blick erscheint dieses Vorgesetztenideal hoffnungslos anachronistisch. Es erinnert an die kantigen Unternehmensführer der Nachkriegsjahre, die mit autokratischem Auftreten und arbeitswilligen Belegschaften für das Wirtschaftswunder sorgten, einer Zeit, als die Frage der »Motivation« sich noch nicht stellte und man sich über Führungsstile noch nicht den Kopf zerbrach.

Doch das Bild vom Vorgesetzten als unantastbarer Vaterfigur ist nicht mit den Nachkriegsmanagern von der Bildfläche verschwunden, und selbst die Achtundsechziger konnten es nicht auslöschen. Manche Manager verstehen sich ganz offen bis heute so – und sie haben weiterhin Erfolg damit. »Wenn's bei einem Mitarbeiter beruflich oder privat klemmt, kann und soll er sofort kommen«, sagt etwa Peter Nägele, Seniorchef der Nägele-Gruppe mit 150 Mitarbeitern. »Wenn wir uns im Betrieb als große Familie verstehen, muss ich auch für die Familie des Mitarbeiters verantwortlich sein.« Dieses Führungsverständnis wäre bei einem Konzern mit 15 000 Mitarbeitern sicher schwerer durchzuhalten, und ebenso sicher wird sich manches potenzielle Mitglied der Firmenfamilie gegen einen derart umfassenden Zugriff auf das eigene Leben wehren.

Aber Nägele ist kein Einzelfall. Jeder, der den Trigema-Chef Jürgen Grupp im Werbespot vor den 20-Uhr-Nachrichten durch seine Fabrikhallen schreiten und mit ausladender Geste auf »seine« Näherinnen deuten sieht, ahnt, dass es hier mit »Empowerment« und kooperativer Führung nicht so weit her sein kann. Im Gegenzug garantiert Grupp den Kindern seiner Mitarbeiter einen Ausbildungsplatz – eben ganz treu sorgender Vater, der sich in der ersten Reihe seiner 1 200 Angehörige umfassenden »Trigema-Betriebsfamilie« ablichten lässt. (So heißt es wörtlich auf der Website, siehe www.trigema.de.)

Und selbst die Trivialmythen der Vorabendserien und Unterhaltungsfilme pflegen mit Vorliebe das Bild des kleidsam ergrauten Firmenpatriarchen, der nur das Beste für seine Leute will. Der dynamische Jungmanager taucht häufig allenfalls als kurzfristige Bedrohung der Idylle auf – entweder wird er mitsamt seiner bösen Shareholder-Ambitionen und seinem Managementkauderwelsch in letzter Minute mutig zurückgeschlagen, oder durch Heirat mit der Firmentochter vereinnahmt und flugs vom MBA-lastigen Saulus zum firmen- und familienfreundlichen Paulus geläutert.

So banal derartige Filme sind, sie sind Ausdruck kollektiver Erwartungen und Vorstellungsmuster und bestärken diese gleichzeitig. Und spätestens, wenn das Firmenschiff in unruhige Gewässer gerät, die Zukunft unsicher ist, feindliche Übernahmen drohen, Umstrukturierungen anstehen und Arbeitsplätze gefährdet sind, wünschen sich auch die Kinder und Enkel der Achtundsechziger, dass ihr Chef bitte schön das Ruder fest in der Hand zu halten und das Abteilungsboot unbeirrbar durch den Sturm zu steuern habe.

Das belegt eine internationale Mitarbeiterbefragung des Münchener geva-instituts, an der über 11 000 Personen aus 25 Ländern teilnahmen. Immerhin 41 Prozent der Befragten in Deutschland stimmten der Aussage zu, dass eine Führungskraft den Mitarbeitern eindeutige Anweisungen geben und sich nicht von abweichenden Vorstellungen oder äußeren Veränderungen beeinflussen lassen sollte (in Schweden: 17 Prozent). 80 Prozent der Deutschen bejahten, dass eine Führungskraft entscheidungsfreudig und durchsetzungsfähig sein und Wert auf Wettbewerbsorientierung und Leistung legen sollte (in Schweden: 61 Prozent), und 82 Prozent der Deutschen meinen, dass eine Führungskraft in jeder Situation souverän und zukunftsorientiert handeln und nicht nur kurzfristige Unternehmensziele ins Auge fassen sollte (in Schweden: 67 Prozent). »Deutsche lieben starke Chefs, Schweden mögen den Konsenstyp«, überschreibt das geva-institut eine Pressemitteilung zur Befragung und schlussfolgert: »Sogenannte Alpha-Typen [sind] in Führungspositionen deutscher Unternehmen gerne gesehen« (mehr unter www. geva-institut.de).

Möglicherweise hat Sigmund Freud ja nicht ganz Unrecht mit seiner These, vielen Menschen wohne seit der Kindheit »die Sehnsucht nach dem Vater« inne. »Wir wissen, es besteht bei der Masse der Menschen ein starkes Bedürfnis nach einer Autorität, die man bewundern kann, der man sich beugt, von der man beherrscht, eventuell sogar misshandelt [!] wird«, schreibt Freud in seinen *Kulturtheoretischen Schriften*.[13] Deutlicher kann man die Ambivalenz des patriarchalischen Führungsmodells kaum formulieren: Wo Licht ist, ist auch Schatten, oder weniger metaphorisch: Wo Fürsorge regiert, ist Entmündigung nicht weit;

wo eine überlegene Führungspersönlichkeit Verantwortung abnimmt und Sorgen auffängt, herrscht gemeinhin ein strenges Regiment, unter dem »Zuwiderhandlungen« unnachsichtig bestraft werden. Wenn der Chef väterlich ist, werden seine Mitarbeiter automatisch zu Kindern degradiert.

Patriarchen in der heutigen Arbeitswelt

Für Führungskräfte von heute, noch dazu für jüngere Vorgesetzte, die nicht schon auf der obersten Sprosse der Karriereleiter angekommen sind, ist ein solcher Anspruch nur schwer einzulösen. Viele »moderne« Chefs werden sich ohnehin dagegen verwahren, überholt geglaubte Autoritätsansprüche verkörpern zu müssen. Vollends heikel wird ihre Situation, wenn zum häufig unbewussten (oder erst in Krisenzeiten wieder zum Leben erweckten) Vaterideal noch die offiziellen, nach außen vertretenen Ansprüche der Mitarbeiter auf Eigenverantwortung, Mitbestimmung und Selbstverwirklichung hinzukommen. Zu Freuds Zeiten oder auch in den frühen Nachkriegsjahren hatte es ein patriarchalischer Chef vergleichsweise einfach: Das autoritäre Führungsmodell wurde nicht hinterfragt – Vorgesetze befahlen und »Untergebene« hatten zu folgen.

Heute sträuben sich schon beim Wort »Untergebener« die Nackenhaare. Wir reden nicht ohne Grund von »Mit-arbeitern«, predigen den kooperativen Führungsstil und haben uns von Abraham Maslow erklären lassen, die höchste Form der Motivation der Mitarbeiter bestehe in deren »Selbstverwirklichung«. Dieses große Wort setzte der amerikanische Psychologe an die Spitze seiner bekannten Bedürfnispyramide: Sind die »physiologischen Bedürfnisse« sowie die nach Sicherheit, nach »Zugehörigkeit« und »Gemeinschaft«, schließlich nach »Wertschätzung«, »Status« und »Anerkennung« erst einmal befriedigt, wird die Arbeit zum sinnstiftenden Lebensmoment.[14] Ohne Gestaltungsfreiräume und Eigenverantwortung ist das kaum zu leisten. Wie, bitte schön, bringt man das mit dem Archetypus der »väterlichen« Führungsperson zusammen?

Der Ausweg aus diesem Dilemma besteht in einer schwierigen Gratwanderung. Führung hat auch etwas mit Macht und Überlegenheit zu tun; diesem Anspruch kann man sich nicht gänzlich entziehen. Ebenso gefährlich wäre es jedoch, Illusionen väterlicher Allmacht und Allwissenheit zu nähren – wider besseres Wissen also jene »Steuerungsillusion« zu bedienen, die wir schon weiter oben kritisiert haben. Unterschiedliche Kontexte fordern zudem unterschiedliches Führungsverhalten. Was beim ländlichen Mittelständler und in der Produktion funktioniert, mag bei den Mitarbeitern im innovativen High-Tech-Konzern im Ballungsgebiet Befremden und Widerstand auslösen. Die Komplexität der Arbeitswelt, internationale Verflechtungen und übergeordnete strategische Entscheidungen, ganz zu schweigen von internen Machtkämpfen und schwer zu vereinbarenden Abteilungsinteressen, machen zudem die Rolle des unfehlbaren Patriarchen so gut wie unmöglich. Mehr zu Ihren konkreten Handlungsmöglichkeiten im Abschnitt *Erwartungen konterkarieren oder erfüllen?* ab Seite 59.

»Rette und beschütze mich!« – der Vorgesetzte als Held

Wendelin Wiedeking ist einer der beliebtesten Topmanager der Republik. Kein Wunder, denn er ist nicht irgendein Manager, sondern der »Retter der Sportwagenschmiede« Porsche. So stellt ihn *Who's Who* gleich im dritten Satz des biografischen Eintrags vor. Und auch die *Financial Times Deutschland* kommt 2004 ins Schwärmen: »Er hat Porsche vom Verlierer zum Gewinner gemacht. Noch vor einem Jahrzehnt galt Porsche als Zuhälter-Marke, Aktien-Desaster und Pleite-Kandidat. Heute ist er Promi-Stolz, Anleger-Glück und die profitabelste Automarke der Welt.« Dabei sei Wiedeking bei Antritt bei der verlustreichen Nobelmarke verspottet worden, er habe gewirkt wie der »Buchhalter einer Rollladenfirma«, und niemand habe an seinen Erfolg geglaubt.

Das ist der Stoff, aus dem Hollywoodfilme gedreht werden: Underdog übernimmt schier unlösbare Aufgabe, überwindet auf wundersame Weise alle Hindernisse und steht am Ende als strahlender Held da. Von Herkules bis Odysseus, von Winnetou bis Robin Hood, von Batman bis James Bond – wir lieben solche Helden, die übermächtige Gegner bezwingen und uns das beruhigende Gefühl vermitteln, unter ihrer Führung könne jede Gefahr abgewendet und die fast sicher drohende Katastrophe verhindert werden. »Der Held ist eine mythische Figur. Er personalisiert kollektive Wünsche und Fantasien und hilft, allgemeine Ängste abzuwehren«, schreibt Neuberger zu diesem Archetypus.[15]

Auch Wolfgang Reitzle gehört in diese Kategorie der »Managerhelden«. Er war »stets der Erste, Beste und Jüngste«, berichtet nicht etwa ein Boulevardblatt, sondern das Wirtschaftsressort der *Süddeutschen Zeitung* in der Ausgabe vom 24. April 2007. Anschließend wird Reitzles Heldenvita detailliert nachgezeichnet – von frühen Erfolgen (mit 25 Jahren Promotion mit Auszeichnung, mit 36 Entwicklungschef bei BMW, mit 38 dort Vorstandsmitglied) über Enttäuschungen und Bewährungsproben (zweimal bei der Besetzung des BMW-Vorstandsvorsitzes übergangen, Wechsel zu Ford, wo er nach Anbindung der Premiumsparte Jaguar/Lincoln/Aston Martin auf ein Abstellgleis gerät, Wechsel zum »eher langweiligen« Linde-Konzern) bis zum strahlenden Sieg (Rettung von Linde vor Übernahmeversuchen, Etablierung des Unternehmens als Weltmarktführer für Industriegase, Manager des Jahres 2006).

Gerade in unsicheren Zeiten sind Helden gefragt, die mutig Hindernisse überwinden und heikle Aufgaben mit Bravour lösen. Je unübersichtlicher die Lage, je schwieriger der Erfolg, desto anziehender sind Lichtgestalten, die genau wissen, wo es langgeht, und die erfolgreich handeln. Ihr Mut, ihre Selbstsicherheit und ihre (scheinbare) Gewissheit, was zu tun ist, machen es leicht, ihnen zu folgen. Ihre Macht wird durch persönliches Charisma und vor allem durch spektakuläre Erfolge legitimiert.

Doch nicht jeder kann im grauen Unternehmensalltag als strahlender Held glänzen. Nicht nur, weil in einer Sandwichposition des mittleren Managements die Handlungsmöglichkeiten zum ultimativen Befreiungsschlag fehlen, sondern auch, weil es in vielen Unternehmenssituationen an eindeutig und unzweifelhaft »richtigen« Lösungen mangelt. Spötter behaupten ja, Erfolg stelle sich dann ein, wenn 51 Prozent der eigenen Entscheidungen sich im Nachhinein als richtig erwiesen. So wird auch manche Heldensaga erst in der Rückschau konstruiert, und möglicherweise hätte ebenso gut schiefgehen können, was sich im Rückblick mit fast zwingender Logik zum Besten gefügt hat. Nur ist das am Ende verständlicherweise kein Thema mehr.

Wie der Archetypus des Vaters illustriert also auch der Heldenmythos verborgene, untergründige Ansprüche an Führungsfiguren: Während im ersten Fall menschliche Fürsorge und Schutz vor den Unbilden der Arbeitswelt gefragt sind, rücken im zweiten Fall Überlegenheit, Entschlossenheit und mutiges Vorangehen in den Vordergrund. Zögern und Zaudern passen schlecht zur Führungsrolle, zumindest das mag man für seinen Führungsalltag mitnehmen. Konkret kann das heißen, berechtigte Zweifel und Unsicherheiten nicht gerade in der Teamsitzung auszuleben, sondern eher auf das persönliche Gespräch nach Feierabend oder die Auseinandersetzung mit einem Mentor oder Coach zu vertagen. Mehr auch hierzu im Kapitel *Erwartungen konterkarieren oder erfüllen?* ab Seite 59.

Grundlagen der Machtausübung

Wer als Führungskraft auf Beifall stoßen will, muss also in den Augen der Geführten offenbar etwas mehr bieten als der Durchschnittskollege. Erst dadurch scheint sein größerer Einfluss, seine Macht über andere, legitimiert zu werden. Mit möglichen Grundlagen der Machtausübung hat sich der amerikanische Sozialpsychologe und Konfliktforscher Herbert C. Kelman beschäftigt. Laut Kelman kann die Fähigkeit zur Durchsetzung eigener Interessen bei anderen auf drei Aspekten basieren:

1. Glaubwürdigkeit   In diesem Fall geht das Gegenüber von der Richtigkeit der eigenen Standpunkte und Vorschläge aus. Angesprochen wird die Ratio der zu überzeugenden Person. Es handelt sich daher um eine Experten- oder Informationsmacht.

2. Attraktivität   Anziehungskraft bewirkt, dass das Gegenüber dem anderen ähnlich sein will, ihn bewundert und ihm daher folgt. Die Machtausübung erfolgt hier über Identifikation; angesprochen werden Affekte und Emotionen des Gegenübers.

3. Zwang und Belohnung   Wer qua Position strafen und belohnen kann, kann auf diese Weise seinen Standpunkt durchsetzen. Es handelt sich um eine Legitimationsmacht; angesprochen wird das persönliche Antriebssystem des Gegenübers.[16]

Vor diesem Hintergrund zeigt sich, warum die Machtausübung für moderne Führungskräfte ein derart heikles Geschäft ist. Die Legitimationsmacht der Kategorie »Zwang und Belohnung« konnte im autoritären Führungsmodell bruchlos ausgelebt werden und schimmert im Archetypus des väterlichen Chefs durch. Gelegentlichen Mitarbeiteransprüchen zum Trotz wirkt sie vor dem Hintergrund demokratischer Erziehungsideale und hoch qualifizierter, selbstständiger Arbeitnehmer heute anachronistisch.

Die fachliche Überlegenheit der Expertenmacht hingegen ist heute allenfalls auf der ersten Führungsebene von unten noch durchzuhalten. Je weiter ein Vorgesetzter sich im Lauf der Karriere vom operativen Geschäft entfernt, desto weniger kann er seinen Führungsanspruch auf eine fachliche Überlegenheit gründen.

Bleibt der mittlere Weg, die charismatische Führungskraft, die bewundert wird und der man aufgrund ihrer beeindruckenden und einnehmenden Persönlichkeit folgt. Hier wäre wohl auch der Heldenmythos anzusiedeln. Leider ist nicht jeder zum Charismatiker geboren, auch wenn sich in den letzten Jahren Buchautoren und Seminaranbieter redlich bemüht haben, das Geheimnis persönlicher Ausstrahlung zu entzaubern und dem Durchschnittschef Charisma beizubringen (etwa unter Titeln wie *Charisma-Training, Überzeugung und Persönlichkeit* oder *Charismatische Führung*). Kritisch betrachtet ist das der hilflose Versuch, Argumente durch Emotionen, Überzeugung durch Ausstrahlung, Strategie durch Propaganda zu ersetzen. Der nächste, dritte Archetypus der Führung hingegen, der des überlegenen Visionärs, könnte als beeindruckende Verbindung von Expertenmacht und charismatischen Zügen beschrieben werden.

»Zeig mir, wo es langgeht!« – der Vorgesetzte als Visionär

»Ohne den Mut, die visionäre Kraft, den Erfindungsreichtum dieser Männer und Frauen hätte Deutschland nicht jene wirtschaftliche Kraft, jene soziale Sicherheit und politische Stabilität erreicht. [...] Mehr denn je werden sie heute gebraucht [...] Es sind Menschen, die durch ihre Risikobereitschaft und ihre Visionen neue Werte schaffen« – so beschreibt das *manager magazin* die Mitglieder der von ihm ins Leben gerufenen »Business Hall of Fame«[17]. Wer in diesen illustren Kreis berufen wird, von Hermann J. Abs über Werner Otto und Josef Neckermann bis zu den SAP-Gründern Dietmar Hopp und Hasso Plattner, darf sich als Persönlichkeit fühlen, die »Wirtschafts- und Sozialgeschichte geschrieben hat«. Und er wird standesgemäß mit Kupfertafel und Video-Porträt im Bonner Haus der Geschichte verewigt.

Visionäre sind nach wie vor gefragt in der Wirtschaft, und zwar spätestens, seitdem die Wirtschaftswelt zunehmend unübersichtlich und die internationale Konkurrenz härter geworden ist. Mit großer Selbstverständlichkeit propagieren heute IT-Unternehmen von Microsoft bis IDS Scheer ihre »Managementvisionen« (»Bill Gates Announces Microsoft Management Vision«; »IDS expands its Business Process Management Vision«), und selbst eine Zahlenschmiede wie die Frankfurt School of Finance & Management (die frühere Bankakademie) stellt in ihrem Webauftritt den »Zahlen & Fakten« erst einmal ihre »Vision & Mission« voran (www.frankfurt-school.de).

Die quasireligiöse Wortwahl ist verräterisch: Hier geht es nicht um nüchterne Analyse, sondern um den Glauben an ein übergeordnetes (Fern-)Ziel, an einen Glauben, der Mitarbeiter zusammenschweißt, antreibt und motiviert. Und wirksamer als alle Papiere, Internetbekenntnisse oder Hochglanzbroschüren ist eine Person, die diesen Glauben verkörpert und über den Tellerrand der Gegenwart hinausblickt. Eine Vision ist immer eine positive Zukunftsprojektion, die erst durch einen überzeugenden »Messias« an Glaubwürdigkeit gewinnt. Legendär ist die Vision von Bill Gates: »Ein Computer in jedem Haushalt.« Gates sollte Recht behalten: Was vor 20 Jahren absurd klang, ist heute Realität (und es gibt wahrscheinlich genügend Haushalte, in denen mehr als ein PC zu finden ist). Auch der eigenwillige Apple-Gründer Steve Jobs oder Medienmogule wie Rupert Murdoch und Leo Kirch (der sein inzwischen zusammengebrochenes Imperium auf dem weitsichtigen Einkauf von Spielfilmrechten in den 1950er Jahren gründete) werden gerne als »visionär« beschrieben.

Was macht einen Visionär aus?

Wie der Held verfügt auch der Visionär über Fähigkeiten, die über die des normalen Durchschnittsbürgers hinausgehen: Weitblick, Vorstellungsvermögen, eine fast »seherische« Gabe. Er schätzt die Zukunft instinktiv richtig ein und führt sein Unternehmen oder seine Abteilung so traumwandlerisch sicher durch alle Widrigkeiten wie Moses das Volk Israel aus der ägyptischen Gefangenschaft ins gelobte Land. Da nützt es wenig, wenn der renommierte Managementberater Fredmund Malik Visionen im *manager magazin* als »gefährliche Mode« verurteilt, mit der »Bluffer und Angeber, Träumer und Scharlatane«[18] an die Unternehmensspitzen gespült worden seien: Bei einer Podiumsdiskussion der traditionsreichen österreichischen Tageszeitung *Die Presse* (Thema: »From Vision to Action: The Business Perspective«) waren sich im Januar 2008 alle Teilnehmer einig, »dass Unternehmer und Manager Visionen für ihre Firma brauchten«. Und zwar der Banker ebenso wie der Mikrofonhersteller, der Vertreter einer Verpackungsfirma, der ungarische Politiker oder der Stahlkocher, dessen Firmenslogan passenderweise »materializing visions« lautet.

In der Bewunderung für den visionären Manager bündeln sich Allmachtsfantasien und Heilserwartungen. Visionäre wie Helden beeindrucken durch ihre Überlegenheit – der eine durch Weitblick, der andere durch Mut und Tatkraft. Möglicherweise machen solche Projektionen und Wunschvorstellungen die narzisstische Kränkung leichter erträglich, die es bedeutet, sich jemand anderem unterordnen zu müssen. Allen Archetypen gemeinsam ist, dass sie eine Distanz zwischen Führungskraft und Geführtem schaffen und jeden nachdenklich machen sollten, der meint, mit allzu vertraulicher Kumpanei die Basis für seinen Führungserfolg legen zu können. Per Du mit seinen Mitarbeitern zu kommunizieren birgt daher das Risiko einer raschen Enttäuschung. Anders ausgedrückt: Ein wenig imposante »Show« gehört zum Chefdasein offensichtlich auch dazu.

Und wo sind die Frauen?

Die eine oder andere Leserin unter Ihnen mag allmählich unruhig werden: Väter, Helden, Visionäre – und wo bleiben die Frauen? Dass Frauen es vor allem in Top-Führungspositionen beziehungsweise auf dem Weg dorthin schwer haben, ist eine relativ unbestrittene Tatsache. Das Topmanagement sei ungefähr »so frauenfreundlich wie Saudi-Arabien«, meinte die *Süddeutsche Zeitung* einmal. Das *manager magazin* bemühte Anfang 2005 einen ähnlich fantasievollen Vergleich: »Weibliche Topmanager sind in der Wirtschaft etwa so häufig wie Albinoschildkröten im Heimterrarium.«

In Zahlen ausgedrückt bedeutet das: Ein Prozent der Vorstandsposten der 200 größten deutschen Unternehmen ist im 21. Jahrhundert laut Deutschem Institut für Wirtschaft (DIW) weiblich besetzt; in den Vorstand eines der 30 DAX-Unternehmen hat es gerade einmal eine Frau geschafft (Bettina von Oesterreich, Hypo Real Estate Gruppe). »Willkommen in der Macho-AG«, begrüßte die *Wirtschaftswoche* im August 2008 ihre Leser und Leserinnen.

Im Mittelstand wie im mittleren Management sieht es ein wenig besser aus für die Frauen, doch auch dort ist man von einer paritätischen Besetzung von Führungspositionen noch weit entfernt. Um das bestätigt zu finden, brauchen Sie sich nur in der wöchentlichen Abteilungsleiterrunde, auf der Bereichsleiterkonferenz oder im Führungsseminar umzublicken.

Während bis in die 80er, 90er Jahre des letzten Jahrtausends noch darüber diskutiert wurde, ob Frauen führen *können*, hat sich die Debatte inzwischen dahin verlagert, ob sie ernsthaft führen *wollen* – etwa mit Publikationen wie Barbara Bierachs *Das dämliche Geschlecht*. Daneben wird unter dem Stichwort »Diversity« auf die sozialen und ökonomischen Vorteile einer breiteren Besetzung von Positionen im Unternehmen abgehoben, was auch die ausgewogenere Besetzung von Führungsgremien einschließt. Aktuell scheinen wirtschaftliche Argumente den Frauen zuzuarbeiten, vom Hinweis auf zukünftige Engpässe beim hoch qualifizierten Nachwuchs bis zur statistisch untermauerten Beobachtung, dass »frauenfreundliche« Unternehmen auch ökonomisch erfolgreicher sind. Beispielsweise will die Unternehmensberatung McKinsey herausgefunden haben, »dass jene Konzerne, die mehr als zwei Frauen in ihre Führung berufen, höhere Gewinne und Aktienkurssteigerungen erzielen als ihre Konkurrenz«. Und eine US-Studie zeigt, dass diejenigen der »Fortune 500«-Unternehmen, die Frauen in ihre Vorstände berufen haben, eine im Schnitt um 35 Prozent höhere Eigenkapitalrendite erzielen als die reinen Männerzirkel.[19]

Das alles lässt hoffen, es werde doch nicht mehr ganze 950 Jahre dauern, bis (beim derzeitigen Tempo der Veränderungen) die Gleichberechtigung von Frauen und Männern auch faktisch erreicht sei, wie die Internationale Arbeitsorganisation in Genf vor Jahren hochrechnete. Jenseits solcher Zahlenspiele bleibt die Frage, warum Frauen es so schwer haben, in hohe oder gar höchste Positionen aufzurücken. Ein

Teil der Antwort liegt ohne Zweifel in tief verwurzelten Rollenklischees, die durch die oben diskutierten Archetypen bestätigt werden. Ob Vater, Held oder Visionär – alle drei »Urbilder« der Führung sind eindeutig männlich besetzt. Entsprechende weibliche Mythen sucht man vergeblich. Das klassische Mutterbild ist das der treu sorgenden Ehefrau am heimischen Herd, wie die Diskussion um Krippenplätze und »Herdprämie« noch 2008 indirekt bestätigte. Beim Stichwort »Heldinnen« kommt einem im schlimmsten Fall als Erstes (und Einziges?) Jeanne d'Arc in den Sinn, und die ist immerhin seit über 500 Jahren tot. Und Visionärinnen? Auch da muss man erst grübeln, bis einem Body Shop-Gründerin Anita Roddick, Spielzeugfabrikantin Margarete Steiff oder Beate Uhse einfallen.

Frauen im Führungsalltag

Frauen in Führungspositionen werden bis heute instinktiv als die »Ausnahme« wahrgenommen (übrigens auch von Frauen)! Sie rücken oft nicht einmal ins Blickfeld, etwa wenn der *Harvard Business Manager* in einer Titelstory zum »perfekten Chef« im Sommer 2008 22 ausschließlich männliche Vorbilder porträtiert. Und auch bei der ganzen Chefschelte spielen sie keine Rolle. Die optimistischere Interpretation wäre, dass Frauen eben besser führen, doch so einfach kann man es sich kaum machen. In Wahrheit ist es wohl eher so, dass beim Stichwort »Führung« automatisch ein Mann vor unserem geistigen Auge auftaucht.

Ein Teil der alltäglichen Probleme weiblicher Führungskräfte geht zweifellos auf dieses Konto. Jede Managerin kennt die leise Irritation, die sich im sonst männlich besetzten Business-Meeting ausbreitet, wenn sie Platz nimmt; die fragenden bis lauernden Blicke, ob sie denn rollenkonform zur Kaffeekanne greifen und den Herren einschenken wird; und das Witzeln darüber, wenn sie es tut. Selbstverständlich ist die Gleichberechtigung noch lange nicht, es bleibt ein Hauch Exotik. Wunderbar bestätigen können dies auch die männlichen Partner der erfolgreichen Businessfrauen, die am »Damenprogramm« teilnehmen. Öffentlich vorgelebt vom Kanzlergatten, dessen »tapfere Haltung« beim Damenprogramm immer wieder hervorgehoben wird. Bei Business-Abendevents kommt es dann vor, dass die Männer der erfolgreichen Frauen von den anderen

Männern gefragt werden: »Na, Sie sehen Ihre Frau ja gar nicht, wie schaffen Sie das?« Oder von den Partnerinnen der erfolgreichen Männer bedauert werden, dass sie es ja sicher schwer hätten, so allein zu Hause, wo doch die Frau immer auf Geschäftsreise um den Globus sei – und wer sich denn um ihn kümmert? Ähnlich unselbstverständlich ist für Frauen das Fliegen in der Business-Class, wo ihr Anteil immer noch verschwindend gering und das unauffällige Mustern an der Tagesordnung ist.

Und dann bleiben da die Vorwürfe gegenüber weiblichen Führungskräften, wahlweise zu »weiblich« (sprich: zu nachgiebig, geduldig, emotional, fürsorglich) oder zu »männlich« (durchsetzungsfähig, dominant, rational, distanziert) aufzutreten. Und es wird schnell zu Unterstellungen gegriffen und mit zweierlei Maß gemessen: Sitzt Frau Merkel die von den Medien so heiß begehrten Streitereien innerhalb ihrer Partei entspannt aus und lässt die Welle sich einfach totlaufen, so nimmt sie ihre Führungsrolle nicht ernst. Einem Mann würde man zugestehen: Der hat ein dickes Fell, an dem prallt das ab, der kann das einfach aushalten und weiß, dass es sich von allein wieder beruhigen wird. Dem ehemaligen Bundeskanzler Kohl wurde die Strategie des Aussitzens eher respektvoll zugestanden.

Agiert eine Frau wie Maria-Elisabeth Schaeffler, dann wird sie ganz schnell zur Zielscheibe öffentlicher Kritik und Häme. Solange sie den Deal der Übernahme von Conti heimlich einfädelte und geschickt begann (und die Finanzkrise noch nicht wirksam geworden war), hatten die Berichte über sie den Tenor »eiskalt, schlau, erfolgreich, diskret aus dem Hintergrund agierend«, und man fragte sich, wer ist diese Frau, die das einfach so wagt?

Dann kam die Finanzkrise, und die öffentliche Darstellung rutschte parallel zur finanziellen Lage des Unternehmens: Man unterstellte Berechnung, als sie auf einer Demonstration ihrer zahlreichen Mitarbeiter mit den Tränen der Rührung kämpfte; ebenso als sie einen roten Schal zum Gewerkschaftsmeeting trug. Von der leidigen Pelzmanteldebatte beim Empfang in Kitzbühel mal ganz abgesehen: Niemand würde sich anmaßen, einen männlichen Unternehmer zu kritisieren, weil er nach wie vor mit dem Chauffeur vorgefahren wird und seine alte Rolex trägt, nur weil die Geschäfte schlecht laufen – die Kombination attraktive Lady, Pelz, Milliarden und eigene Verdienste scheint jedoch nicht so einfach akzeptiert zu werden.

Wie man's macht, man macht's verkehrt? Ist das die Zusammenfassung dieses Konflikts, in dem sich weibliche Führungskräfte befinden? Den einzig wahren Königsweg scheint es für weibliche Führungskräfte nicht zu geben, da die inneren Bilder eher männlich besetzt sind, die Erwartungen sehr ambivalent. Was können Sie also tun?

Letztlich liegt die Chance darin, einen eigenen Weg für sich zu kreieren und mit größtmöglicher Authentizität seinen eigenen Führungsstil zu definieren, so wie es männliche Chefs eigentlich auch tun müssen. Da jeder Mann eine andere Persönlichkeit mitbringt, muss auch er sein eigenes Profil entwickeln. Der Referenzrahmen ist nur enger gesteckt als der für Frauen. Insofern heißt es, die Freiheit zu nutzen und sich seine eigenen Leitplanken zu definieren, innerhalb derer man sich bewegt.

Es gibt zahlreiche Karriereratgeber für Frauen im Beruf und für Frauen in Führung. Ich fasse hier ein paar Tipps zusammen, die sich aus meiner eigenen Erfahrung und Beratungspraxis bewährt haben und die helfen, die eigene Rolle leichter auszufüllen und sich besser mit den Tatsachen zu arrangieren. Schauen Sie, ob etwas für Sie dabei ist.

1. Beklagen Sie die Tatsachen möglichst selten und nur dort, wo Sie es geschützt tun können, also mit Freundinnen, Kolleginnen oder einem Coach. Im Business selbst hilft am besten, die Tatsachen als gegeben »durchzuwinken«, sich nicht daran zu reiben, denn jedes öffentliche »Reiben« wird im Zweifel zu Ihren Ungunsten interpretiert. Ändern würden Sie die Umstände dadurch sowieso kaum.

2. Fördern Sie Frauen in Ihrem Umfeld, damit es über die Zeit einfach mehr werden und es so zu mehr Durchmischung kommt und ein wenig Selbstverständlichkeit einzieht.

3. Fragen Sie sich, wie weit Sie Karriere machen möchten, und sagen Sie entschlossen »Ja« bei Beförderungschancen. Zweifeln Sie nicht an Ihrer Kompetenz, an der Frage, ob Sie das wirklich wollen, ob Ihnen das guttut, warum man gerade Sie fragt, ob man keinen anderen gefunden habe, ob Sie zweite Wahl sind. Nehmen Sie die Chance beim Schopfe und arbeiten Sie im Weiteren an sich, Ihren Fähigkeiten, Ihren Zweifeln. Oft geben Frauen zu schnell auf, zweifeln zu früh, legen einen zu strengen Maßstab an sich und sagen bei der entscheidenden Frage dann leider »Nein«.

4. Gleichen Sie sich an Ihr vielleicht männlich geprägtes Businessumfeld insofern an, als Sie alle Ausstattungen der Führungsrolle annehmen, also

den größeren Dienstwagen, das große Eckbüro, den neuesten Blackberry, das Upgrade für Dienstreisen et cetera. Damit zeigen Sie, dass Sie dazugehören, und leben ein Stück Selbstverständlichkeit. Das hilft sowohl Ihren männlichen Geschäftspartnern, Sie einzustufen und zu wissen, »das ist eine von uns«, als auch Ihren Mitarbeitern, die auch gern eine Chefin hätten, zu der man aufschaut und die sich abhebt. Statussymbole sind dafür da, Zugehörigkeit zu demonstrieren.

5. Investieren Sie Zeit in Netzwerke, nutzen Sie Einladungen zu Stehtischempfängen, Vorträgen, internationalen Meetings und legen Sie einen anderen Nutzenmaßstab an als den, ob Ihnen das im direkten Job inhaltlich weiterhilft. Das tut es oft nicht, das ist aber auch nicht der Sinn dieser Veranstaltungen. Es geht vielmehr um Gemeinschaft, Zugehörigkeit und das Dabeisein, Gesehenwerden und Kontakte, die Ihnen später weiterhelfen und denen Sie weiterhelfen können.

6. Vergraben Sie sich nicht in Ihrem Büro und direktem Umfeld, sondern gehen Sie raus, zeigen Sie sich, Ihre Leistungen, die Leistungen Ihres Teams. Veröffentlichen Sie Fachartikel, geben Sie Interviews in den Unternehmensmedien und nach Rücksprache mit der PR-Abteilung auch externe. Halten Sie Vorträge, entsenden Sie gute Mitarbeiter aus dem Team in bereichsübergreifende Projektgruppen, beteiligen Sie sich aktiv in Meetings. Es zählt auch die Quantität der Beiträge – so zeitraubend das manchmal erscheinen mag.

7. Fragen Sie sich bei vielen Themen, die Sie wild entschlossen aufnehmen wollen: »Werde ich dafür bezahlt, liegt das in meiner Verantwortung?« Häufig übernehmen Frauen Themen und mischen sich in Probleme ein, die nicht in ihrer Verantwortung liegen, gehen in den Konflikt, ohne dass es irgendjemandem nützt, und schaden sich vor lauter gut gemeintem Engagement am Ende selbst.

8. Setzen Sie sich mit sich, Ihrer Rolle, Ihren Vorbildern, Ihren Geboten und Verboten, die Ihre Entwicklung vom Mädchen zur Frau begleiteten, auseinander. Was war erlaubt, was nicht und was davon ist heute in der jetzigen Rolle noch angemessen? Was behindert Sie, was schränkt Sie ein in Ihrer Entfaltung? Was ängstigt Sie, wie wollen Sie auf keinen Fall werden, was fürchten Sie dahinter? Alle diese Fragen zu reflektieren hilft Ihnen dabei, sich zu häuten und wie ein Schmetterling zu Farbe und Flugfähigkeit zu entfalten. Wir erleben in Coachings häufig, dass es viele innere alte Barrieren gibt, die in der Führungsrolle zu ambivalenten Erscheinungen führen.

9. Schauen Sie positiv auf Ihr Umfeld, Ihre Mitarbeiter, Kollegen, Chefs und unterstellen Sie zunächst immer das Gute. Gestehen Sie anderen zu, dass es zu Irritationen kommt, dass man sich an Sie gewöhnen muss, das kann ein wenig dauern und ist an sich nichts Kritisches. Man kann es auch so interpretieren, dass die männlichen Gegenüber einen Weg suchen, der zu uns führt, dass sie sich manchmal bewegen wie auf einer schwankenden Brücke, bei der man nicht sicher ist, ob sie trägt. Strecken Sie also die Hand aus und laden Sie ein, Sie kennen zu lernen, zeigen Sie sich berechenbar, versuchen Sie irritierende Situationen oder Randbemerkungen mit Charme zu interpretieren und nehmen Sie aktiv Unsicherheiten auf, die Sie verwandeln können. Denn ganz sicher ist es so, dass man es Ihnen nur recht machen möchte und erst herausfinden muss, wie das genau geht.

10. Bleiben Sie last not least sich selbst treu. Finden Sie Ihren Businessstil, befolgen Sie allgemeine Führungsrichtlinien und arbeiten Sie an Ihren Führungsfähigkeiten. Überprüfen Sie, ob Sie als Typ mit Ihrem Auftreten und Ihrer Herangehensweise in die jeweilige Unternehmenskultur passen und entwickeln Sie sich weiter, indem Sie an Ihrem Marktwert arbeiten, ohne sich entmutigen zu lassen. So können Sie ein Rollenbeispiel für andere nachkommende Frauen in Führungsrollen sein.

Letztlich hat sich doch schon viel gewandelt: Frauen führen Staatsgeschäfte, moderieren die wichtigsten Politmagazine im Fernsehen, sind Fußballweltmeisterinnen, Astronautin, Pilotin und milliardenschwere Unternehmerin. Sie forschen, lehren, kombinieren immer häufiger und öffentlich sichtbarer bewundernswerte Karrieren mit Mutterschaft – es geht also voran. Geben Sie sich, geben wir uns alle die Zeit, die es braucht, noch mehr Diversity im Business zu leben.

Erwartungen konterkarieren oder erfüllen?

Vor dem Hintergrund der oben skizzierten Idealisierungen und Wunschvorstellungen kann die Frage nach Ihrem Umgang mit den verbreiteten Erwartungen an Chefs – egal, ob Mann oder Frau – nur eine rhetorische sein: Die wenigsten von uns sind zum Helden, Übervater oder mitreißenden Visionär geboren. Unter dem Stichwort »Narzissmus« werden in der Literatur zudem längst die Auswüchse diskutiert, die ein übersteigerter Glaube an die eigene Großartigkeit mit sich bringt.

Warnsignale: Narzissten auf dem Chefsessel

Eine gewisse Eitelkeit und ein großes Ego sind durchaus nützlich auf dem Weg nach oben. Mauerblümchen und Schüchterne bleiben in der Regel Sachbearbeiter. Doch ab einem gewissen Punkt kippen Selbstsicherheit und die Lust an einer offensiven Selbstdarstellung um in Blindheit für die eigenen Unzulänglichkeiten, Unempfänglichkeit für Kritik und selbstherrliches Gebahren. Das *manager magazin* veröffentlichte im Juni 2008 unter der Überschrift »Absturz der Superstars« eine »Pathologie des Managementversagens in fünf Krankheitsbildern«, darunter das »Charisma-Syndrom« (eine glänzende Außendarstellung, die nicht durch solide Führungsarbeit gedeckt wird, sondern hinter der das blanke Chaos lauert), das »Sonnenkönig-Syndrom« (eine hohe Machtkonzentration, die nur Jasager um sich duldet und Ränkespiele und Intrigen provoziert) und das »Scheinriesen-Syndrom« (eine »aufgeblähte Selbstwahrnehmung«, die die eigene Überlegenheit auch dann nicht infrage stellt, wenn sich Kritik von außen häuft). Prototypische Beispiele sind für das Magazin Ron Sommer (Telekom), Marcel Ospel (UBS) oder Klaus Zumwinkel (Deutsche Post). Gemeinsam sei allen Fällen die völlige Unempfänglichkeit für Kritik. »Den Betroffenen fehlte ein wirksames Korrektiv, sowohl organisatorisch als auch menschlich«, so das Fazit des Magazins.

Und auch Sie kennen wahrscheinlich störrische Firmenpatriarchen, die mit ihrem Festhalten an den »bewährten« Rezepten der 1970er oder 1980er Jahre das eigene Unternehmen zielsicher in den Ruin trieben, Selbstdarsteller, die sich im operativen Geschäft als unfähige Blender entpuppten, und mitreißende Visionäre, deren Luftschlösser einem Praxistest niemals standhielten. Der Psychotherapeut und Mediziner Gerhard Dammann unterscheidet daher zwischen »produktivem (gesundem)« und »pathologischem (potenziell destruktivem)« Narzissmus. Zum gesunden Narzissmus zählt er »ausreichenden Selbstwert und Selbstfürsorge und die Fähigkeit, sich sowohl abgrenzen als auch auf etwas einlassen zu können«. Warnsignale für übersteigerten Narzissmus seien dagegen

»oberflächlicher Charme«, »übersteigertes Selbstwertgefühl«, die »Tendenz, sich zu überschätzen«, die »Fähigkeit, andere zu lenken, zu beeinflussen oder zu manipulieren«, »Mangel an Schuldgefühlen«, »Gefühlskälte, Mangel an Empathie« und schließlich die »Verweigerung der Verantwortung für eigenes Verhalten«.[20]

Was Ihnen in einer Führungsposition abverlangt wird, ist also eine schwierige Gratwanderung zwischen einer überzeugenden Verkörperung der Überlegenheitserwartungen, die Ihre Mitarbeiter (auch) an Sie stellen, und einer gleichzeitigen Dämpfung überzogener Ansprüche. Provokant formuliert: Sie müssen klassische Cheferwartungen gleichzeitig erfüllen *und* konterkarieren.

Die Chefrolle: Ein bisschen Überlegenheit gehört dazu

Wer als Vorgesetzter akzeptiert werden möchte, darf nicht genauso sein (wollen) wie seine Mitarbeiter. Möglicherweise kennen Sie das Diktum »Macht macht einsam«. Auch wenn das in dieser Zwangsläufigkeit überzogen ist, gilt: Die Wahrnehmung von Führungsverantwortung verlangt Ihnen eine gewisse Distanz zu den Geführten ab. Sie können nicht heute der nette Kumpelchef sein und morgen die Gehaltserhöhung verweigern. Das hat Folgen für Ihr Auftreten und Ihr Handeln gleichermaßen – die folgenden Abschnitte zeigen Ihnen, was Sie beachten sollten.

Die Insignien der Macht

Warum residieren Vorstände im Allgemeinen in den oberen Etagen? Besser denken als im Erdgeschoss lässt sich dort vermutlich nicht. Warum werden sie in dunklen Limousinen durch die Gegend chauffiert? Ein beliebiger Mittelklassewagen oder ein Taxi würde rein theoretisch auch den Zweck erfüllen, von A nach B zu gelangen. Und weshalb gehört der teure Montblanc-Füller zur Grundausstattung eines jeden, der einige Stufen auf der Karriereleiter erklommen hat? Vermutlich nicht nur deshalb, weil ein bunter Plastikwerbekuli schlecht zum Maßanzug passt.

Jeder Führungsanspruch muss auch nach außen verkörpert und demonstriert werden. Das gilt seit jeher für Kaiser und Könige, das gilt bis heute für die Führungsspitzen der Kirche, für Bischöfe und Kardinäle, die sich in prunkvolle Gewänder hüllen, und es gilt in abgewandelter Form auch für jeden Teamchef, Abteilungsleiter oder Vorstandsvorsitzenden. Als Vorstand in einer Zweizimmerwohnung der alten Studentengegend zu wohnen und einen verbeulten Golf zu fahren beschädigt auf Dauer die eigene Glaubwürdigkeit. »Wenn einer im Rostkübel vor seine Firma fährt, da verliert man doch jegliche Achtung«, meint Trigema-Chef Wolfgang Grupp, der mit zwei Hausdamen, Chauffeur, Hubschrauber und eigenem Butler für schwäbische Verhältnisse schon fast feudal residiert – und er ist überzeugt, dass seine Mitarbeiter das genau so von ihm erwarten.[21]

Reklamieren Sie die üblichen Statussymbole also mit gelassener Selbstverständlichkeit für sich, das Eckbüro genauso wie den Dienstwagen und den Parkplatz in Eingangsnähe. Achten Sie darauf, dass Sie sich nicht länger kleiden wie eine hoffnungsvolle Nachwuchskraft, sondern wie jemand, der es geschafft hat. Dabei sollten Sie zwar nicht überziehen und den Eindruck vermeiden, es käme Ihnen vorwiegend auf derartige Äußerlichkeiten an, aber lassen Sie auch keinen Zweifel aufkommen, zu welcher Ebene im Unternehmen Sie gehören. »Symbolische Führung« nennt man das in der Fachliteratur.

Der Umgang mit eigenen Unsicherheiten

Ein Chef, der hektisch durch die Gegend eilt und im Meeting nervös die Hände knetet; eine Vorgesetzte, die in Tränen ausbricht; oder eine Führungskraft, die jammernd gesteht, sie wisse gar nicht, wie sie all das schaffen und wie es mit dem Unternehmen weitergehen solle? Undenkbar. Wer eigene Unsicherheiten und Selbstzweifel öffentlich austrägt, der riskiert schlimmstenfalls seinen Posten, macht sich zumindest aber unglaubwürdig. Jeder erlebt im Job Momente, in denen er überfordert und ratlos ist, erst recht in einer Führungsaufgabe. Doch es offen zu zeigen ist nicht empfehlenswert. Schließen Sie die Bürotür, atmen Sie tief durch, gehen Sie eine Runde um den Block. Ziehen Sie in schwierigen Situationen externe Berater heran, suchen Sie sich einen fähigen Coach, aber bleiben Sie Ihren Mitarbeitern und Vorgesetzten gegenüber äußerlich ruhig. Das bedeutet nicht, dass Sie allwissend tun müssen. Aber ein gelassenes »Darüber muss ich erst einmal nachdenken« ist etwas anderes als ein hilfloses Händeringen.

Selbst aus dem Zustand Ihres Büros wird man Rückschlüsse darauf ziehen, ob Sie alles im Griff haben oder ob Sie am Rande der Überforderung stehen. Papierberge und kreatives Chaos sind nicht gerade ein Indiz für einen souveränen Überblick. Erinnern Sie sich an die letzten filmischen Porträts von Topmanagern oder Spitzenpolitikern, die Sie gesehen haben? Deren Schreibtische im standesgemäß weitläufigen Büro sind in der Regel wie leer gefegt und allenfalls mit einer Unterschriftenmappe dekoriert. Man inszeniert sich eben als souveränen Macher, gerne mit moderner Kunst im Hintergrund. Auch die Poster, Zettelchen oder Topfpflanzen eines typischen Mitarbeiterbüros haben in einem echten »Chefbüro« nichts zu suchen.

Zur Vorgesetztenrolle gehört es selbstverständlich auch, beherzt Entscheidungen zu treffen und die Dinge voranzutreiben. Als Führungskraft werden Sie dafür bezahlt, Ergebnisse zu produzieren. Natürlich sollten Sie möglichst alle verfügbaren Fakten kennen, relevante Meinungen einholen und einschlägig kompetente Mitarbeiter um ihre Einschätzung bitten. Aber entscheiden müssen *Sie*. Dabei wird es immer wieder Situationen geben, in denen nicht alle relevanten Faktoren endgültig zu klären sind und Sie trotz aller Unsicherheitsfaktoren entscheiden und handeln müssen. Zögern, Zaudern und Aussitzenwollen sind das Gegenteil von Führung. Einen einmal eingeschlagenen Kurs sollten Sie glaubwürdig vor Ihren Mitarbeitern vertreten. Wenn Sie selbst augenscheinlich nicht an den Erfolg einer Maßnahme glauben, warum sollte sich Ihr Team dann dafür ins Zeug legen? Ihre Unsicherheit könnte sich so als selbsterfüllende Prophezeiung erweisen.

Vorbildfunktion in jeder Lage

Ob Sie wollen oder nicht: Als Führungskraft wirkt Ihr Verhalten prägend auf das Verhalten Ihrer Mitarbeiter. Was Sie von den Menschen in Ihrer Abteilung erwarten, müssen Sie selbst auch vorleben – von Engagement und Arbeitseinsatz bis zu Integrität und persönlicher Unbestechlichkeit. Gehen Sie ruhig davon aus, dass man von Ihnen als Chef immer ein bisschen mehr erwartet als von einem Kollegen auf derselben Ebene – auch mehr Leidensfähigkeit und »Nehmerqualitäten«. Es mag ja sein, dass Ihr ordentliches Gehalt angesichts Ihres Überstundenkontos und durchgearbeiteter Wochenenden auf einen überschaubaren Stundensatz schrumpft. Und möglicherweise haben Sie Recht, dass Ihr Stuhl weit schneller zu wackeln beginnt als der ihrer Mitarbeiter, wenn eine neue Unternehmensstrategie definiert werden sollte. Sicher haben Sie durch überdurchschnittlichen Einsatz, einige Ortswechsel und anderen privaten Verzicht für Ihre finanziellen und sonstigen »Privilegien« als Chef einen Preis bezahlt. Nur erwarten Sie nicht, dass Ihre Mitarbeiter solche Rechnungen aufmachen oder auch nur nachvollziehen wollen. Jeder lebt in seiner Welt, und Sie selbst finden ja möglicherweise auch, dass Ihr Vorstand für sein imposantes Gehalt hin und wieder auch ein wenig Prügel der Öffentlichkeit und der Aktionäre aushalten können muss ...

Dieses Phänomen zeigt sich gerade in Phasen des Personalabbaus: Selbst wenn der eigene Chef, der Gruppen- oder Abteilungsleiter zusammen mit den Mitarbeitern seinen Job verliert, bekommt er keine solche Solidarität der Mitarbeiter, nicht so ein Mitgefühl wie die Kollegen. Diese Erfahrung, dass sich Betriebsrat, Personalbereich, Topmanagement oder die Gewerkschaften nicht oder nur kaum um einen kümmern, trifft Vorgesetzte vor allem der unteren Hierarchieebenen häufig tief und löst Verlassenheitsgefühle aus. Doch so hart es klingt: Es ist, wie es ist, und genau solche Umstände sind in Ihrem Gehalt auch im Sinne eines Schmerzensgeldes enthalten. Auch hier gilt wieder: Treten Sie weiterhin sachlich-professionell auf.

Auch Privates sollten Sie nur wohldosiert und eher sparsam preisgeben. Dass Sie Tauchsport betreiben oder französische Rotweine schätzen, dürfen Ihre Mitarbeiter gern wissen, aber Ihre Ängste, Sorgen und Nöte gehören nur sehr eingeschränkt ins Unternehmen. Mancher Vorgesetzte hat es schon bitter bereut, unter seinen Mitarbeitern einen Vertrauten zu haben, dem man bei verschlossener Bürotür Persönliches anvertraute. Überlegenheit setzt auch eine gewisse Distanz voraus, zu große Vertraulichkeit birgt immer auch die Gefahr einer »Ent-Täuschung«. Achten Sie außerhalb Ihres Jobs auf Entlastung. Sorgen Sie dafür, dass Sie noch Freunde und Mentoren haben, die Ihnen offene Worte sagen, und persönliche Beziehungen, die Sie auffangen, wenn es im Unternehmen nicht so gut für Sie läuft. Das macht Ihnen ein gelassenes Auftreten im Unternehmen leichter.

Ihr Vorbild ist auch beim optimistischen Blick in die Zukunft gefragt. Definieren Sie gemeinsam mit Ihrem Team ambitionierte, aber erreichbare Ziele, auf die man hinarbeiten kann und die der Arbeit Sinn geben.

Leugnen Sie es nicht, wenn die Dinge schwierig sind und wenn es Risiken gibt, aber lassen Sie keinen Zweifel daran, dass man es schaffen kann – mit vereinten Kräften eben.

Ob Sie autoritären Leitungsansprüchen Ihrer Mitarbeiter nachgeben, hängt vom Unternehmenskontext und von Ihrer Person ab. In einem sehr konservativen Unternehmen oder im Produktionsbereich stoßen Sie mit demokratischen Führungsprinzipien möglicherweise auf Befremden. Wägen Sie ab, inwiefern Sie für eine solche Position dann überhaupt der oder die Richtige sind. Auch ein Vorgänger, der ein Team über Jahre zur Unselbstständigkeit »erzogen« hat, kann Ihnen das Leben nachträglich schwermachen. Es bedarf dann in der Regel einer gewissen Übergangszeit, um die Mitarbeiter wieder an mehr Eigenverantwortung zu gewöhnen. Und auch damit, dass der eine oder andere zu dem Schluss kommt, sein Glück lieber anderswo zu suchen, werden Sie leben müssen.

Auf einen Blick

- Akzeptieren Sie, dass man von Ihnen als Chef qua Position mehr erwartet als von Ranggleichen – beispielsweise mehr Weitblick, mehr Tatkraft, mehr Entschiedenheit. In den Augen Ihrer Mitarbeiter spielen Sie in einer anderen Liga, und zwar unabhängig davon, wie weit Sie auf der Karriereleiter schon gekommen sind. Das bedingt eine Distanz, mit der Sie in der Vorgesetztenrolle leben müssen. Distanzlose Kumpanei geht früher oder später nach hinten los.
- Seien Sie darauf gefasst, dass man Sie bewusst oder unbewusst an Idealbildern misst – gütigen Vaterfiguren, unerschrockenen und erfolgsverwöhnten Managementhelden, mitreißenden Visionären. Bedienen Sie diese Erwartungen in einem realistischen Rahmen, indem Sie Entschlossenheit und Optimismus ausstrahlen. Hüten Sie sich jedoch vor einem übersteigerten Narzissmus, der sich derart überzogene Erwartungen selbst zu eigen macht. Sie brauchen wirksame Korrektive (etwa in Form von Mentoren, Coaches oder Freunden) und Sie sollten sich ein offenes Ohr für Kritik bewahren.
- Strahlen Sie im Alltag Ruhe und Gelassenheit aus, auch wenn Sie natürlich wie jeder Mensch mit Sorgen und Ängsten zu kämpfen haben. Leben Sie diese jedoch nicht vor Ihren Mitarbeitern aus. Das bedeutet nicht,

dass Sie Schwierigkeiten und Probleme leugnen sollen, sondern dass Sie diese als etwas darstellen, das sich gemeinsam meistern lässt.

- Wägen Sie ab, welche privaten Details Sie preisgeben. Seien Sie als Mensch für Ihre Mitarbeiter greifbar, aber hüten Sie sich davor, sich anzubiedern oder durch heikle Informationen angreifbar zu machen. Vorsicht mit engen Vertrauten (»Kronprinzen«) im Mitarbeiterkreis!

- Sorgen Sie dafür, dass Sie schon rein optisch und in Ihrem Auftreten die Erwartungen an eine Führungskraft bedienen. Gehen Sie souverän mit Statussymbolen um und zeigen Sie auch nach außen, auf welcher Unternehmensebene Sie stehen.

- Rechnen Sie als weibliche Führungskraft damit, dass Sie es qua Geschlecht in einer Vorgesetztenrolle schwerer haben als Männer. Das klassische Chefbild ist nach wie vor männlich besetzt, wie auch die gängigen, zumindest unbewusst wirkenden Archetypen der Führung zeigen. Hoffen Sie nicht darauf, es allen recht machen zu können, sondern gehen Sie Ihren eigenen Weg. Stehen Sie dazu, dass Führung auch Macht bedeutet, und machen Sie nicht den Fehler, männliche Machtspielchen zu ignorieren.

Kapitel 3

Die neue Arbeitswelt –
Change-Prozesse und die Folgen

Die Gewohnheit ist das Grab des Erfolges.

Napoleon Hill

Schon in den 30er Jahren des vorigen Jahrhunderts waren »Verbesserungsideen« aus dem Management Charles Chaplin eine bitterböse Satire wert: In seinem Film »Moderne Zeiten« ist der Arbeiter Charlie nicht nur einem immer rascher laufenden Fließband unterworfen, an dem er mit einer riesigen Zange den immergleichen Handgriff ausführt; er muss zu allem Überfluss auch noch die Optimierungsvorschläge eines Ingenieurs über sich ergehen lassen. Dessen neueste Erfindung ist eine Maschine, die die Mittagspause einsparen soll, indem sie die Arbeiter vollautomatisch bedient. Die müssen so nicht einmal mehr beim Essen das Werkzeug aus der Hand legen. Das Experiment misslingt gründlich, aber der Schaden ist angerichtet: Charlie verliert die Nerven, traktiert alles und jeden mit seiner Zange und wird entlassen.

Zyniker mögen darin eine prophetische Beschreibung zahlreicher Change-Prozesse sehen, in denen die betroffenen Mitarbeiter sich wie hilflose Versuchskaninchen fühlen und die nicht selten in einem großen Scherbenhaufen enden. Dabei kann man die von Chaplin karikierte frühkapitalistische Arbeitswelt heute durchaus mit einer gewissen Nostalgie betrachten: Die Einführung des Fließbandes und der tayloristischen Methoden einer »wissenschaftlichen« Betriebsführung sollten für viele Jahre die beherrschenden Neuerungen bleiben. Heute hingegen jagt eine Managementmode die nächste, der Arbeitsalltag wird durch neue technische Möglichkeiten in immer kürzeren Abständen revolutioniert. Wer kann sich beispielsweise heute noch eine Welt ohne PC und Fax, ohne Handy, E-Mail und Internet vorstellen? Keine dieser Neuerungen ist älter als 30 Jahre, und jede dieser Erfindungen hat Ihre und meine Arbeitswelt und die Weltwirtschaft insgesamt grundlegend verändert. Erst die neuen Kommunikationsmittel machten es möglich, dass wir beispielsweise in

Europa planen und steuern, in China produzieren und die Waren anschließend über ein indisches Callcenter vertreiben können.

Und eine global vernetzte Wirtschaft ist zwangsläufig instabiler als die überschaubare Wirtschaftswelt der Nachkriegszeit: Heute konkurrieren unsere Unternehmen eben nicht mehr mit denen im Nachbarort oder Nachbarland, sondern mit denen rund um den Globus. Wenn sich die Konsummöglichkeiten am anderen Ende der Welt ändern, dann kann das Auswirkungen auf unsere Lebensmittelpreise haben (etwa über Spekulationen an den internationalen Rohstoffbörsen); eine US-Immobilienkrise zieht Banken in Europa mit in den Abgrund; und ein Krieg, der Tausende von Kilometern entfernt ausbricht, treibt die Energiepreise in die Höhe und hat Folgen für das wirtschaftliche Wachstum

Machen Sie Betroffene zu Beteiligten!

- Auf einer Skala von 1 bis 10: Wie groß ist Ihre spontane Begeisterung, wenn Ihr Chef von anstehenden Veränderungen spricht und um Mitarbeit und Engagement bittet?
- Wenn Sie sich einmal unter Mitarbeitern, Kollegen und Vorgesetzten umschauen: Wie unterschiedlich reagieren Menschen auf Wandel? Was bedeutet das für Ihr nächstes Change-Projekt?
- Im Rückblick: Was waren Ihre ganz persönlichen »Rezepte« zum erfolgreichen Gestalten (oder manchmal auch nur Überstehen) von Veränderungen? Was davon könnten Sie mit anderen teilen?
- Hat ein Vorgesetzter Sie im Rahmen eines Change-Projekts schon einmal enttäuscht? Wenn ja: Wodurch?
- Woran sind Veränderungsprojekte Ihrer Erfahrung nach gescheitert? Welche Schlüsse ziehen Sie daraus?
- Wie unterstützen Sie Ihre Mitarbeiter in Veränderungsprozessen? Was können Sie ihnen geben? Wie motivieren Sie sie?
- Haben Sie schon einmal Kündigungen aussprechen müssen? Welche Erfahrungen haben Sie dabei gemacht?
- Für das Recruiting neuer Mitarbeiter haben die meisten Unternehmen professionelle Verfahrensweisen etabliert. Gibt es bei Ihnen im Haus auch ein ebenso professionelles Trennungsmanagement?

hierzulande. Die Erde dreht sich weiter, und ob wir es mögen oder nicht, wir werden uns mit ihr drehen müssen.

Warum die meisten Menschen sich vor Veränderungen fürchten

Die Zeiten, in denen man nach 30 oder 40 Jahren im selben Unternehmen ehrenvoll in den Ruhestand verabschiedet wurde, sind vorbei, und zwar für Führungskräfte ebenso wie für ihre Mitarbeiter. »Heute kann sich ein Unternehmen in zwei bis fünf Jahren komplett wandeln«, betont etwa Alexander von Preen, Geschäftsführer der Unternehmensberatung Kienbaum im *Focus* (29. Januar 2007). Umso schlimmer, dass Veränderungsprozesse zu den Schreckgespenstern in vielen Unternehmen gehören und nicht selten auf erbitterten Widerstand stoßen. Woran liegt das, und was können Sie dagegen tun? Dazu wieder zuerst ein Blick auf Ihre eigenen Erfahrungen (vgl. Seite 68 unten).

Negativbeispiele und schlechte Erfahrungen

Gescheiterte Veränderungsprozesse haben zweifellos stark zum »Feindbild Chef« beigetragen. Dazu zählen etwa die mit großen Ambitionen angekündigten und unter hoher Medienaufmerksamkeit vollzogenen Fusionen. Mega-Deals wie der Zusammenschluss von Daimler und Chrysler 1998, der eine »Welt AG« begründen sollte und stattdessen mit Milliardenverlusten für Daimler und einer teuren Trennung knapp zehn Jahre später endete, nähren das Bild von den »Nieten in Nadelstreifen«. In diese Kategorie gehört auch der Anfang des Jahrtausends geplante Zusammenschluss von Deutscher Bank und Dresdner Bank. Diese Fusion stockte schon im Verhandlungsstadium, Rolf-Ernst Breuer, damals Vorstandschef der Deutschen Bank, musste sich Dilettantismus vorwerfen lassen, und *Bild* titelte kurz und bündig: »Die ganze Welt lacht.«

Etwa die Hälfte aller Fusionen scheitert, so die Einschätzung einer internationalen Expertenrunde, die sich im Dezember 2002 auf Einladung der Bertelsmann Stiftung zu einem Symposium versammelte. Ein Hauptgrund dafür sei das Aufeinandertreffen unterschiedlicher Unternehmenskulturen. Etwas weniger diplomatisch fiel eine Ursachenanalyse in der *Süddeutschen Zeitung* im März 2007 aus. Unternehmensfusionen scheitern demnach

- am Machtstreben »egomanisch-machohafter« Manager,
- weil manche Vorstände durch Fusionen von internen Schwierigkeiten ablenken wollen,
- weil Unternehmenslenker Visionen pflegen, die sich nicht mit Kundeninteressen decken, und
- weil Größe oft als Erfolgsmerkmal missverstanden wird.

Klingt hart, oder? Doch diese Einschätzung stammt nicht etwa aus dem Munde eines Gewerkschaftsfunktionärs, Betriebsrats oder linken Parteivertreters, sondern von Hans-Olaf Henkel, dem früheren Europa-Chef von IBM und Präsidenten des BDI (in einem Beitrag in der *Süddeutschen Zeitung* vom 10. 3. 2007 unter dem Titel »DaimlerChrysler und andere Katastrophen«). Zudem begleitet die Presse jedes Veränderungsprojekt und erhärtet durch ihre meist kritische Haltung den öffentlichen Eindruck, bei derartigen Prozessen

- werde nicht mit offenen Karten gespielt (Beispiel: Der Verkauf der defizitären Handysparte durch Siemens an BenQ und deren Insolvenz nach nur einem Jahr, die den Verdacht aufkommen ließ, Siemens habe sich von vornherein primär aus der Verantwortung für die 3000 Beschäftigten stehlen wollen);
- zahlten die Zeche immer nur »die Kleinen« (etwa, wenn Entlassungspläne und um 30 Prozent höhere Vorstandsbezüge in einem Atemzug verkündet werden, wie zum Beispiel durch Klaus Kleinfeld bei Siemens im Frühherbst 2006);
- sei das Standardargument der Kostensenkung nur vorgeschoben (beispielsweise, wenn Belegschaften Opfer gebracht und jahrelang Lohnverzicht geübt haben und anschließend dennoch Arbeitsplätze ins Ausland verlagert werden);
- zahle sich gute Arbeit ohnehin nicht mehr aus, weil Standorte trotz Profitabilität geschlossen werden (Beispiel: Schließung des Nokia-Werkes in Bochum Mitte 2008).

Kein Wunder also, dass Ihre Mitarbeiter nicht in Begeisterung ausbrechen, wenn ihnen unter Hinweis auf erforderliche Kostensenkungen oder zu erwartende Synergieeffekte Veränderungen im Unternehmen angekündigt werden. Selbst wenn Ihr Team bislang kein Change-Projekt erlebt hat, werden dem einen oder anderen die Fernsehbilder empörter und frustrierter »Opfer« gescheiterter Fusionen und Umstrukturierungen in den Sinn kommen. Andere haben die Erfahrungsberichte von Freunden, Nachbarn oder Ex-Kollegen im Ohr, die von Chaos und Ungerechtigkeit, von halbherzigen Veränderungen und sich verschlechternden Arbeitsbedingungen berichten. Denn es ist ja nicht so, dass nur in der Welt der Schrempps und Breuers Fehler bei Veränderungsprozessen gemacht werden. In meinem Buch *Sicher durch die Krise führen* habe ich die Hauptfehler im Veränderungsmanagement zusammengestellt, die mir als Managerin und als Unternehmensberaterin in zwei Jahrzehnten begegnet sind:

Entscheidungen im stillen Kämmerlein

Führungskräfte aller Ebenen neigen dazu, gerade in schwierigen Situationen Entscheidungen hinter verschlossener Tür zu treffen und ihren Mitarbeitern dann mit möglichst optimistischem Unterton ein fertiges Lösungskonzept zu präsentieren. Man möchte die Menschen nicht »unnötig beunruhigen« und fürchtet außerdem Reibungsverluste, wenn man ergebnisoffen über Handlungsmöglichkeiten diskutiert. Das erweist sich in der Regel als kontraproduktiv: Viele Mitarbeiter reagieren gekränkt (»Halten die uns für so blöd, dass sie nicht einmal nach unserer Meinung fragen?«) und verunsichert (»Sind wir hier schon auf dem Abstellgleis?«). Statt während der Entscheidungsfindung hat man dann umso größere Reibungsverluste bei der Umsetzung. Lösungen, die man hingegen selbst mit erarbeitet hat, setzt man engagierter um als aufgenötigte, auch wenn in der Sache exakt dasselbe herauskommt. Dies führt nahtlos zum zweiten Punkt.

Betroffene nicht zu Beteiligten machen

Im schlimmsten Fall erleben sich die Betroffenen eines Veränderungsprojekts als dessen ohnmächtige Opfer. Da führen dann die schneidigen jungen Damen und Herren einer externen Beratungsfirma Einzelbefragungen durch, deren Zielrichtung man nur erahnen kann und die zu den schlimmsten Befürchtungen Anlass geben. Oder das Management zieht sich wiederholt in Klausur zurück, aus der der eigene Chef mit sorgenvoller Miene zurückkehrt, um sich anschließend im eigenen Büro zu vergraben. In solchen Fällen wuchern die Gerüchte, auf den Fluren stehen die Grüppchen herum, die sich in finsteren Spekulationen überbieten, und schon bevor erste Ergebnisse durchsickern, ist man überzeugt, dass da nichts Gutes herauskommen wird. Wenn Sie Pech haben, schauen sich Ihre Leistungsträger bereits jetzt bei der Konkurrenz nach einem neuen Job um.

Beziehen Sie die betroffenen Mitarbeiter nicht frühzeitig in den Prozess ein, schüren Sie also Ängste und gefährden damit die Produktivität Ihrer Abteilung. Außerdem verschenken Sie das Know-how Ihrer Mitarbeiter: Häufig genug wissen die Menschen an der Basis sehr genau, wo es hakt – und haben Lösungsvorschläge parat, die besser funktionieren als Strategien, die am grünen Tisch von Leuten ausgetüftelt wurden, die weit weg sind vom operativen Geschäft. Und schließlich riskieren Sie, dass als aufoktroyiert erlebte Lösungen »aus Prinzip« ausgebremst werden.

Etikettenschwindel

Darunter fallen alle Halbwahrheiten und Unwahrheiten über die Gründe und Ziele bestimmter Maßnahmen. Beispielsweise, wenn ein neues Arbeitszeitmodell eingeführt wird, das eigentlich der Kostensenkung und Reduzierung vergüteter Überstunden dienen soll, das aber offiziell als »Fortschritt« und Vorteil für die Beschäftigten verkauft wird. Ganz nach dem Motto: Mit der Abschaffung der Zeiterfassung beweise man doch enormes Vertrauen. Oder: Eine unrealistisch hohe Zielvorgabe wird formuliert (30 Prozent mehr Umsatz binnen sechs Monaten), wenn in Wahrheit nur ein Drittel davon angestrebt wird – in der irrigen Annahme, so werde man die Mitarbeiter zu Höchstleistungen antreiben.

Ich bin immer wieder erstaunt, wie sehr Manager, die sonst auf die Kreativität und den Einfallsreichtum ihrer Mitarbeiter setzen, deren Intelligenz in solchen Fragen unterschätzen. Niemand lässt sich gern für dumm verkaufen, und fliegt ein solcher Etikettenschwindel auf (was meistens der Fall ist), dann sind die Folgen verheerend: Die Vertrauensbasis ist zerstört, die Motivation ist im Keller.

Messen mit zweierlei Maß

Menschen sind in der Regel bereit, Anstrengungen zu unternehmen und Einschränkungen zu akzeptieren, wenn sie das Gefühl haben, es geht gerecht zu. Ist das nicht der Fall, sorgt das unweigerlich für Verbitterung. Gerade in schwierigen Zeiten sollte das Management mit gutem Beispiel vorangehen. Wenn in der Presse genüsslich vorgerechnet wird, dass die Vorstandsgehälter sich verdreifacht haben, während die Belegschaft aufs Weihnachtsgeld verzichtet und Reallohnverluste in Kauf genommen hat, darf man sich über eine hohe Streikbereitschaft nicht wundern. Der frühere Continental-Chef Manfred Wennemer schien sich dessen bewusst zu sein. »Wenn es heißt, wir fliegen Economy, dann fliegt natürlich auch der Vorstand Economy – oder fährt zweiter Klasse mit der Deutschen Bahn«, betonte er gegenüber dem Magazin *Focus* im Januar 2007. Das Beispiel belegt, dass es nicht allein um nackte Zahlen geht, sondern auch um die Symbolwirkung.

Übergehen des Betriebsrats

Aus meiner langjährigen Erfahrung als Personalchefin weiß ich: Einer der größten Fehler ist, bei Veränderungsprozessen den Betriebsrat nicht möglichst früh mit ins Boot zu holen. Seien Sie sicher: Wer sich in der Sache übergangen fühlt, findet Mittel und Wege, seine Macht zu demonstrieren. Das gilt auch für andere wichtige Gremien im Unternehmen – vom Aufsichtsrat bis zur Sicherheitsabteilung.

Worte ohne Taten

Als Tiger starten und als Bettvorleger landen, Sie kennen diesen spöttischen Spruch. Wer vollmundig Änderungen verkündet, aufwendig Kickoff-Meetings organisiert und anschließend das Projekt im Sand verlaufen lässt, der bestätigt all jene, die hoffen, die Angelegenheit werde sich von selbst erledigen, wenn man nur lange genug Widerstand leiste. »Das hatten wir schon mal.« – »Die Chefs kommen und gehen, wir bleiben.« – »Das überleben wir auch noch.« So oder ähnlich lauten die entsprechenden Lebensweisheiten. Und sie gehen nicht nur auf das Konto individueller Trägheit, sondern gründen häufig in konkreten Erfahrungen.

Oder sollten Sie es noch nie erlebt haben, dass in einem Meeting energisch Neuerungen verkündet wurden, die man Ihrer vagen Erinnerung nach vor drei Jahren schon mal in gleicher Runde mit der gleichen Energie beschlossen hat? Zerlegen Sie ein ambitioniertes, großes Ziel am besten in kleinere Etappenziele und sorgen Sie dafür, dass Fortschritte für alle sichtbar dokumentiert werden.

Allen genannten Fehlern liegt zugrunde, den Wandel nicht gemeinsam mit den Mitarbeitern, sondern über ihre Köpfe hinweg organisieren zu wollen; vielfach aus der Sorge heraus, dass ein gemeinsamer Prozess zu viel Zeit in Anspruch nehmen würde. Diese Befürchtung ist zwar verständlich, aber kurzsichtig: Ihre Mitarbeiter holen Sie so nicht mit ins Boot. Nur wenn alle gemeinsam rudern (und zwar in dieselbe Richtung), wird sich tatsächlich etwas bewegen. Die Zeit, die Sie vermeintlich einsparen, benötigen Sie am Ende, um den Widerstand wegen mangelnder Überzeugung der Mitarbeiter zu managen.

Reflexe – unser biologisches Grundprogramm

Dass Mitarbeiter auf die Ankündigung von Veränderungen in der Regel erst einmal abwehrend reagieren, ist eine Erfahrungstatsache. Dieses Verhalten ist allerdings nicht auf die unteren Hierarchieebenen beschränkt, Führungskräfte handeln durchaus ähnlich. So machte der neue Siemens-Chef Peter Löscher sich wenig Freunde, als er im Sommer 2008 das obere und mittlere Management im Unternehmen als »Lehmschicht« bezeichnete, die es abzutragen gelte. Ob diese Äußerung taktisch klug war, sei dahingestellt. Doch Löscher wird im Zuge der Aufklärung des Korruptionsskandals bei Siemens seine Erfahrungen mit den internen Apparaten und deren Beharrungsvermögen gemacht haben.

Änderungen instinktiv als Bedrohung zu empfinden ist Teil unseres evolutionären Erbes. Der Unternehmensberater Winfried Berner spricht in diesem Zusammenhang von einem »Sicherungsmechanismus«, der Mensch wie Tier davor schütze, zum Opfer einer feindlichen Umwelt zu werden. Erst wenn wir sicher sind, dass eine Umgebungsveränderung nicht bedrohlich ist, überprüfen wir sie auf die Chancen, die sie möglicherweise bietet. Wird sie dagegen als Bedrohung erlebt, aktivieren wir Abwehrstrategien (beispielsweise Ausbremsen oder Abblocken) oder schalten da, wo dies aussichtslos scheint, auf ein »Notsystem« um: In diesem Fall Flucht, Angriff oder »Totstellen«.[22] Übersetzt in die Unternehmenspraxis heißt das: Mitarbeiter, die erst einmal überzeugt sind, dass eine Veränderungsmaßnahme nachteilige Folgen für sie haben wird, bewerben sich weg, rebellieren oder tauchen in die innere Kündigung ab.

Es ist wichtig zu verstehen, dass auf Veränderungen eine instinktive und emotionale Reaktion erfolgt, nicht etwa eine nüchterne und rationale Abwägung der »Fakten«. Änderungen erzeugen Ängste. Eigentlich braucht man nicht viel Fantasie, um sich auszumalen, welche Sorgen Stichworte wie »Umstrukturierung«, »Verschlankung der Prozesse« oder »Neuaufstellung der Abteilung« erzeugen: Es geht um die Angst

- vor Jobverlust und sozialem Abstieg,
- vor Autoritäts- und Statusverlust,
- vor Konflikten mit Vorgesetzten, Kollegen oder Mitarbeitern,
- seinen Erfahrungsvorsprung und die Selbstständigkeit einzubüßen, wenn alles anders wird, oder
- neuen Anforderungen nicht gerecht werden zu können.

Psychologen differenzieren daher »Existenzängste«, »soziale Ängste« und »Leistungsängste«. Daran ändert auch die Tatsache nichts, dass wir im Leben eine ganze Reihe von Veränderungen meistern, kleine wie große: Wir lernen laufen, Rad fahren, schwimmen, vielleicht auch Ski fahren, tauchen oder sogar Fallschirmspringen. Wir bewältigen Ausbildungsstationen und Umzüge, gewöhnen uns an Mikrowellen, DVD-Rekorder und Blackberrys, wechseln den Job und den Lebenspartner. Andererseits zählen Psychologen Trennungen, Jobverlust oder Wohnortwechsel zu den Hauptstressfaktoren im Leben. Unsicherheit wird von den meisten Menschen per se als bedrohlich empfunden, frei nach dem Motto: Man weiß, was man hat, aber man weiß nicht, was man bekommt. Wir sind eben so programmiert, dass wir zuerst fragen: »Was könnte schiefgehen?« Und erst dann vielleicht: »Welche Vorteile könnte eine Veränderung haben?« Das ist durchaus sinnvoll und kann uns schützen – früher davor, dem Säbelzahntiger zum Opfer zu fallen, und heute, uns mit einem unbedachten Vorschlag im Vorstandsmeeting ins Abseits zu manövrieren. Es kann allerdings auch dazu führen, dass wir zeitlebens unter unseren Möglichkeiten bleiben – aus Angst davor, die »Komfortzone« zu verlassen und etwas Neues zu wagen.

Das Ausmaß dieser Angst ist individuell unterschiedlich. Der Tiefenpsychologe Fritz Riemann hat sich bereits in den 1960er Jahren mit den »Grundformen der Angst« beim Menschen auseinandergesetzt und die Angst vor »Selbsthingabe« (Nähe zu anderen = Ich-Verlust) einerseits und vor »Selbstwerdung« (Individualität, Unabhängigkeit = Isolation) andererseits als menschliche Grundängste postuliert; ferner die Angst vor »Wandlung« (Veränderungen = Vergänglichkeit, Unsicherheit) auf der einen Seite und die Angst vor der »Notwendigkeit« (Ordnung, Struktur, Sicherheit = Unfreiheit) auf der anderen Seite. Riemann und sein Fachkollege Christoph Thomann haben daraus vier bipolar angeordnete Grundstrebungen des Menschen abgeleitet. Das »Riemann-Thomann-Modell«[23] geht also davon aus, dass wir uns in der Stärke unserer Bedürfnisse nach Nähe (Kontakt, Harmonie, Geborgenheit) und Distanz (Unabhängigkeit), nach Dauer (Ordnung, Kontrolle) und Wechsel (Abwechslung, Spontaneität, Kreativität) individuell unterscheiden:

Das Riemann-Thomann-Modell

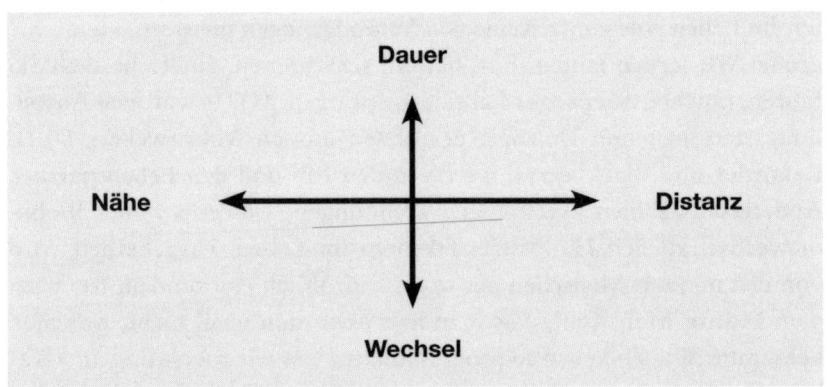

Wir alle tragen diese vier Grundstrebungen in uns, doch es gibt Menschen, für die vor allem Beständigkeit einen sehr hohen Stellenwert besitzt, und andere, die die Abwechslung lieben – genauso wie es Menschen gibt, die Harmonie und die Geborgenheit der Gruppe suchen, und andere, die ihre Unabhängigkeit brauchen. Diese Neigungen gehen häufig auch in die Berufswahl ein: Ein »typischer« Außendienstler tickt anders als ein »typischer« Buchhalter, und ein Unternehmer oder Selbstständiger besitzt in der Regel eine andere Mentalität als ein Verwaltungsbeamter.

Rechnen Sie also mit einer gewissen Bandbreite von Reaktionen, wenn Sie ein Veränderungsprojekt anschieben. Gehen Sie nicht davon aus, jeder »müsse« die Sachzwänge oder Erfolgschancen, die Sie zum Handeln bewegen, nach eingehender Erläuterung doch »einsehen« und entsprechend mitziehen. Noch einmal Winfried Berner, der sich mit seinem Beraterteam auf Change-Projekte spezialisiert hat: »Der richtige Umgang mit Emotionen ist für das Change-Management besonders wichtig, denn Veränderungsprozesse gehen immer mit intensiven Gefühlen einher: von Angst und Reaktanz über Ärger und Wut bis zu Engagement und Begeisterung. [...] Change-Management besteht genau darin, diese Gefühle aufzunehmen, die dahinter stehenden Gedanken und Meinungen zu verstehen und sie durch geeignete Impulse zu verändern. [...] Change-Management ist damit letzten Endes nichts anderes als das ›Führen von Gefühlen‹.«[24]

Das setzt voraus, dass man Gefühle nicht als gottgegeben und unbeeinflussbar ansieht, sondern als emotionale Reaktionen bestimmter Wertungen und Urteile. Wenn sich unsere Interpretation eines Faktums ändert, reagieren wir auch gefühlsmäßig anders darauf. Beispiel: Ein Mitarbeiter, der eine neue Aufgabe als Vertrauensbeweis deutet, geht sie mit anderen Gefühlen an als ein Mitarbeiter, der vermutet, man wolle ihn mit einem geheimen »Test« aufs Glatteis führen und suche nach Argumenten, ihn loszuwerden.

Von Angebern und Überwältigten: Typische Reaktionsmuster bei Veränderungen

Auch jenseits dieser biologischen »Grundprogramme« sind wir Menschen verschieden – geprägt durch frühkindliche Erfahrungen, Erziehung und Vorbilder und beeinflusst von unserem jeweiligen genetischen Erbe. Das gilt natürlich auch für Mitarbeiter, deren Verhalten im Führungsalltag uns immer wieder verblüffen, irritieren, ärgern und zum Glück auch positiv überraschen wird. Zu akzeptieren, dass sich jeder Mensch so verhält, wie es ihm im Rahmen seiner ganz persönlichen

»Welt-Sicht« sinnvoll erscheint, macht einen konstruktiven Umgang miteinander auch in der Führung einfacher.

Obwohl jeder Mensch ein Unikat ist, gibt es dennoch Gemeinsamkeiten. Die typischen Reaktionsmuster bei Veränderungen lassen sich aus den »vier Lerntypen« ableiten, die der amerikanische Unternehmensberater und Change-Experte David M. Noer in einem gleichnamigen Buch analysiert hat.[25] Der Ausgangspunkt »Lernen« liegt nahe: Mit Veränderungen umzugehen, eine neue Situation zu bewältigen, das ist nichts anderes als ein intensiver Lernprozess. Je nach dem Grad der Lernbereitschaft und Lernfähigkeit differenziert Noer die folgenden vier Reaktionsmuster:

Die vier Lerntypen

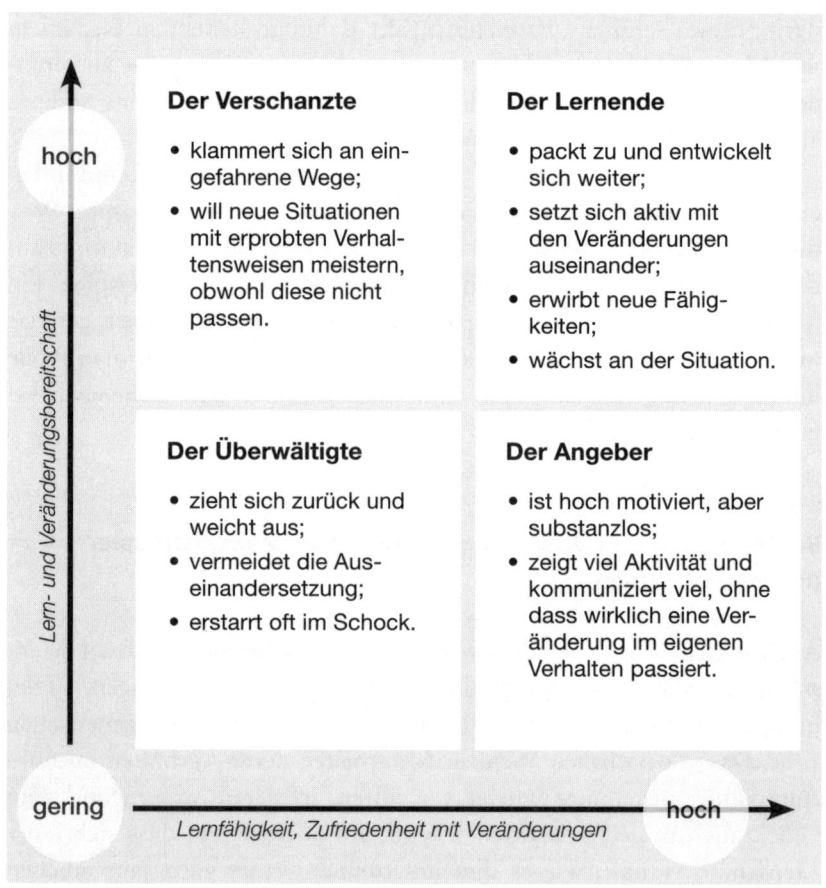

Der »überwältigte« Mitarbeiter

Er ist mit einer Veränderungssituation stark überfordert, denn seine Lernbereitschaft wie auch seine Lernfähigkeit sind eher schwach ausgeprägt. Daher fühlt er sich als Opfer einer Entwicklung, die er nicht beherrschen kann, ist unglücklich und hat Angst zu versagen.

Seine Reaktion: Er zieht sich auf bekannte, bisher sichere Verhaltensmuster zurück, gibt sich nach außen angepasst und hält sich mit offener Kritik zurück. Insgeheim hofft er, dass bald alles wieder »normal« (also wie früher) wird. Einladungen zu Seminaren oder Veranstaltungen blockt er ab, stattdessen redet er das Veränderungsprojekt und die Bemühungen anderer gerne schlecht – wenn Sie so wollen: ein typischer »Bremser«.

▶ **Tipp: Was Sie tun können**

Geben Sie ihm Anleitung und durch kleine Aufgaben die Zuversicht, dass er lernen und Veränderungen bewältigen kann. Fordern Sie ihm die Einarbeitung in Neues ab und geben Sie ihm klare Unterweisung. Wenn er das Projekt anhaltend untergräbt und andere mit seinem Pessimismus ansteckt, dann müssen Sie ihm unmissverständlich Grenzen setzen.

Der »verschanzte« Mitarbeiter

Er erkennt, dass Veränderungen nötig sind, bekämpft sie aber. Der Zwiespalt, einerseits zu wissen, dass er sich ändern muss, es andererseits aber nicht zu schaffen, macht ihn ängstlich, frustriert und wütend. Müssen andere gehen, dann plagen ihn Schuldgefühle, dass er bleiben kann.

Seine Reaktion: Er arbeitet härter als zuvor, bleibt allerdings in gewohnten Bahnen und bei alten Strategien. Dieser Aktionismus führt jedoch nicht wirklich zum Erfolg, denn Veränderungen werden unbewusst ausgeblendet und Lernprozesse blockiert. Salopp gesagt: Er könnte, aber er traut sich nicht – wie ein Vogel, der das erste Mal das Nest verlassen muss.

▶ **Tipp: Was Sie tun können**

Ermutigen und unterstützen Sie ihn darin, die eigenen Fähigkeiten auszuschöpfen. Signalisieren Sie ihm Verständnis für den Frust und die Schuldgefühle und helfen Sie ihm, damit umzugehen. Eine stufenweise Veränderung wäre hier geeignet, beispielsweise durch Lernmöglichkeiten in Projektgruppen oder Teams, die schon nach neuen Strategien arbeiten.

Der »angeberische« Mitarbeiter

Für ihn ist alles »easy«, er begrüßt die Veränderung enthusiastisch, strahlt Optimismus aus und ärgert sich über das Jammern der anderen. Nur leider steckt hinter der sonnigen Fassade weder ein wirkliches Verständnis der aktuellen Situation noch die Fähigkeit, tatsächlich angemessen darauf zu reagieren. Hohe Veränderungsbereitschaft und niedrige Veränderungsfähigkeit gehen hier eine unheilige Allianz ein.

Seine Reaktion: Er zeigt sofortige Aktionsbereitschaft und drängt auf schnelle Lösungen sowie entschlossenes Handeln. Wer nicht mitkommt, hat für ihn selbst Schuld. Häufig kämpft er um eine einflussreiche Position und ist dabei dank seines dynamischen, optimistischen Auftretens erfolgreich – mit der eigentlichen Aufgabe anschließend jedoch überfordert.

▶ **Tipp: Was Sie tun können**

Lassen Sie sich nicht blenden: Hier hat jemand keine Lust, tatsächlich Energie zu investieren und sich persönlich oder inhaltlich weiterzuentwickeln. Weisen Sie ihm möglichst keine Führungsrolle zu. Geben Sie ihm konkrete und messbare Ziele vor, überwachen Sie die Ergebnisse und führen Sie straff. Suchen Sie nach Einsatzmöglichkeiten, wo seine Stärken zum Tragen kommen (wie im Kundenkontakt als positiver Botschafter der Veränderung).

Der »lernende« Mitarbeiter

Der Idealfall: Jemand mit hoher Veränderungsfähigkeit und hoher Bereitschaft dazuzulernen. Auch er fühlt sich manchmal unsicher und ängstlich, ist aber optimistisch genug, sein Schicksal und das seiner Mitarbeiter in die Hand zu nehmen, konzentriert zu arbeiten und positive Veränderungen herbeizuführen.

Seine Reaktion: Er strengt sich an, arbeitet ständig an der eigenen Weiterentwicklung und kann mit Fehlern und Rückschlägen umgehen. Er arbeitet lösungsorientiert, strahlt Optimismus aus und kann andere motivieren. Eigene Stärken und Schwächen sind ihm gleichermaßen bewusst.

Geben Sie ihm Gestaltungsspielraum, übertragen Sie ihm wichtige Aufgaben und fördern Sie ihn. Gleichzeitig sollten Sie ihn davor schützen, sich zu überfordern, zu viel zu arbeiten und dadurch irgendwann auszubrennen. Erkennen Sie seine Leistung an und treten Sie nicht in einen Konkurrenzkampf mit ihm, sondern profitieren Sie lieber davon, so einen Mitarbeiter im Team zu haben!

Übrigens: Es lohnt sich, auch sich selbst und sein eigenes Veränderungsverhalten vor dem Hintergrund dieser Typologie zu reflektieren. Neigt man eher dazu, bei neuen Herausforderungen abzutauchen und abzuwarten, oder sich in hektische, aber nicht wirklich zielführende Aktivitäten zu flüchten? Besitzt man die Neigung, neue Entwicklungen vor sich und anderen schönzureden, ohne den Dingen wirklich auf den Grund zu gehen? Oder schafft man es tatsächlich, lösungsorientiert und optimistisch, aber auch problembewusst und veränderungsbereit an neue Herausforderungen heranzugehen?

Fragen wie diese können wehtun. Sie zu stellen und ehrlich zu beantworten – und sei es mit Unterstützung eines professionellen Sparringspartners oder Coaches – birgt jedoch die Chance, sich persönlich weiterzuentwickeln. Denn eine Eigenschaft teilen meiner Beobachtung nach viele erfolgreiche Führungskräfte, so unterschiedlich sie sonst auch sein mögen: die Fähigkeit und die Bereitschaft zur Selbstreflexion. Unbelehrbarkeit, Selbstzufriedenheit und Blindheit für die eigenen Schwächen dagegen sind der Nährboden, auf dem das »Feindbild Chef« bestens gedeiht.

Wie Sie den Wandel erfolgreich managen

»Die Zeiten für Schönwetterkapitäne sind allemal vorbei«, habe ich im Vorwort zu meinem Buch *Erfolgreich durch die Krise führen* vor einigen Jahren geschrieben. Jeder, der heutzutage Führungsverantwortung trägt, wird früher oder später Veränderungen im Unternehmen anstoßen und umsetzen müssen. Natürlich kommt es dabei auch auf eine adäquate Analyse des Status quo, sauber definierte Prozesse und gutes Projektmanagement an. Entscheidend für Ihren Erfolg sind jedoch die »weichen« Faktoren: Gelingt es Ihnen, Ihre Mitarbeiter mitzunehmen?

Schlüsselfaktor Kommunikation

Genauer betrachtet ist Führung nichts anderes als Kommunikation – und gute Führung daher nichts anderes als gelungene Kommunikation. Worte sind Ihr wichtigstes Führungswerkzeug. Gute Kommunikation wiederum ist keine Einbahnstraße, sondern lebt vom Dialog. Außerdem zeichnet sie sich dadurch aus, dass beim Empfänger möglichst viel von dem ankommt, was der Sender tatsächlich »gemeint« hat, dass sich also Missverständnisse und Unklarheiten in Grenzen halten. Viel weiter will ich hier nicht in die Detailebene gehen, sondern empfehle Ihnen, sofern Sie sich noch nicht damit befasst haben, Schulz von Thun mit den »vier Seiten einer Nachricht«, dem Nutzen von »Ich-Botschaften« oder den Merkmalen »aktiven« Zuhörens.[26]

Für die Makroebene ist festzuhalten, dass es Unternehmenskulturen gibt, in denen ein offener und vertrauensvoller Umgang miteinander gepflegt wird, in denen ein Klima der Angstfreiheit herrscht und in denen neue Ideen und graduelle Veränderungen schon im Alltag eher eine Chance haben. Und es gibt andere, in denen all das weniger zutrifft und wo Partikularinteressen und eine Ellenbogenmentalität dominieren. Die beste Vorsorge für Veränderungsprozesse ist, in der eigenen Abteilung ein Klima der Experimentierfreude und des gegenseitigen Vertrauens zu pflegen und damit für schwierigere Zeiten vorzubauen. Das geht nicht über Nacht, denn es ist keine Frage von Lippenbekenntnissen (»Wir können hier doch über alles reden!«), sondern eine Folge gemeinsam erfolgreich bewältigter Belastungsproben. Gegen Erstarrung kann man außerdem vorsorgen, indem man Regeln und Verfahrensweisen erst gar nicht zementiert, sondern regelmäßige »Wartungsintervalle« einführt, in denen man sie auf ihre weitere Tauglichkeit und Optimierungsmöglichkeiten überprüft. Eine »Das haben wir schon immer so gemacht«- Mentalität kann sich so gar nicht erst einstellen.

In einer angstfreien und aufgeschlossenen Atmosphäre sind die Mauern, gegen die Sie mit einem umfassenden Veränderungsprojekt anrennen werden, von vornherein brüchiger und niedriger. Voraussetzung ist allerdings, dass Sie sich in Zeiten des Wandels als Führungskraft nicht zurückziehen, sondern im Gegenteil erst recht Präsenz zeigen: Führung muss im Wandel besonders sichtbar und berechenbar sein. Verlassen Sie sich also nicht darauf, dass Ihre Mitarbeiter schon wissen, wie sehr Sie

sie schätzen und wie stark Sie auf die weitere gemeinsame Arbeit bauen. Wenn andere Gewissheiten, etwa bewährte Prozesse und Abläufe, ins Wanken geraten, muss man derartige »Selbstverständlichkeiten« durchaus noch einmal explizit sagen und durch konkrete Planungen mit Leben füllen.

Veränderungen frühzeitig vermitteln

Gehen Sie so früh wie möglich mit einem Veränderungsvorhaben an die Unternehmensöffentlichkeit, informieren Sie umfassend und ergebnisoffen, beziehen Sie Ihre Mitarbeiter in die Lösungsfindung mit ein. Wenn es eine goldene Regel in Sachen Change-Management gibt, dann ist es diese. Im Idealfall machen die Mitarbeiter den Wandel zu »ihrem« Projekt und arbeiten engagiert an der Lösungsfindung und Umsetzung mit. Das können sie aber nur, wenn sie genau wissen, worum es geht und warum Änderungen erforderlich sind. Psychologen und Pädagogen betrachten Widerstand als einen Mechanismus zum Schutz des »bedrohten Sinnzusammenhanges«. Solange der Sinn einer Maßnahme einem nicht einleuchtet, stemmt man sich dagegen. Warum auch sollte man sich für etwas ins Zeug legen, von dessen Notwendigkeit oder Erfolgschancen man von vornherein nicht überzeugt ist (mehr dazu im folgenden Kapitel *Vom Umgang mit Ängsten und Widerstand*)? Informieren Sie also so präzise wie möglich, malen Sie konkrete Bilder und flüchten Sie nicht in betriebswirtschaftliches Fachvokabular.

Am Ball bleiben

Wesentlich ist, nach ersten Informationsveranstaltungen (von der Abteilungsleiterrunde bis zur Betriebsversammlung) die Kommunikation nicht abreißen zu lassen und weiter ansprechbar zu bleiben. Viele Fragen und Bedenken ergeben sich möglicherweise nicht ad hoc, sondern erst, nachdem die Informationen sich »setzen« konnten. Die Instrumente, die Ihnen zur Verfügung stehen, sind neben turnusmäßigen Informationsrunden und Meetings natürlich auch das Intranet, die Mitarbeiterzeitung, das Schwarze Brett und andere klassische Mittel.

Dabei sollten Sie allerdings die persönliche Präsenz nicht unterschätzen. Ich habe als Personalchefin beispielsweise mehrfach mit Geschäftsführungskollegen und dem Betriebsrat die Belegschaft morgens vor dem Werkstor durch Flugblätter über konkrete Planungen informiert beziehungsweise um Mitwirkung gebeten. Dabei besitzt schon die Geste als solche eine starke Überzeugungskraft. Auch wirkt es vertrauensbildend, wenn Sie für die Mitarbeiter ansprechbar und präsent sind – das sogenannte Management by Walking Around.

Um eine bereits angespannte Atmosphäre zu entkrampfen, greifen zudem immer mehr Unternehmen auf eher unkonventionelle Mittel wie Unternehmens- oder Improvisationstheater und kabarettistische Einlagen zurück. Humor wirkt dann entkrampfend und verbindend, wenn auch die Führungsebene über eigene Unzulänglichkeiten lachen kann. Im Internet finden Sie eine Reihe von Profis, die Sie für Unternehmensveranstaltungen von der Betriebsfeier bis zum Seminar buchen können. Und noch ein Hinweis: Versuchen Sie auf keinen Fall, Kommunikation zu unterdrücken. Äußerungen wie etwa die, dass im Unternehmen ohnehin »zu viel gequatscht« werde, gehen nach hinten los – damit unterbinden Sie die Gerüchteküche nicht etwa, sondern Sie heizen sie erst richtig an.

Das kleine Einmaleins des Projektmanagements von der Planung bis zum Pflichtenheft kann und soll an dieser Stelle nicht ausgebreitet werden. Denken Sie jedoch daran, dass die Wahl der Projektverantwortlichen genauso etwas über die Relevanz eines Change-Projekts aussagt wie die Frage, wer sich öffentlich hinter das Projekt stellt. Veränderungsprojekte sind zu wichtig, um hier gescheiterte Führungskräfte (»Altlasten«) zu entsorgen oder unerfahrene Nachwuchsmanager auf ihre Belastbarkeit zu testen.

Vom Umgang mit Ängsten und Widerstand

Angst am Arbeitsplatz ist ein Tabuthema. Obwohl sich in einer Umfrage des Kölner Soziologen Winfried Panse und des Diplom-Kaufmanns Wolfgang Stegmann aus dem Jahr 2001 fast 70 Prozent der befragten Führungskräfte zur Angst vor Arbeitsplatzverlust bekannten, immerhin 58,6 Prozent Angst vor Fehlern haben und ein hoher Prozentsatz Angst vor Fehlinformationen (43,9 Prozent) und vor Konkurrenten (35,3 Prozent), wird in den Unternehmen nicht über Ängste gesprochen. Das würde auch kaum zum Macher- und Heldenimage der Manager passen (siehe oben zu den Archetypen der Führung in Kapitel 2, *Wunschdenken*).

Die Angst der Mitarbeiter vor Veränderungen

Auf der Mitarbeiterebene sieht es nicht besser aus: Sinkende Krankenzahlen, die zum Teil auf die Scheu zurückzuführen sind, sich selbst bei ernsthaften gesundheitlichen Problemen krankzumelden (»Präsentismus« genannt), und der stetige Anstieg der psychischen und psychosomatischen Erkrankungen in den letzten Jahrzehnten sprechen eine deutliche Sprache.[27] Unsichere Zeiten vertiefen solche Ängste, und Veränderungsprozesse sind Phasen der Unsicherheit.

Wenn Sie als Führungskraft schon Veränderungen umgesetzt haben, werden Sie auch die Erfahrung gemacht haben, dass Ängste am Arbeitsplatz nicht offen artikuliert werden. Sollte einer Ihrer Mitarbeiter Ihnen tatsächlich unter vier Augen gestehen, dass er Angst hat, seinen Arbeitsplatz zu verlieren oder das Projekt nicht zu packen, dann beglückwünschen Sie sich zu Ihrem vertrauensvollen Verhältnis. Meist sind Sie jedoch auf äußere Indizien dafür angewiesen, dass sich in Ihrem Verantwortungsbereich die Angst breitmacht. Dazu zählen plötzlicher Leistungsabfall, Passivität bis hin zur Apathie, Symptome der Erschöpfung und Überforderung, aber auch Aggressivität und Temperamentsausbrüche. Wenn ein sonst eigentlich gelassener Mitarbeiter plötzlich bei Kleinigkeiten aus der Haut fährt, können sich Ängste und Sorgen dahinter verbergen.

Was können Sie tun? Hoffen Sie nicht, das werde sich schon »von selbst« erledigen. Das tut es nicht, im Gegenteil: Verdrängte und unterdrückte Emotionen wüten im Verborgenen umso heftiger. Die Gespenster werden immer größer, die wildesten Gerüchte verbreiten sich wie ein Lauffeuer. Ein missverständlicher Nebensatz, eine unbedachte Bemerkung im Abteilungsmeeting genügt, um den Ängsten neue Nahrung zu geben. Wer erst einmal überzeugt ist, dass er sich Sorgen machen muss, findet mit diesem negativen Tunnelblick überall Hinweise, die ihn bestätigen: »Wieso hat der Chef so reserviert gegrüßt? Stehe ich schon auf der Abschussliste? Und zur Sitzung XY war ich auch nicht eingeladen. Da scheint sich wirklich etwas zusammenzubrauen. Und dieser Spruch neulich, dass nur die Harten in den Garten kommen, was sollte das eigentlich?«

Was nüchterne Gemüter gern als Hirngespinste abtun, ist insofern real, da es das Denken und Handeln der Betroffenen bestimmt. Was daher nicht funktioniert, sind vage Beschwichtigungsreden und Phrasen nach dem Muster: »Machen Sie sich keine Sorgen. Das wird schon. Nichts wird so heiß gegessen, wie es gekocht wird.« So können Sie den Spekulationen Ihrer Mitarbeiter nicht den Wind aus den Segeln nehmen. Es beruhigt sie genauso wenig, wie es Sie selbst beruhigen würde, wenn Ihr Arzt Sie nach einer ernsten Diagnose mit diesem Satz ins Wochenende schickte.

Suchen Sie also das Gespräch mit Ihren Mitarbeitern, gehen Sie auf die Einzelnen zu. Da kaum jemand das Wort Angst in den Mund nehmen wird, bauen Sie eine goldene Brücke: »Ich habe den Eindruck, Sie machen sich Sorgen / Sie sind beunruhigt…« Hören Sie geduldig zu und vermeiden Sie voreilige Beschwichtigungsversuche. Versprechen Sie nichts, was Sie nicht halten können. Wenn Sie nicht garantieren können, dass der aktuelle Job oder die momentane Bezahlung erhalten bleibt, dafür aber die Zugehörigkeit zum Unternehmen, dann kann auch das schon eine enorme Entlastung sein für Menschen, die sich bereits auf dem Weg zum Arbeitsamt und ins soziale Abseits wähnten. Spielen Sie gemeinsam das Worst-Case-Szenario durch – und meist zeigt sich dann, dass der schlimmste anzunehmende Ernstfall harmloser ist als alle düsteren Vorahnungen.

Lenken Sie den Blick auch auf die Chancen, die eine Veränderung bieten kann: »Was muss passieren, damit…?«, »Wie ginge es für Sie weiter, wenn…?« oder »Was wäre, wenn…?« – mit diesem Fragenrepertoire gehen Sie den Dingen auf den Grund. Unterschätzen Sie nicht, wie entlastend allein die Tatsache wirkt, in seinen Befürchtungen ernst genommen und angehört zu werden.

Wie Sie mit Widerstand gegen Change-Projekte umgehen

Aus der Angst vor Veränderungen kann schnell Widerstand der Mitarbeiter resultieren. Dieser Widerstand gegen Veränderungen hat viele Facetten. Wenn Sie in Meetings auf eine Mauer des Schweigens treffen, wenn konstruktive Vorschläge oder Fragen auf gleichgültiges Achselzucken stoßen, wenn sich Fehlzeiten häufen, wenn Projekte nicht vorangehen und die Verantwortlichen sich in fadenscheinige Ausreden flüchten, wenn die Arbeitsqualität einbricht, wenn immer häufiger Grüppchen zusammenstehen, die tuscheln und klagen, wenn Mitarbeiter patzig und aggressiv reagieren oder nur noch mit Witzeleien und Albernheiten – dann haben Sie es mit Widerstand zu tun, in denen sich die archaischen Reaktionsmuster auf Bedrohungen artikulieren: Angriff oder Flucht. Auch Passivität, sich Wegducken und sogar eilfertige Zustimmung, der dann aber keine Taten folgen, sind Formen des (verdeckten) Widerstandes. Viele Führungskräfte reagieren darauf instinktiv mit mehr Druck (»Das wollen wir doch mal sehen…«) und verhärten damit unweigerlich die Fronten. Sie sind verärgert und gekränkt, dass ihre Mitarbeiter nicht »mitziehen« und den »Ernst der Lage« offenbar nicht erkannt haben.

Weiter oben wurde schon darauf hingewiesen, dass hinter Widerständen oft der Schutz des bedrohten Sinnzusammenhanges steckt. Wer den Sinn einer Maßnahme nicht versteht oder nicht davon überzeugt ist, wird sich nicht bewegen, sondern eher versuchen, den Status quo zu retten. Eine Ihrer Kernaufgaben ist es daher, den Sinn einer Veränderung aufzuzeigen. Menschen kommen dann ins Handeln, wenn sie einerseits begreifen, dass es so nicht weitergehen kann, und wenn sie gleichzeitig eine konkrete und umsetzbare Lösungsmöglichkeit sehen, wie man negative Entwicklungen abwenden kann. Wer keinen Leidensdruck verspürt, handelt im Allgemeinen auch nicht; Ärzte und Diätberater wissen ein Lied davon zu singen. Und wer zwar spürt, dass die Dinge falsch laufen, aber nicht weiß, was er dagegen tun kann, der neigt dazu, den Kopf in den Sand zu stecken. Wenn wir uns hilflos fühlen, werden wir Meister im Verdrängen.

»Was passiert, wenn nichts passiert?« ist deshalb eine Schlüsselfrage in Veränderungsprozessen. Dabei geht es nicht darum, schwarzzumalen und vage Horrorszenarien zu entwerfen (die womöglich als taktische Manöver abgehakt werden), sondern präzise zu belegen, aus welchen Gründen Veränderungen unerlässlich sind. Die zweite Schlüsselfrage lautet: »Was genau muss passieren?« In die Lösungsfindung sollten Sie die Mitarbeiter wie oben erläutert einbeziehen. Manches Change-Projekt gerät ins Stocken, weil Menschen, die weit weg sind vom operativen Geschäft, den Mitarbeitern suboptimale Lösungen diktieren wollen. Über Lustlosigkeit, an solchen »Verschlimmbesserungen« mitzuwirken, darf man sich dann nicht wundern.

Da wir alle unsere Komfortzonen pflegen und auf Veränderungen mit Ängsten und Abwehrreflexen reagieren, können Sie getrost davon ausgehen, dass Widerstand zu Change-Projekten gehört wie der Regen zum deutschen Sommer. Betrachten Sie ihn nicht als Bedrohung, sondern als erwartbare Nebenwirkung. Er gibt Ihnen die Gelegenheit, noch mal innezuhalten, nachzudenken, nachzufragen und das Projekt zu justieren. Versuchen Sie nicht, Ihr Vorhaben einfach durchzuziehen und Widerstände zu ignorieren. Der Groll wird nur größer und entlädt sich irgendwann. Und es ist allemal besser, Konflikte am Anfang des Projekts auszutragen, als kurz vor Torschluss durch einen großen Knall um Wochen zurückgeworfen zu werden. Außerdem können Sie den Wandel nur dann wirklich gestalten, wenn die Mitarbeiter an der Basis mitziehen.

▶ **Tipp: Was Sie tun können**

Oft hilft eine frühe Flucht nach vorn: Sprechen Sie Ihren Eindruck offen an, das Projekt werde nicht wirklich mitgetragen, fragen Sie nach den Gründen, bitten Sie um Änderungsvorschläge. Ertragen Sie es, wenn sich Frust und Ärger über »die da oben« erst einmal Luft machen müssen. Finden Sie heraus, was wirklich hinter den Widerständen steckt: Sind es diffuse Ängste (siehe oben), sind es Zweifel am Sinn der Maßnahme oder wirken die erarbeiteten Lösungen nicht wirklich überzeugend?

Die meisten Menschen möchten Konflikte und Auseinandersetzungen lieber vermeiden. Führungskräfte sind da nicht ausgenommen. Dahinter steckt häufig die Sorge, wenn erst einmal Tacheles geredet werde, belaste das die zwischenmenschlichen Beziehungen und führe womöglich zum Bruch. Das Gegenteil ist der Fall: Gemeinsam bewältigte Schwierigkeiten und Konflikte stärken Beziehungen, Totschweigen und Unter-den-Teppich-Kehren belasten sie. Als Chef werden Sie nicht dadurch zum Feindbild, dass es Konflikte gibt, sondern dadurch, dass Sie Konflikte nicht angemessen lösen.

Wenn Sie Mitarbeiter entlassen müssen

»Manager: Macht und Gier – Mitarbeiter: Hartz IV« war auf einem Transparent zu lesen, das Angestellte der Dresdner Bank Anfang September 2008 bei einer Demonstration vor dem Haupteingang der Zentrale in Frankfurt in die Fernsehkameras hielten. Hintergrund: die Übernahme der Dresdner Bank durch die Commerzbank und die damit verbundene Ankündigung, weltweit circa 9 000 Arbeitsplätze abzubauen. Kaum etwas hat so sehr zum Reputationsverlust der Wirtschaftseliten beigetragen wie tatsächlich oder vermeintlich »kaltherzig« durchexerzierte Massenentlassungen. Der Deutsche-Bank-Chef Josef Ackermann hat sich bis heute nicht von dem Imageschaden erholt, den er anrichtete, als er in seiner Rede auf der Aktionärshauptversammlung 2005 Rekordgewinne und Stellenabbau im selben Atemzug verkündete. Dieses Beispiel ist gleichzeitig ein Lehrstück dafür, dass es beim Thema Arbeitsplatzabbau nicht nur auf das *Was* und das *Warum*, sondern entscheidend auch auf das *Wie* ankommt.

Hauptsache, Kosten senken?

Kaum einer Führungskraft bleibt es erspart, im Lauf ihrer Karriere Mitarbeitern kündigen zu müssen. Der globale Wettbewerb, das internationale Gefälle der Lohnkosten, technische Revolutionen in immer kürzeren Abständen – all das macht es mehr als wahrscheinlich, dass es irgendwann auch in Ihrem Verantwortungsbereich heißt: Personalkosten senken, Abteilungen schließen, Prozesse ins Ausland verlagern, outsourcen.

Mir ist noch kein Manager – auch kein Topmanager – begegnet, dem es tatsächlich leichtfiel, Menschen den Arbeitsplatz zu nehmen. Mir sind allerdings sehr viele begegnet, die sich aus Hilflosigkeit oder Konfliktscheu in der Rolle des kühlen Machers verschanzten und ihrem persönlichen Ruf und dem Arbeitsklima in ihrem Unternehmen damit einen Bärendienst erwiesen. Schon das gängige Managementvokabular ist Ausdruck dieses zum Scheitern verurteilten Distanzierungsversuches: Da ist beispielsweise von »Verschlankung«, »Downsizing« oder »Freisetzung« die Rede. Doch nur, weil man das böse Wort »Entlassung« vermieden hat, wird die Angelegenheit für die Betroffenen nicht besser – im Gegenteil: Manch einer fühlt sich angesichts dieser euphemistischen Floskeln erst recht verschaukelt und nicht ernst genommen. Mehr zu den möglichen negativen Folgen des gängigen Managementjargons in Kapitel 6, *Übersetzungsprobleme*.

Entlassungen sind immer ein sehr schmerzlicher Prozess, für die gekündigten Mitarbeiter sowieso, aber auch für deren Angehörige und Familien, für diejenigen, die bleiben, alles beobachtet haben und mit Wut oder Schuldgefühlen kämpfen, für die beteiligten Führungskräfte, die oft unzureichend auf diese schwierige und hoch emotionale Situation vorbereitet sind, schließlich für das Unternehmen insgesamt, für das es ja hinterher weitergehen soll. Es geht beim Personalabbau also um weit mehr als um die Zahlen, die das Controlling geliefert hat. Das Image und der gute Ruf eines Unternehmens stehen auf dem Spiel, das Ansehen bei Kunden und Lieferanten und nicht zuletzt Ihre Glaubwürdigkeit als Führungskraft.

Ich plädiere deshalb für eine ganzheitliche Sicht, die derartige Auswirkungen und »Folgeschäden« von vornherein mitberücksichtigt und so gering wie eben möglich zu halten versucht. Das wiederum setzt voraus, dass Trennungsprozesse fair gestaltet werden. Wer das für naives »Gutmenschentum« hält, lässt sich vielleicht durch nüchterne Zahlen überzeugen: Studien besagen, dass 90 Prozent der Unternehmen mit einem Personalabbau Kosten reduzieren wollen – in der Praxis gelingt das gerade einmal knapp 50 Prozent. Noch schlechter ist die Bilanz in puncto Produktivitätssteigerung aus: 75 Prozent der Unternehmen streben sie an, erreicht wird sie von etwas mehr als 20 Prozent.[28]

Wer bei Trennungsprozessen die Motivation und das Vertrauen der verbleibenden Mitarbeiter verspielt, gefährdet auch seine wirtschaftlichen Ziele. »Manager unterschätzen brutal, wie mieses Betriebsklima von Mitarbeitern auf die Kunden und das Geschäft durchschlägt«, konstatiert das *Handelsblatt* im September 2008 unter der Überschrift »Wie sich Firmen selbst demontieren« und verweist auf die wirtschaftliche Talfahrt großer Unternehmen wie Karstadt oder Dresdner Bank.

Personalabbau »fair« gestalten

Um Missverständnissen vorzubeugen: »Fair« heißt nicht, dass Entlassungen ohne Konflikte, Emotionen und Blessuren vor sich gehen. Fair bedeutet, ein größtmögliches Maß an Transparenz für die Mitarbeiter und Respekt für die direkt Betroffenen walten zu lassen und so Konflikte und Blessuren so weit wie eben machbar zu beschränken. Auf kurze

Formeln gebracht – in den folgenden Abschnitten geht es dann in die Tiefe – bedeutet das:

- Informieren Sie so früh wie möglich, dass Kündigungen anstehen.
- Halten Sie die Phase der Unsicherheit, wen es treffen wird, so kurz wie möglich.
- Führen Sie die Kündigungsgespräche so »menschlich« wie möglich.
- Federn Sie den Ausstieg der Betroffenen so weit wie möglich wirtschaftlich ab.

Die Informationspolitik

Nichts ist verheerender, als wenn Mitarbeiter aus der Zeitung erfahren, dass ihr Job demnächst wegfallen soll. Das Vertrauen, das durch einen derartigen »Kommunikationsgau« verspielt wird, werden Sie durch noch so wohlmeinende Worte nicht zurückgewinnen, und auch der Imageschaden in der Öffentlichkeit lässt sich so rasch nicht reparieren. Gehen Sie davon aus, dass die meisten Zeitungsleser sich instinktiv mit den »Opfern« solidarisieren, da ihnen deren Situation näher ist als die wirtschaftlichen Überlegungen der Bosse. Wenn diese Menschen gleichzeitig Ihre Kunden sind, bekommen Sie das womöglich auch beim Umsatz zu spüren.

Führungskräfte scheuen sich häufig, die Hiobsbotschaft vom Personalabbau früh zu überbringen, weil dann noch nicht alle Schritte genau absehbar sind und weil sie Unruhe im Unternehmen befürchten. Beides ist verständlich, aber falsch. Niemand erwartet auf einer ersten Betriebsversammlung bereits definitive Informationen über den Gesamtprozess, zumal gerade bei größeren Entlassungen erst einmal Verhandlungen mit dem Betriebsrat über Interessensausgleiche und Sozialpläne anstehen (mehr hierzu in meinem Buch *Sicher durch die Krise führen*). Und da Personalabbau in der Regel die Ultima Ratio ist, können Sie getrost davon ausgehen, dass die Unruhe längst Einzug ins Unternehmen gehalten hat. Mitarbeiter haben ein Gespür dafür, wie es um ihren Arbeitgeber steht. Spätestens, wenn die Putzkolonne nur noch jeden zweiten Tag durchs Haus geht oder beim Firmensport gespart wird, beginnt die Gerüchteküche zu brodeln. Je später Sie auf den Plan treten, desto schwieriger wird es für Sie, Negativspekulationen einzudämmen und den Prozess der Meinungsbildung mitzusteuern.

Das Stichwort Betriebsversammlung ist oben schon gefallen. So schwer es Ihnen fallen mag: Überbringen Sie die Botschaft persönlich. Verschanzen Sie sich nicht hinter der Personalabteilung oder einem Rundschreiben an die Belegschaft. Auch das ist eine Frage des Respekts und der Wertschätzung. Vielen Mitarbeitern steht eine schwierige Zeit bevor, und sie werden wenig Verständnis dafür aufbringen, wenn Sie selbst es sich einfach machen. Dasselbe gilt sinngemäß, wenn Sie im mittleren Management tätig sind: Auch wenn Sie bei einer Betriebsversammlung nicht mit vorne auf der Bühne stehen, sollten Sie Ihre Mitarbeiter anschließend zeitnah zusammenrufen und ihnen Rede und Antwort stehen und in den Tagen danach vor Ort und vor allem ansprechbar sein.

▶ **Tipp: Was Sie tun können**

Was sagt man in solch einer Situation? Verabschieden Sie sich von der Vorstellung, man könne eine solche Nachricht abmildern, indem man sie »gut verpackt«. Reden Sie nicht lange um den heißen Brei herum, sondern kommen Sie rasch zum Punkt und wählen Sie einfache, klare Worte. Strapazieren Sie die Nerven Ihrer Zuhörer nicht durch gewundene Einleitungen und BWL-Fachchinesisch. Erläutern Sie, welche Maßnahmen warum nötig sind.

»Selbst starke Einschnitte lassen sich vermitteln, wenn dahinter eine Logik steckt und Chefs sie klar vermitteln«, unterstreicht Franz-Josef Seidensticker, Deutschland-Chef der Unternehmensberatung Bain & Company im Magazin *Focus* vom 29. Januar 2007. Nachvollziehbare Gründe werden Zorn und Verzweiflung nicht im Keim ersticken, aber doch abmildern. Spielen Sie nicht den kühlen Macher: Sagen Sie, wie schwer Ihnen dieser Schritt fällt. Wenn Sie das ehrlich meinen, wird man Ihnen das ansehen und man wird Ihnen glauben. Da die wenigsten Führungskräfte auf solche schwierigen Auftritte mental vorbereitet sind, lohnt es sich, gemeinsam mit einem professionellen Coach daran zu arbeiten.

Steht das Unternehmen mit dem Rücken zur Wand, fällt eine schlüssige Argumentation leichter, als wenn trotz schwarzer Zahlen und gut gefüllter Auftragsbücher Standortverlagerungen oder Kostenreduzierungen geplant sind. Dann bleibt nur der Vergleich mit wirtschaftlicher arbeitenden Wettbewerbern und eine großzügige Abfederung der Ausscheidenden. Jetzt um jeden Euro Abfindung zu feilschen oder Outplacement-Seminare zu verweigern kommt ganz schlecht an.

Ein Thema, das sich bei angekündigten Betriebsschließungen oder Massenentlassungen als ein Bedarf aufseiten der Mitarbeiter herauskristallisiert, ist interessanterweise die Schuldfrage. Einzelne Mitarbeiter bis hin zu ganzen Belegschaften haben ein großes Bedürfnis danach zu hören, dass sie keine Schuld an der Misere trifft, dass sie alles getan haben, was in ihrer Macht stand, dass sie es nicht hätten ändern können, unabhängig davon, was sie noch besser, schneller, preiswerter getan hätten. Es geht hier um eine Art »Freisprechen von Schuld«, und ich habe erst kürzlich wieder bei einem Kunden erlebt, wie groß die Erleichterung ist, wenn glaubhaft und mit Bedauern versichert wird, dass niemand an dieser Entscheidung etwas hätte ändern können. Und es war eine Wohltat für die erschrockenen Menschen, vom Manager zu hören: »Ich möchte an dieser Stelle ganz deutlich sagen, dass Sie alle keine Schuld trifft. Sie haben über die ganzen Jahre hervorragende Arbeit geleistet, und daran gibt es nichts auszusetzen. Die Konzernentscheidung, ausgerechnet diesen Standort zu schließen, ist aus ganz anderen Gründen gefallen und ist kein Zeichen dafür, dass jemand mit unserer Arbeit unzufrieden gewesen ist. Umso bitterer ist es für jeden Einzelnen von Ihnen, ich wollte Sie das wissen lassen. Wir haben gute Arbeit geleistet und uns nichts vorzuwerfen!«

Die Phase der Unsicherheit

Auch wenn das in der Öffentlichkeit manchmal so dargestellt wird: Von einer »Hire and Fire«-Mentalität sind wir in Deutschland noch weit entfernt. Dafür sorgen schon das Kündigungsschutzgesetz (KSchG) und das Betriebsverfassungsgesetz (BetrVG), die eine soziale Auswahl der Betroffenen und die Einbeziehung des Betriebsrats in den Gesamtprozess vorsehen. Ausgenommen davon sind lediglich Mitarbeiter mit einer Betriebszugehörigkeit von weniger als sechs Monaten und Kleinbetriebe mit weniger als 20 Mitarbeitern. In größeren Unternehmen beginnt nach der Erstinformation der Belegschaft eine längere Phase der Verhandlungen um Interessensausgleiche und Sozialpläne. Es dauert in der Regel mehrere Wochen, bis klar ist, wer »auf der Liste steht« und wen es nicht treffen wird.

Dass unsichere Situationen für viele Menschen belastend sind und starke Ängste auslösen, wurde schon gesagt. Diese Übergangsphase wird daher von Mitarbeitern überwiegend als sehr quälend empfunden und sollte so kurz wie eben möglich gehalten werden. Selbst wenn man Ergebnissen nicht vorgreifen kann, sollten Sie als Vorgesetzter den Gesprächsfaden in dieser Zeit nicht abreißen lassen und ein offenes Ohr für die Fragen und Sorgen Ihrer Mitarbeiter haben. Machen Sie so transparent wie möglich, was gerade passiert, nach welchen Kriterien verfahren wird und warum das Ganze so lange dauert.

Rechnen Sie damit, dass sich der Frust und Zorn Ihrer Mitarbeiter auch dann direkt bei Ihnen entladen, wenn Sie selbst in die Entscheidungsprozesse gar nicht eingebunden waren. So hart es klingt: Sie repräsentieren in dieser Zeit »die da oben« und müssen das aushalten. Harsche Rechtfertigungen sind ebenso fehl am Platz wie Abtauchen oder Larmoyanz. Gerade in solchen Krisen trennt sich in der Führungsetage die Spreu vom Weizen: Wer bewahrt trotz aller Probleme Haltung, schaut nach vorne und hält den Laden »am Laufen«? Wer begegnet seinen Mitarbeitern auch dann noch mit Respekt und Verständnis, wenn diese hoch emotional, unwirsch oder aggressiv reagieren? Rechnen Sie damit, dass das Topmanagement das ebenfalls registriert.

Was sich natürlich absolut verbietet sind taktische Spielchen, wie etwa der Versuch, einzelne ungeliebte Mitarbeiter im Zweiergespräch zu Konzessionen (beispielsweise der Unterzeichnung eines Aufhebungsvertrages) zu bewegen oder gar moralischen Druck auszuüben: »Wenn Sie als älterer Mitarbeiter nicht in die Altersteilzeit einwilligen, müssen wir einen jungen Familienvater entlassen. Wollen Sie das wirklich?« Fragwürdiger geht es kaum, und die Folgeschäden sind unabsehbar. Solche Geschichten verbreiten sich wie ein Lauffeuer im Unternehmen, und zwar mit verheerenden Folgen für Motivation und Engagement der übrigen Kollegen: Diese gewinnen nicht zu Unrecht den Eindruck, dass hier plötzlich Opfer zu Tätern gestempelt werden sollen.

Kündigungsgespräche führen

Darauf, einem Mitarbeiter gegenüberzusitzen und ihm sagen zu müssen, »Es tut mir sehr leid, Ihnen das heute mitteilen zu müssen, aber auch unsere Abteilung ist von Stellenstreichungen betroffen, und aufgrund der geltenden Sozialauswahl muss ich Ihnen zum 30. Juni dieses Jahres fristgerecht kündigen«, auf dieses Szenario sind die wenigsten Führungskräfte vorbereitet. Dennoch sind solche Gespräche nicht delegierbar, wenn Sie Ihre persönliche Integrität wahren und das Vertrauen des verbleibenden Teams nicht von vornherein verspielen wollen. Um das Gespräch für den Mitarbeiter so erträglich zu gestalten wie angesichts der Situation eben möglich, sollten Sie einen geeigneten Ort und Zeitpunkt wählen. Möglicherweise ist ein etwas abseits gelegener Besprechungsraum besser geeignet als Ihr Büro, von dem aus der Gekündigte dann erst einmal an allen offenen Kollegentüren vorbeimuss. Ein Tag in der ersten Wochenhälfte ist besser geeignet als etwa der Freitag. Denn ein Kündigungsgespräch kurz vor dem Wochenende nimmt dem Betroffenen die Chance, sich kurzfristig mit professionellen Beratern oder Anwälten in Verbindung zu setzen, und lässt ihn zu lange allein mit seinen vielen existenziellen Fragen oder emotionalen Erstreaktionen. Wenn Sie zudem den frühen Nachmittag wählen, kann der Mitarbeiter sich erst einmal sammeln und dann entscheiden, ob er ohne großes Aufsehen nach Hause geht oder noch einmal an seinen Arbeitsplatz zurückkehrt.

Für die Gesprächsführung selbst gilt Ähnliches wie für den Auftritt auf einer Betriebsversammlung: Kommen Sie ohne große Umschweife zum Thema, formulieren Sie klar und unmissverständlich. In vielen Fällen ahnt der Mitarbeiter bereits, was auf ihn zukommt, und wird langatmige Einleitungen wie auf heißen Kohlen über sich ergehen lassen. Die Reaktionen auf eine Kündigung sind sehr unterschiedlich und schwer vorhersehbar: Tränenausbrüche, Wutanfälle, scheinbare Unberührtheit bis hin zu Leichenblässe und Schockzustand. Geben Sie dem Mitarbeiter Zeit, sich zu fangen, und lassen Sie sich durch Tränen nicht zu Beschwichtigungen hinreißen wie »Das ist doch alles gar nicht so schlimm« oder »Mir macht das Ganze auch zu schaffen«. Solche Sätze müssen Ihrem Gegenüber wie Hohn in den Ohren klingen. Halten Sie die Situation aus und fragen Sie den Mitarbeiter dann, ob er heute schon über das weitere Procedere sprechen möchte. Wenn ja – und das ist meistens der Fall –, sollten Sie die wichtigsten Informationen über mögliche Abfindungen, Urlaubsansprüche, betriebliche Altersvorsorge, das Arbeitszeugnis, Unterstützung im Bewerbungsverfahren und so weiter parat haben.

Nutzen Sie ein solches Gespräch auf keinen Fall für eine Abrechnung mit Leistungs- oder Verhaltensmängeln. Die Versuchung ist groß, irgendwelche »Gründe« für die Kündigung herbeizuzitieren, um das eigene Schuldgefühl zu mildern. Dennoch ist es mehr als unwürdig, jemandem, dem man ohnehin gerade einen schlimmen Schlag versetzt hat, auch noch frühere Versäumnisse unter die Nase zu reiben. Bieten Sie dem Mitarbeiter an, in den nächsten Tagen für ein weiteres Gespräch zur Verfügung zu stehen, wenn sich die Information gesetzt hat, und erkundigen Sie sich, ob Sie ein Taxi für ihn rufen sollen, das ihn auf Firmenkosten nach Hause fährt, oder ob er noch selbst fahren kann und möchte.

Den Ausstieg abfedern

Ich sehe den einen oder anderen förmlich aufseufzen und mit den Augen rollen: Sie haben in einer schwierigen Unternehmenssituation weiß Gott genug zu tun, und jetzt sollen Sie auch noch den »Hobbypsychologen« spielen? Ja, das empfiehlt sich. Im Interesse der Gekündigten, im Interesse der verbleibenden Mitarbeiter, die sehr genau beobachten, wie man mit den Kollegen umspringt, aber auch in Ihrem eigenen Interesse. Denn Sie werden nach der Entlassungswelle mit den sogenannten Überlebenden weiterarbeiten und vielleicht sogar mit einer kleineren Mannschaft dasselbe leisten müssen. Mit einem Team, das innerlich gekündigt hat oder ein Unternehmen, das »so« mit seinen Mitarbeitern umspringt, am liebsten selbst verlassen würde, wird Ihnen das kaum gelingen. Ein bisschen mehr Respekt und Achtung vor der Würde der Mitarbeiter, als in vielen Unternehmen heute leider üblich ist, kostet Sie keinen zusätzlichen Euro und zahlt sich zigfach aus (wenn es denn dieses ökonomischen Arguments bedarf).

Lange Zeit herrschte die etwas naive Hoffnung vor, nach einer Entlassungswelle würden die verschonten Mitarbeiter mit großer Erleichterung und umso größerem Schwung weiterarbeiten. Dem ist eindeutig nicht so. Es handelt sich eher um ein kurzzeitiges Aufflackern und Zunehmen der Produktivität bei allen Mitarbeitern nach der Verkündung einer Entlassungswelle. Ein Phänomen, das mit gleichzeitigem Sinken des Krankenstandes einhergeht. Wenn sich dann der Schock gelegt hat und das Unabwendbare in allen Köpfen angekommen ist, lässt dieser Anstieg nach.

Spätestens seit der bekannten Studie Samuel Berners von der Universität St. Gallen zu den *Reaktionen der Verbleibenden auf einen Personalabbau* ist jedoch auch ins Bewusstsein einer breiteren Öffentlichkeit gedrungen, dass die »Survivors« solcher Prozesse oft mit Schuldgefühlen, Depressionen und Antriebslosigkeit zu kämpfen haben. Schließlich wurde ihnen vor Augen geführt, wie brüchig die vermeintliche Sicherheit ihres Arbeitsplatzes ist – könnte es nicht morgen schon auch sie selbst treffen?

In der Praxis führt das bei vielen Mitarbeitern zu einer Aufkündigung des »psychologischen Vertrags«, der sie über den schriftlichen Arbeitsvertrag hinaus ans Unternehmen bindet. Bei einem Arbeitsverhältnis geht es eben nicht nur um den Tausch Arbeitskraft gegen Gehalt, sondern darüber hinaus auch um den Tausch Motivation und Engagement gegen Sicherheit und gutes Arbeitsklima. Dies ist einer der Gründe dafür, warum die Produktivität in Unternehmen nach Personalabbau erst einmal sinkt. Wie stark dieser Effekt ist, belegt eine in der Zeitschrift *Gruppendynamik und Organisationsberatung* veröffentlichte Studie: Selbst »Downzising-Maßnahmen« an einem anderen Standort beeinträchtigen das Commitment der Mitarbeiter – »die emotionale Bindung zu dem Unternehmen« verringert sich, wie die Autoren es formulieren.[29]

Ganz vermeiden lässt sich dieser Effekt kaum. Sie können ihn aber abmildern, indem Sie so fair und großzügig mit den Gekündigten umgehen, wie es die wirtschaftliche Situation erlaubt, und indem Sie die berüchtigten »Schlammschlachten« möglichst vermeiden. Offene Kommunikation, respektvoller Umgang, solide Abfindungsangebote, Bewerberseminare und Gruppen-Outplacements (also Beratungen beim beruflichen Neustart), Gesprächsbereitschaft gegenüber den Betroffenen – all das trägt dazu bei, den Betroffenen ihre Würde zu lassen und den »Überlebenden« zu zeigen, dass es hier nicht darum geht, Kollegen »eiskalt abzuservieren«. Es genügt nicht, sich auf den Sozialplan zu verlassen, der schon dafür sorgen werde, dass es einigermaßen gerecht zugeht. Und auch wenn Sie nicht ganz oben an den Schalthebeln sitzen, können Sie durch persönliches Engagement sicher einiges für Ihre Mitarbeiter bewegen.

Auf einen Blick

● Rechnen Sie damit, dass Veränderungsvorhaben erst einmal reserviert bis ablehnend aufgenommen werden. Das hat weniger mit Ihnen und viel mit der menschlichen Natur zu tun. Neuerungen werden instinktiv auf ihre Bedrohlichkeit überprüft, und Phasen des Übergangs und der Unsicherheit sind für viele Menschen schwer zu ertragen. Negative Medienberichte über Fusionen und Umstrukturierungen und eigene Negativerfahrungen in anderen Projekten tun ein Übriges.

- Informieren Sie Ihre Mitarbeiter möglichst früh. Warten Sie nicht, bis etwas »durchsickert« und die Gerüchteküche in Gang gekommen ist. In Veränderungsprozessen brauchen Sie das Vertrauen der Mitarbeiter, und das ist schnell verspielt.

- Sorgen Sie bereits in »Schönwetterperioden« und Phasen der Stabilität für ein offenes, experimentierfreudiges Klima. Ein Team, das es gewohnt ist, gängige Prozeduren immer mal wieder zu hinterfragen und offen zu kommunizieren, reagiert anders auf größere Änderungen als eines, das seit Jahren die immergleichen Vorgehensweisen pflegt.

- Wenn Sie die Unterstützung Ihrer Mitarbeiter wollen, sollten Sie sie in die Lösungsfindung einbeziehen. Wer nicht gefragt wird, macht auch nicht gern mit. Außerdem verschenken Sie sonst das Know-how jener Menschen, die die fraglichen Abläufe und möglichen Probleme am besten kennen.

- Spielen Sie bei Veränderungsprojekten mit offenen Karten. Taktische Manöver, etwa unrealistische Zielvorgaben oder beschönigende Rechtfertigungen eines Projekts, gehen in der Regel nach hinten los.

- Stecken Sie nicht den Kopf in den Sand, wenn ein Projekt ins Stocken kommt. Ängste werden größer, wenn man ihnen nicht auf den Grund geht; Widerstand wird stärker, wenn man ihn zu brechen versucht. Gehen Sie stattdessen auf die Betroffenen zu, loten Sie die Ursachen aus und vermeiden Sie voreilige Beschwichtigungen.

- Bleiben Sie ansprechbar, auch wenn die Zeiten schwierig sind und Sie Konfrontationen aus dem Weg gehen möchten. Führung muss gerade in Zeiten des Wandels besonders sichtbar sein.

- Wenn Sie Mitarbeiter entlassen müssen, bemühen Sie sich um ein professionelles und faires Trennungsmanagement. Führen Sie die Kündigungsgespräche auf jeden Fall persönlich und bieten Sie Unterstützung an. Vermeiden Sie den Eindruck, letztlich nur an einer optimalen Kostensenkung interessiert zu sein.

Kapitel 4

Passungsprobleme – drum prüfe, wer sich bindet

Im Paradiese selber träfe man /
Wohl einen an, den man nicht leiden kann.
Conrad Ferdinand Meyer
(Huttens letzte Tage)

Vor Jahren kursierte ein Cartoon, in dem der Vorgesetzte einem Bewerber kräftig die Hand schüttelt und ihm versichert: »Sie sind genau das, was wir suchen!« Die Pointe: Der Aspirant auf die freie Stelle gleicht seinem zukünftigen Chef wie ein Ei dem anderen. Ja, wenn alle so wären wie wir selbst (so engagiert, so klug, so gewissenhaft ...), dann wäre das Leben einfacher. Wäre es das wirklich? Bei näherer Betrachtung wohl kaum – nicht nur, weil die Konkurrenz um unsere Position und um den Aufstieg in die nächste dann noch härter wäre, sondern vor allem auch, weil ein funktionierendes Team von der Mischung unterschiedlicher Talente und Begabungen lebt. Theoretisch ist das den meisten Führungskräften wohl bewusst. Und doch gibt es in der Praxis immer wieder Mitarbeiter, die uns je nach Temperament zur Verzweiflung oder in die Resignation treiben.

Den Mitarbeitern scheint es umgekehrt mit ihren Vorgesetzten nicht viel besser zu ergehen. Jeder Zweite hat angeblich »ein gestörtes Verhältnis zu seinem Chef«, fand Brad Gilbreath, Verhaltensforscher von der Indiana University in Fort Wayne, nach einer Meldung der *Financial Times Deutschland* heraus.[30] Dies bestätigt die These der Forscher des renommierten Gallup-Instituts, die in groß angelegten internationalen Befragungen zu dem Schluss kamen, Mitarbeiter verließen »nicht Unternehmen, sondern Vorgesetzte«.[31] Ob wir mögen oder nicht: Die Beziehung zum Chef ist für viele Menschen eine der zentralen Beziehungen in ihrem Leben. Und es ist eine Beziehung, die auch von Hoffnungen, Erwartungen und Emotionen geprägt ist – kurz: eine sehr persönliche Beziehung. Kaum verwunderlich, denn mit dem Vorgesetzten verbringt man im Alltag häufig mehr Zeit als mit Partner, Kindern oder Freunden.

Außerdem hat der Vorgesetzte unmittelbaren und starken Einfluss auf unsere Lebensqualität. Auch durch ganz banale zwischenmenschliche Störungen kann der Chef daher zum Feindbild werden, und zwar umso leichter, als die Erwartungen der meisten Mitarbeiter hoch sind (siehe Kapitel 2, *Wunschdenken*).

Wo Menschen miteinander auskommen müssen, gibt es Reibungspunkte und Konflikte, auch das ist banal. Es lohnt sich dennoch, den Ursachen solcher »Störungen« auf den Grund zu gehen. Nur so kann man Konfliktherde eindämmen und die Grenze zwischen fruchtbarer Diversität und fruchtlosem Hickhack ziehen – und handeln. Denn es gibt auch die Fälle, in denen eine rasche Trennung oder aber ein stilles Ertragen die beste Lösung ist.

Wie sieht es in Ihrem Team oder Unternehmen aus? Lassen Sie Anderssein zu und lassen Sie das Ihre Mitarbeiter auch spüren? Die folgenden Fragen (vgl. unten) helfen Ihnen bei einer ersten Analyse.

Profitieren Sie von unterschiedlichen Charakteren!

- Stellen Sie sich vor, Sie kentern und retten sich auf eine einsame Insel. Welche Ihrer Mitarbeiter hätten Sie in den Wochen, bis die Rettungsmannschaften Sie aufspüren, am liebsten dabei?
- Wie viel Diversität leben Sie in Ihrem Team? Lassen Sie Anderssein gerne zu oder umgeben Sie sich eher mit Menschen, die Ihnen ähnlich sind?
- Kommt es häufiger vor, dass einer Ihrer Mitarbeiter Ihnen ein Rätsel ist, dass Sie Reaktionen von Temperamentsausbrüchen bis Schmollen, von Glanzleistungen bis Versagen überhaupt nicht erwartet haben?
- Was können Sie an anderen nicht leiden – und wer in Ihrem Umfeld zeigt einiges davon? Wie gehen Sie mit Ihrer Abneigung um, und woher kommt sie Ihrer Meinung nach?
- Wie gut kennen Sie sich selbst? Wie tun Sie für Ihre persönliche Weiterentwicklung?
- Gibt es in Ihrem Umfeld noch Menschen, die Ihnen schon mal ungeschminkt die Wahrheit sagen?

Von den Wurzeln der Sympathie und Antipathie

Sympathie spielt im Business keine Rolle? Selbst Banken wissen es besser und werben »mit dem grünen Band der Sympathie«. Und professionelle Verkäufer lernen, zu Beginn eines Kundengesprächs durch geschickte Komplimente und das Finden von Gemeinsamkeiten (wie Hobbys oder Herkunft) ein solches Sympathieband zu knüpfen und davon geschäftlich zu profitieren. Nur im Führungskontext gehen wir gerne davon aus, wir beurteilten Mitarbeiter rein sachlich nach ihren Kompetenzen und Leistungen. Dabei gilt es unter Psychologen inzwischen als ausgemacht, dass nicht einmal Eltern all ihre Kinder gleich stark ins Herz geschlossen haben. Seien Sie ehrlich: Auch Sie mögen nicht alle Mitarbeiter gleich gern, und sehr wahrscheinlich wird auch Ihr Verhalten davon beeinflusst. Möglicherweise sind Sie ein wenig reservierter, kritischer, unnachsichtiger, wenn Ihnen jemand weniger sympathisch ist. Und möglicherweise lösen Sie damit eine entsprechende Gegenreaktion aus. »Behandle die Menschen so, als wären sie, was sie sein sollten, und du hilfst ihnen zu werden, was sie sein können«, wusste schon Johann Wolfgang von Goethe. »Self-fulfilling prophecy« heißt das heute und wurde von Paul Watzlawick wunderbar beschrieben.[32]

Je mehr Menschen Sie führen und je komplexer unsere Arbeitswelt wird, desto unwahrscheinlicher ist es, dass Sie sich nur mit »Ihresgleichen« umgeben können, und desto wichtiger für Ihren Erfolg wird es sein, dass Sie unterschiedliche Talente und Charaktere fördern und motivieren können – die Mitarbeiter werden es Ihnen mit Leistung und Anerkennung zurückzahlen. Wenn Sie die Herausforderung der Führung wirklich annehmen, sollten Sie Unterschiede nicht nur aushalten können, sondern sie produktiv nutzen. Das erfordert Distanz zu den eigenen Vorlieben und Wahrnehmungsmustern. Dabei hilft es zu wissen, was Sympathie und Antipathie in uns auslöst.

Warum manchmal einfach die »Chemie« nicht stimmt

In dem Standardwerk zur *Psychologie des Überzeugens* macht sich der US-Psychologe Robert B. Cialdini auf die Suche nach den Ursachen der Sympathie.[33] Seine Erkenntnisse finden Sie in den folgenden Abschnitten.

Wir mögen attraktive Menschen

Dass wir der Optik auf den Leim gehen, hört keiner von uns gern. Cialdini allerdings resümiert lapidar: »Die Forschung hat gezeigt, dass wir gut aussehenden Menschen automatisch positiven Eigenschaften zuschreiben wie Begabung, Freundlichkeit und Intelligenz.« Der Ausgang von Parlamentswahlen werde von diesem Halo-Effekt ebenso beeinflusst wie etwa Gerichtsurteile: Weniger attraktive Menschen werden tendenziell härter bestraft.[34] Es liegt daher nahe, dass wir auch attraktiven Mitarbeitern mehr zutrauen, dass wir positiver, freundlicher und nachsichtiger auf sie zugehen – und sie damit möglicherweise tatsächlich zu besseren Leistungen motivieren als die Mauerblümchen der Abteilung. Wie sehr wir von optischen Merkmalen beeinflusst werden, zeigt auch die Tatsache, dass große Menschen mehr verdienen und eher mit einer Führungsrolle betraut werden. Nach Angaben der Universität München bringt jeder zusätzliche Zentimeter Körperlänge im Schnitt 0,6 Prozent mehr Gehalt.

Wir mögen Menschen, die uns ähnlich sind

Dies betrifft Meinungen und Einstellungen ebenso wie Eigenschaften, Lebensstile oder gesellschaftlichen Background. Jemand, der ähnlich »tickt« wie wir selbst, bestätigt uns, und diese angenehme Erfahrung lässt ihn in einem positiven Licht erstrahlen. Jeder trifft gelegentlich auf Menschen, mit denen man spontan Gesprächsthemen findet, über dieselben Dinge lachen kann und in deren Gesellschaft man sich wohlfühlt. Man »liegt auf einer Wellenlänge«, die »Chemie stimmt«. Dass sich dies auch im Berufsleben bei der Besetzung von Positionen auswirkt, belegen die Studien des Darmstädter Eliteforschers Professor Michael Hartmann: Die Toppositionen in Wirtschaft und Gesellschaft sind danach bis heute überwiegend großbürgerlich besetzt. Angehörige dieser Gesellschaftsschicht erkennen einander intuitiv an Habitus und Auftreten. Dies führt zu einer sozialen Auslese in Auswahlverfahren, und zwar ohne eine gezielte oder auch nur bewusste Diskriminierung. Vielmehr werden intuitiv Menschen bevorzugt, die einen ähnlichen Erfahrungshintergrund aufweisen und mit denen uns der Umgang leichtfällt.[35]

Wenn Sie wissen möchten, wie anfällig Sie für diesen Mechanismus sind, dann überlegen Sie einmal, wie Ihr privater Freundeskreis aussieht:

Wie viele Menschen, die »ganz anders« sind als Sie, treffen Sie regelmäßig? Wie viele Freunde haben Sie, deren Auffassungen, Pläne oder Lebensweisen Sie schon mal irritieren? Und wie viele stammen aus einem völlig anderen gesellschaftlichen Milieu als Sie selbst?

Wir mögen Menschen, die uns schmeicheln

Wer uns Komplimente macht, ist uns spontan sympathisch. »In der Regel glauben wir denen, die ein Loblied auf uns anstimmen, und fassen auch Zuneigung zu ihnen, oft selbst, wenn es wahrscheinlich nicht ganz echt ist«, so Cialdini.[36] Psychologische Experimente weisen diesen Effekt auch dann nach, wenn Versuchspersonen wissen, dass ihr Gegenüber etwas von ihnen will und sich aus diesem Grunde positiv äußert. Im schlimmsten Fall verführt diese sehr menschliche Schwäche Führungskräfte dazu, sich vorwiegend mit Jasagern und Opportunisten zu umgeben – etwa die bereits erwähnten »Sonnengötter« unter den Topmanagern, denen in ihrer Umgebung jedes Korrektiv fehlt. Möglicherweise sind Ihnen in Ihrer Laufbahn schon solche Vorgesetzten begegnet. Wir wissen, dass derartige Konstellationen das Arbeitsklima beeinträchtigen und der Arbeitsqualität nicht förderlich sind. Aber sind wir selber ganz frei davon, uns im harten Business gerne mit Menschen zu umgeben, die uns bestätigen und uns schmeicheln?

Wir mögen Menschen, die unseren Zielen dienen

Neben Vertrautheit (wir mögen, was wir kennen) nennt Cialdini schließlich Kooperation als weiteren Sympathiefaktor. Wer gemeinsam auf ein Ziel hinarbeitet und sich dabei gegenseitig nützt, findet sich sympathischer als Menschen, die nebeneinander her leben oder arbeiten. Cialdini stützt sich hier vor allem auf Untersuchungen in gemischtrassischen Schulen: Vorurteile und Antipathien wurden nicht allein durch den bloßen Kontakt ausgeräumt, wohl aber durch Aufgaben, die man nur gemeinsam bewältigen konnte.[37] Wenn Manager versuchen, ihr Team auf eine gemeinsame Vision einzuschwören, setzt man offenbar auf diesen Effekt; und auch zahlreiche Teambildungsseminare, in denen man sich im Hochseilgarten beistehen oder reißende Bäche gemeinsam überwinden muss, wurzeln in dieser Erkenntnis.

Man kann also auch lernen, sich sympathisch zu finden – ein Ansatz, der Mut macht für den Unternehmensalltag, da er unseren unbewussten Reflexen ein rationales, praktisch umsetzbares Korrektiv zur Seite stellt. Und Ihnen als Führungskraft bietet er die Chance, aktiv für ein wenig mehr Sympathie im Umgang miteinander zu sorgen. Es ist Führungsaufgabe, ein Klima zu schaffen, das Bereichsegoismen überwindet und zielorientierte, erfolgreiche Kooperation ermöglicht. Mit dem Beschwören gemeinsamer Ziele allein ist es nicht getan.

Der »sympathiebildende« Effekt der Zusammenarbeit lässt zudem die Bildung funktionierender Teams in positivem Licht erscheinen. Es lohnt sich nicht nur wegen des fachlichen Mehrwerts, unterschiedliche Persönlichkeiten zusammenzubinden – die Erfahrung gelungener Kooperation fördert demnach außerdem die gegenseitige Wertschätzung und verbessert das Arbeitsklima.

Aus diesem Ansatz ergeben sich aber auch Faktoren, die Antipathie auslösen: Wer uns optisch nicht anspricht, wer sich in Herkunft, Einstellungen und Werten deutlich von uns unterscheidet, wer häufiger widerspricht und mit uns konkurriert, der hat es deutlich schwerer bei uns.

Wir mögen Menschen nicht, weil sie heikle frühere Erfahrungen wachrufen

Wenn der lebhafte, ideenreiche, aber auch unorganisierte Mitarbeiter an den jüngeren Bruder erinnert, dem man immer wieder aus der Klemme helfen musste, oder die neue Kollegin an die ungeliebte Exfrau, übertragen wir unbewusst Gefühle und Einstellungen aus der früheren Beziehung in einen neuen, anderen Kontext. Ein Unbeteiligter büßt so für Dinge, für die er selbst gar nichts kann. Manche starke spontane Abneigung hat hier ihre Wurzeln. Oder hat noch nie jemand bei Ihnen heftige negative Gefühle ausgelöst, und Sie haben sich über Ihre Reaktion selbst gewundert? Wenn allein die Sprechweise eines Menschen, seine Art sich zu bewegen oder andere Details solche Irritationen auslösen, steckt wahrscheinlich eine einschlägige Vorerfahrung dahinter. Gehen Sie davon aus, dass niemand gegen solche »Übertragungseffekte« oder »Assoziationen«, wie Cialdini das nennt, gefeit ist – Sie nicht und Ihre Mitarbeiter auch nicht. Schließlich sind wir Menschen lernende Wesen und beurteilen Neues vor dem Hintergrund früherer Erfahrungen.

Wir mögen Menschen nicht, weil sie das ausleben,
was wir uns versagen

Jemand bringt Sie auf die Palme, weil er so »nachlässig« und »sorglos« durchs Leben geht? Unter Umständen stecken hinter einer solchen Abwehrreaktion verdrängte eigene Wünsche. Wer selbst zu starkem Pflichtbewusstsein und hohem Verantwortungsgefühl erzogen wurde, attestiert anderen schneller Pflichtvergessenheit – vielleicht, weil er selbst gelegentlich schwer an seiner »preußischen« Bürde trägt, sich aber nicht traut, sie abzuschütteln und auch einmal »fünfe gerade sein« zu lassen.

Projektion sei »das Verfolgen eigener Wünsche in anderen«, hat Sigmund Freud einmal gesagt. Wer ungewöhnlich sparsam ist, verurteilt andere möglicherweise schon als »verschwendungssüchtig«, wenn sie sich ein wenig mehr gönnen; wer eher verschlossen ist, belegt kontaktfreudigere Zeitgenossen dann vorschnell mit dem Vorwurf der Oberflächlichkeit. Auch das ist sehr menschlich: Wir urteilen von unserer eigenen Warte aus (von welcher auch sonst!?) und wir verteidigen unser eigenes Weltbild und unseren Selbstwert. Eine souveräne Führungskraft, die unterschiedliche Charaktere und Talente im Team zu Erfolgen führen muss, tut sich indes keinen Gefallen, wenn sie solchen Impulsen unreflektiert nachgibt. Im Umkehrschluss bedeutet das: Wer sich selbst kennt – seine eigenen Stärken, aber auch seine Schwächen und Begrenzungen –, tut sich leichter damit, andere in ihren Stärken und Schwächen zu akzeptieren.

Wie Sie Ihre emotionalen Reflexe in den Griff bekommen

Gaukeln Sie sich am besten erst gar nicht vor, Sie seien gegen Sympathie und Antipathie gefeit und urteilten streng rational und damit »gerecht« über Ihre Mitarbeiter. Gestehen Sie es sich lieber ein, wenn Sie jemanden nicht mögen, und fragen Sie sich, warum das so ist. Machen Sie sich klar, dass Ihre Verteilung von Sympathie und Antipathie mindestens ebenso viel über Sie selbst aussagt wie über die Betroffenen. Leugnen Sie nicht Ihre emotionalen Reflexe, sondern stellen Sie sich ihnen (vgl. Seite 106 oben).

Wir nutzen übrigens im Coaching eine interessante Übung, um Sympathiekonflikte im Alltag leichter auflösen zu können. Stellen Sie sich dafür

Auf der Suche nach den eigenen emotionalen Reflexen

- Was stört Sie wirklich an einer Person? Gibt es tatsächlich Versäumnisse, unbefriedigende Arbeitsergebnisse oder Verhaltensweisen, die das Team insgesamt belasten? Dann müssen Sie handeln und das Gespräch mit dem Mitarbeiter suchen. Oder haben Sie persönlich ein Problem mit dem Betreffenden, weil er »anders« ist, vielleicht reservierter oder rebellischer, nicht so charmant und »pflegeleicht« wie der eine oder andere Kollege? Erinnert er Sie an jemanden, mit dem Sie früher Probleme hatten? Ist es wirklich fair, ihn dafür büßen zu lassen?

- Beobachten Sie sich selbst: Sind Sie bei einem bestimmten Mitarbeiter vielleicht ungeduldiger oder sogar unfreundlicher als bei anderen Teammitgliedern? Nehmen Sie die Leistungen der Person noch wahr, oder hat sich Ihr Blick bereits auf die kleinen Fehler und Versäumnisse verengt? Machen Sie sich klar, dass Sie möglicherweise just das Verhalten erst auslösen, das Sie unterstellen: Wer wenig Anerkennung erfährt, resigniert und fährt sein Engagement zurück; wer sich persönlich nicht geschätzt fühlt, begegnet Ihnen zunehmend reserviert.

- Konzentrieren Sie sich einmal bewusst auf die positiven Eigenschaften und Verdienste von Mitarbeitern, mit denen Sie weniger gut zurechtkommen. Was schätzen Sie an ihnen? Was können sie bei nüchterner Betrachtung besser als viele ihrer Kollegen?

- Werden Sie sich über Ihre eigenen Vorlieben und Abneigungen klar: Gibt es Menschen, mit denen Sie immer wieder Probleme haben? Und andere, mit denen Sie besonders gut können? Worauf führen Sie das zurück? Welche eigenen Erfahrungen und Charakterzüge stecken dahinter? Ist es wirklich von Vorteil, sich im Führungsgeschäft davon leiten zu lassen?

vor, Sie würden Ihr bisher als kritisch erlebtes Gegenüber beim nächsten Gespräch das erste Mal sehen und hätten die Chance des ersten Eindrucks, der vollkommen unbelasteten Beziehung. Schauen Sie mit dieser inneren Haltung auf die Person, mit der es so oft hakt, und staunen Sie, was Sie mit dieser frisch geputzten inneren Brille alles sehen. Es wirkt.

Sich im Führungsalltag am liebsten mit Mitarbeitern zu umgeben, die sympathisch sind, ist sehr menschlich – schließlich ist der Arbeitsalltag auch so schon hart genug. Wer möchte da noch »Quertreiber«, »Nörgler« oder »Pedanten« in der Abteilung haben? Dennoch: Vielleicht ist der Quertreiber ja ein echter Ideenlieferant, der Nörgler ein umsichtiger Planer und der Pedant ein bisschen gewissenhafter als der Durchschnitt und genau deshalb ein echter Gewinn für die Abteilung? Aus diesem Grund ist es sehr nützlich, die »typischen« Charaktere und Teamrollen zu kennen und bei der Personalauswahl zu berücksichtigen (siehe den Abschnitt *Kleine Gebrauchsanweisung für unterschiedliche Mitarbeitertypen*).

Denken Sie außerdem daran, dass auch Sie ein Korrektiv brauchen. Was passieren kann, wenn Sie sich mit Opportunisten umgeben und Ihnen niemand mehr unbequeme Wahrheiten sagt, zeigen die Beispiele jener tief gestürzten Topmanager im ersten Kapitel, denen Kritiker spöttisch ein »Charisma-Syndrom« oder eine »Sonnenkönig-Neurose« attestierten.

Und schließlich: Schon heute herrscht in einigen Bereichen Fachkräftemangel, und der demografische Wandel wird dieses Problem künftig verschärfen. Sich mit den Themen Anderssein und Sympathiemangel auseinanderzusetzen und beides als normal zu akzeptieren wird daher zur alltäglichen Herausforderung werden. Und dabei haben wir noch nicht einmal über die Notwendigkeit und Herausforderung gesprochen, Mitarbeiter aus anderen Kulturen zu integrieren, denn die Arbeitswelt wird auch im Mittelstand internationaler werden.

Vom Nutzen der Vielfalt

Unter dem Stichwort »Diversity Management« hat die Frage, wie Unternehmen der Heterogenität von Belegschaften gerecht werden, längst Einzug in die Managementlehre gehalten. In internationalen Organisationen schwappte dieses Konzept, das wie die meisten Managementansätze in den USA entstand, zuerst nach Europa über.

Mitarbeiter unterscheiden sich nach Geschlecht, Alter, ethnischer und sozialer Herkunft, aber auch in ihren Werten, Einstellungen und Kompetenzen. Die Schlüsselfrage: Wie kann man diese Vielfalt zum Wohle der Beschäftigten und des Unternehmens managen? »Diversity Management«-Ansätze betonen je nach Ausrichtung eher den Aspekt der

Chancengleichheit oder die ökonomischen Vorteile einer gezielten Nutzung unterschiedlicher Mitarbeiter. Aber ob es nun um Chancengerechtigkeit und damit um ein produktives Arbeitsklima geht oder um Vorteile bei Problemlösung, Innovation oder Marktausrichtung durch Bündelung unterschiedlicher Mitarbeiterkompetenzen und Sichtweisen: Der Umgang mit personeller Vielfalt ist nicht an einen fernen »Diversity-Beauftragten« delegierbar, sondern eine Herausforderung an jede Führungskraft.

Dazu brauchen Sie einen geschulten Blick auf die Eigenheiten und Potenziale der eigenen Mitarbeiter. Dabei hilft Ihnen dieses Kapitel. Ich beschränke mich im Folgenden auf die Ebene der individuellen Persönlichkeitsmerkmale, die sich im Arbeitsalltag unmittelbar auf die Zusammenarbeit auswirken. Arbeitspsychologen stellen zur Systematisierung solcher Eigenschaften eine Reihe von Typologien zur Verfügung, die in einschlägigen Testverfahren wie etwa dem »Myers-Briggs Typenindikator« (MBTI), dem »Bochumer Inventar zur berufsbezogenen Persönlichkeitsbeschreibung« (BIP) oder auch dem »16-Persönlichkeits-Faktoren-Test« (16 PF) umgesetzt werden. Einfacher, greifbarer und auch ohne aufwendige Tests umsetzbar scheint mir das Teamrollenkonzept von Belbin, das gleichzeitig die Aufmerksamkeit auf das Zusammenspiel verschiedener Persönlichkeitstypen am Arbeitsplatz lenkt.

Kleine Gebrauchsanweisung für unterschiedliche Mitarbeitertypen

Der britische Psychologe und Unternehmensberater Dr. Meredith Belbin entwickelte in den 1970er Jahren gemeinsam mit seinem Forschungsteam am Henley Management College eine Systematik von neun verschiedenen Teamrollen, die sich bis heute bewährt hat.[38] Belbin konzentrierte sich dabei auf die unterschiedlichen Persönlichkeitstypen, ihre kennzeichnenden Arbeitsweisen, Stärken und Schwächen. Die Teamrollen im Überblick:

Umsetzer (Company Worker)

Umsetzer sind Pragmatiker, die diszipliniert und systematisch arbeiten. Sie erkennen und tun, was getan werden muss, sind effektiv und verlässlich und arbeiten strukturiert. Häufig sind sie im Management zu finden. Manchmal fehlt es ihnen an Spontaneität und Flexibilität. Ihre Hauptstärke liegt darin, jede theoretische Diskussion zu erden.

Erkennungsmerkmal Umsetzer sind ergebnisorientiert und packen die Dinge an. Sie erkennen sie beispielsweise in Diskussionen daran, dass sie fragen:»Okay, verstanden. Aber wie machen wir es denn jetzt?«

Konfliktpotenzial Wenn Erfinder (siehe unten) vor Ideen sprühen, reagieren Umsetzer leicht ungeduldig. Auch mit Kollegen, die mehr Wert auf die zwischenmenschlichen Töne und Beziehungen legen (Teamarbeiter, Weichensteller), tun sie sich gelegentlich schwer. Hier wittern sie schnell Zeitverschwendung.

Führungstipp Übertragen Sie dem Umsetzer die Durchführung konkreter Aufgaben, ermuntern Sie ihn zu mehr Geduld in der Phase der Analyse und Planung. Wenn ein Umsetzer und ein Erfinder in Ihrer Abteilung harmonisch zusammenarbeiten, haben Sie ein echtes Dream Team gefunden!

Koordinator (Chairman)

Koordinatoren sind ruhige, selbstsichere Charaktere mit einem vorurteilsfreien Blick für die Fähigkeiten anderer. Diese Toleranz und ihr zielorientierter Arbeitsstil befähigen sie, Verantwortung für eine Gruppe von Menschen unterschiedlicher Fähigkeiten und Persönlichkeiten zu tragen und sie zu integrieren. Allerdings sind sie häufig weniger kreativ oder intellektuell und führen eher durch einen Stil, den man »Konsultieren mit Kontrolle« nennen kann.

Erkennungsmerkmal Typisches Erkennungszeichen von Koordinatoren ist die Fähigkeit, sehr souverän die Fäden in der Hand zu halten und verschiedene Meinungen anzuhören, bevor sie dann selbst entscheiden.

Konfliktpotenzial Im Zusammenspiel mit Machern drohen aufgrund des unterschiedlichen Führungsstils Konflikte.

Führungstipp Die große Toleranz im Umgang mit verschiedenen Charakteren und das Aufspüren von verborgenen Talenten lassen den Koordinator einen sehr guten (Projekt-)Leiter für gemischte Teams mit ausgeprägten Individuen sein. In sehr wettbewerbsorientierten Umfeldern oder dort, wo schnelle Entscheidungen oder harte Einschnitte gefordert sind, tun sich diese Mitarbeiter allerdings schwer, da sie sich nicht gern unbeliebt machen.

Macher (Shaper)

Macher sind hoch motivierte, energische Persönlichkeiten, extrovertiert, zielorientiert und fordernd. Sie streben selbst häufig eine Führungsposition an oder nehmen im Team zumindest eine informelle Führungsrolle ein. Sie treiben die Dinge voran und scheuen weder Konflikte noch unpopuläre Entscheidungen. Allerdings sind sie nicht sehr flexibel oder tolerant. Auf Frustrationen reagieren sie häufig emotional.

Erkennungsmerkmal In Meetings halten Macher nicht mit ihrer Meinung hinter dem Berg, sie dominieren häufig die Diskussion und reden gerne »Klartext«, sie zeigen ihre Ungeduld durch körperliche Spannung, Wippen, Herumlaufen im Raum.

Konfliktpotenzial Zurückhaltende oder introvertierte Kollegen (Teamarbeiter, Spezialisten, Perfektionisten) fühlen sich von Machern nicht selten überfahren. Im Gegenzug unterstellt der Macher ihnen gerne »Umständlichkeit« oder »Harmoniesucht«. Mehrere Macher treten gerne in Konkurrenz zueinander, wenn die Reviergrenzen nicht klar abgesteckt sind.

Führungstipp Setzen Sie auf einen Macher, wenn Sie jemanden brauchen, der die Dinge energisch vorantreibt und unpopuläre Maßnahmen nicht scheut. Wenn Strukturen und Menschen in Bewegung gebracht werden müssen, sind solche Mitarbeiter eine gute Besetzung. Geht es eher ums Versöhnen und Konsolidieren, sind Macher nicht so geeignet, weil sie dazu neigen, unnötig Druck auszuüben und so die Fronten zu verhärten. Geben Sie dem Macher auf jeden Fall eine Führungsrolle, sei es ein Teilprojekt oder Ähnliches, denn sein Führungswille würde sich sonst anderswo Bahn brechen.

Neuerer / Erfinder (Inventor)

Erfinder sind kreativ und fantasievoll, unabhängig, manchmal auch unorthodox und radikal. Sie entwickeln Ideen, verlieren dabei aber schon mal die Bodenhaftung und liefern Vorschläge, die auf den ersten Blick nicht praxistauglich sind. Andererseits sind sie in der Lage, für komplexe Probleme auch dann Lösungsvorschläge zu entwickeln, wenn das Thema nicht zu ihrem Fachgebiet gehört. Sie haben einfach die Technik des Querdenkens verinnerlicht.

Erkennungsmerkmal Eher introvertiert, arbeiten viele Erfinder am liebsten allein und distanzieren sich dadurch von der Gruppe. Kommunikation ist oft nicht ihre Stärke. Besonders wertvoll sind ihre Fähigkeiten in der ersten Phase der Ideenfindung; die anschließende Umsetzung langweilt sie eher. In Diskussionen melden sie sich gern mit einem »Ja, das könnte man doch auch ganz anders machen« zu Wort.

Konfliktpotenzial Mehrere Erfinder im Team treten in Konkurrenz und verzetteln sich gern in einem fruchtlosen Richtungsstreit. Perfektionisten hält ein Erfinder im schlimmsten Fall für fantasielose Pedanten, die wiederum fürchten bei ihm den Bau von Luftschlössern, die dem Praxistest nicht standhalten.

Führungstipp Erfinder brauchen Freiraum, in dem sie sich entfalten können. Überall, wo neue Ideen und Innovationen gefragt sind, wo sich etwas verändern soll, sind sie unverzichtbar. Die Routine des Immergleichen dagegen löst Frust aus. Überlegen Sie also genau, ob und wo Sie diesen kreativen Geist brauchen und wie Sie ihn ausfüllen können. Manche Aufgaben geben keinen Bedarf für einen »ganzen Erfinder« her, da macht es mehr Sinn, jemanden aus dem näheren Umfeld zu »buchen«, der dieses Talent hat, denn die meisten Erfinder können sich wie gesagt auch in Fachfremdes hineindenken und Ideen produzieren.

Weichensteller (Resource Investigator)

Weichensteller sind extrovertierte, lebendige und begeisterungsfähige Persönlichkeiten, kommunikativ und kontaktfreudig – die geborenen Netzwerker. Sie entwickeln selten eigene Ideen, greifen Neuerungen aber rasch auf, beschaffen Ressourcen und stellen nützliche Kontakte her. Sie sind gute »Botschafter« des Projekts oder der Abteilung, brauchen aber viel Bestätigung von außen.

Erkennungsmerkmal Weichensteller kennen immer einen, der einen kennt, und haben ein gut gefülltes Adressverzeichnis. Wenn Sie mit ihnen durch das Unternehmen gehen, werden Sie feststellen: Ihr Weg ist mit kleinen Begegnungen gepflastert, einem Gruß hier, der Frage nach den Kindern da, der Erkundigung nach dem aktuellen Projekt dort.

Konfliktpotenzial Energische Macher oder ergebnisorientierte Umsetzer unterschätzen den Weichensteller manchmal als schwatzhaften »Blender« und fragen sich, wann er eigentlich »arbeitet«; er wiederum reagiert auf Druck allergisch und entzieht sich Versuchen, ihn zu dominieren.

Führungstipp Im Backoffice verkümmert der Weichensteller. Sorgen Sie dafür, dass sich seine sozialen Talente entfalten können, etwa in Beratung oder Verkauf, Presse oder Marketing. Erklären Sie anderen Teammitgliedern zur Konfliktvermeidung, was der Weichensteller für alle tut und wie sinnvoll er für das Team ist – das »übersetzt« dessen Leistung für andere und gibt ihm gleichzeitig Anerkennung.

Beobachter (Monitor Evaluator)

Beobachter sind besonnene Analytiker, die Entscheidungen gründlich durchdenken und durch das Abwägen des Pro und Contra manchmal die Geduld ihrer Umgebung auf die Probe stellen. Enthusiasmus lässt sie kalt, und ihnen fehlt die Fähigkeit, andere zu inspirieren oder anzutreiben. Ihre Stärken sind ihr kritischer Verstand und die Fähigkeit zur treffsicheren Analyse komplexer Probleme. Im Management ist der Beobachter besonders in strategischen Positionen erfolgreich, da er selten falsche Einschätzungen trifft.

Erkennungsmerkmal Einen Beobachter erkennen Sie daran, dass er im Meeting bis zum Ende der Sitzung sehr still sein wird, aber durchaus geistig anwesend. Wenn Sie ihn dann zum Schluss um ein Statement bitten, wird dieses sehr ausgewogen sein. Komplizierte oder verfahrene Themen sind bei ihm bestens aufgehoben.

Konfliktpotenzial Beobachter wirken auf weniger zurückhaltende Charaktere oft kühl und distanziert, möglicherweise sogar arrogant. Im Überschwang eines Erfinders wiederum wittern sie selbst Chaos und in der Offenheit eines Weichenstellers Distanzlosigkeit und Unreflektiertheit.

Führungstipp Honorieren Sie die Urteilsfähigkeit des Beobachters, betrauen Sie ihn mit Analysen und Stellungnahmen, vor allem bei komplexen Fragestellungen. Akzeptieren Sie, dass er lieber im Hintergrund bleibt, statt Kunden oder Kollegen durch mitreißende Visionen und Ideen zu begeistern. Und lassen Sie ihm die Zeit, die seine gründlich durchdachten, dreidimensional angelegten Bewertungen benötigen.

Teamarbeiter (Teamworker)

Teamarbeiter sind gute Zuhörer, einfühlsam und diplomatisch. Sie fördern das Wir-Gefühl, sorgen für eine angenehme Arbeitsatmosphäre und integrieren neue und schwächere Teammitglieder. Teamarbeiter können sich an unterschiedliche Leitungstypen anpassen und sorgen dafür, dass auch stillere Kollegen zu Wort kommen. Die Nachteile ihrer Anpassungsfähigkeit sind oft ein hohes Harmoniebedürfnis und Konfliktscheu.

Erkennungsmerkmal Teamarbeiter sind diejenigen, die sich um die »Moral der Truppe« kümmern, an die gemeinsame Feier des Teilerfolges denken oder den Chef daran erinnern, wer heute Geburtstag hat. Sie managen diese menschlichen Faktoren sehr diskret und im positiven Sinne für das gesamte Team.

Konfliktpotenzial Energische Kollegen (Macher, Umsetzer) reiben sich am Harmoniebedürfnis solcher Kollegen. Auch haben sie nicht immer Verständnis, dass ein gutes Arbeitsklima ebenso wichtig sein soll wie gute Ergebnisse. Der Teamarbeiter dagegen unterstellt weniger sozial veranlagten Naturen gerne übertriebenen Ehrgeiz oder Rücksichtslosigkeit.

Führungstipp Überlegen Sie gut, ob Sie einen ausgesprochenen Teamarbeiter mit Führungsverantwortung betrauen – ein zu ausgeprägtes Harmoniebedürfnis könnte ihn daran scheitern lassen, er bräuchte dafür in der zweiten Reihe »Wadenbeißer«, die ihn entlasten würden.

Perfektionist (Completer / Finisher)

Perfektionisten arbeiten gewissenhaft und präzise. Sie sind die Idealbesetzung, wenn eine Aufgabe genau und konzentriert bearbeitet und zum Ende gebracht werden muss. Für Menschen, die nicht so strukturiert arbeiten, haben sie wenig Verständnis. Auch als Führungskräfte versuchen sie, die eigenen hohen Standards hinsichtlich Präzision und Detailgenauigkeit durchzusetzen. Zu delegieren fällt ihnen daher eher schwer.

Erkennungsmerkmal Perfektionisten erinnern mit einer ihnen eigenen Dringlichkeit daran, dass »Punkt 3 aus dem Protokoll der letzten Sitzung noch offen ist«. Sie sind diejenigen, die gewissenhaft Korrektur lesen, in Excel-Tabellen den Fehler finden oder zwei Stellen hinter dem Komma genau rechnen können.

Konfliktpotenzial Mit ihrer Gewissenhaftigkeit gehen Perfektionisten anderen manchmal auf die Nerven. Hinter vorgehaltener Hand tituliert man sie dann als »Erbsenzähler« oder Schlimmeres. Sie selbst reiben sich naturgemäß an Kollegen, die auch mal fünfe gerade sein lassen und sich eher für das »große Ganze« als für die lästigen Details interessieren – vor allem an Erfindern, möglicherweise auch an Machern, die ungeduldig gern ein paar Punkte übersprängen, oder an Weichenstellern, denen das Detail sowohl fremd als auch lästig ist.

Führungstipp Ähnlich wie die Konfliktscheu mancher Teamworker kann auch stark ausgeprägter Perfektionismus ein echter Stolperstein sein: Kaum ein Mitarbeiter kann den hohen Ansprüchen des Perfektionisten gerecht werden. Setzen Sie ihn möglichst da ein, wo tatsächlich große Genauigkeit gefragt ist. Leiten Sie ihn außerdem an, zwischen Situationen, in denen »100 Prozent« erforderlich sind und solchen, in denen ein weniger perfektes Ergebnis ausreicht, zu unterscheiden. Erkennen Sie in jedem Fall seine Genauigkeit wertschätzend an, denn er kann Ihnen so manches Fettnäpfchen oder Karriereknick ersparen, wenn Sie ihn lassen.

Spezialist (Specialist)

Für Spezialisten hat das eigene Fachgebiet einen hohen Stellenwert, für andere Themen oder Persönlichkeiten sind sie nur schwer zu begeistern.

Ihre hohe Professionalität und ihr Berufsethos machen sie zu exzellenten Beratern in fachlichen Spezialfragen; jenseits davon sind sie eher schwer in eine Gruppe zu integrieren. Der Spezialist ist als Rollenmodell nach Belbin häufig mit anderen gepaart.

Erkennungsmerkmal Eingefleischte Fachleute sind begeistert von ihrem Spezialgebiet. So zurückhaltend sie sonst sein mögen, so schwer ist ihr Redestrom zu bremsen, sobald ihr Fachgebiet berührt wird.

Konfliktpotenzial Umsetzer, Macher und andere Generalisten rollen schon mal mit den Augen, wenn der Spezialist hartnäckig darauf pocht, hier müsse man weiter ausholen, »um das Problem in seiner ganzen Tragweite zu erfassen«. Im Extremfall fällt sogar der böse Vorwurf der »Fachidiotie«. Spezialisten ihrerseits unterstellen schon einmal Ahnungslosigkeit oder Dilettantismus, wenn Kollegen bei der Tiefe ihres Wissens nicht mithalten können oder wollen.

Führungstipp Honorieren Sie das Expertenwissen des Spezialisten, ermuntern Sie ihn gleichzeitig, über den fachlichen Tellerrand zu blicken. Sorgen Sie durch klare Deadlines und eindeutige Zielvorgaben dafür, dass er sich nicht in Spezialfragen seines Fachgebiets verzettelt.

Natürlich vereinfacht Belbins Modell die Wirklichkeit notwendigerweise – Menschen entsprechen niemals »reinen« Typen. Der Ansatz definiert drei handlungsorientierte Rollen (Shaper, Implementor, Completer / Finisher), drei kommunikative Rollen (Coordinator, Teamworker und Resource Investigator) und drei eher fachbezogene Know-how-Rollen (Inventor, Monitor Evaluator und Specialist). Die meisten Menschen, so Belbin und seine Forschungskollegen, können zwei bis drei Teamrollen sehr gut ausfüllen. Dabei ist die jeweilige individuelle Mischung sehr interessant und einzigartig: Es gibt umsetzungsorientierte Macher, perfektionistische Erfinder und Weichensteller, die zugleich enthusiastische Teamarbeiter sind. Es geht hier also nicht um Schubladendenken, sondern darum, Menschen in ihren individuellen Besonderheiten stärker wahrzunehmen und wertzuschätzen. Dafür ist ein entsprechendes Wahrnehmungsraster hilfreich. Wenn Sie dieses Thema vertiefen möchten, finden Sie im oben zitierten Werk von Belbin den von ihm entwickelten Test zum Teamrollenmodell.

Die Kernbotschaft des Teamrollen-Modells lautet: Niemand kann alles gleich gut; jeder hat besondere Stärken und auch Schwächen. Schon diese – zugegeben banale, in der praktischen Umsetzung jedoch durchaus herausfordernde – Erkenntnis fördert die eigene Toleranz und kann verhindern, dass wir Mitarbeiter, die anders sind als wir selbst, als Bedrohung oder gar pauschal als inkompetent wahrnehmen. Wenn Sie diese Erkenntnis im Team vorleben, jeden Mitarbeiter in seiner Eigenart wertschätzen und seine besonderen Fähigkeiten als Bereicherung honorieren, gehen Sie außerdem einen entscheidenden Schritt, um Animositäten und Konkurrenzkämpfe in der Abteilung einzudämmen. Ein Vorgesetzter hingegen, der einzelne Mitarbeiter als »Bremser« oder »Erbsenzähler« tituliert, Kronprinzen heranzieht, nur weil sie die eigene Wellenlänge teilen, oder beharrlich versucht, Mitglieder seiner Abteilung »umzuerziehen«, darf sich nicht wundern, wenn er Frust und Abwehr auslöst. Aus einem kreativen Kopf wird niemals ein Buchhaltungsgenie und aus einem Perfektionisten kaum ein pragmatischer Macher.

Gleichzeitig gilt: Jede Stärke kann sich als Schwäche erweisen, wenn sie im jeweiligen Kontext nicht gefragt ist. Gewissenhaftigkeit ist eine gute Sache, aber wenn man die erste Projekt-Deadline bereits gerissen hat, sollte man auf die dritte Stelle hinter dem Komma vielleicht auch verzichten. Und so unentbehrlich kreative Köpfe sein können, so überflüssig oder sogar hinderlich kann ihr Ideenpotenzial in einer Position sein, in der vor allem die penible Erfüllung von Standards und Vorschriften gefragt ist. Wenn die Stärken eines Mitarbeiters partout nicht zu den Anforderungen passen, die seine Position mitbringt, kann eine Versetzung oder Trennung die beste Lösung sein. Dasselbe gilt auch, wenn bei allem Ringen um faire Distanz jemand aus ganz persönlichen Gründen ein rotes Tuch für Sie bleibt. Eine sorgfältige Personalauswahl lohnt sich schon deshalb, weil sie solchen Problemen vorbeugt.

Personalauswahl – wie Sie die richtigen Mitarbeiter finden

»In 80 Prozent besetzen die Menschen strategische Führungspositionen nach ihrem Bauchgefühl«, so der Soziologe Michael Hartmann im November 2007 in der *Frankfurter Allgemeinen Zeitung*[39]. Dieses Bauchgefühl werde primär von Sympathie gesteuert. Wenn erfahrene Headhunter und Vorstände so agieren, dann ist anzunehmen, dass Sie oder ich nicht grundsätzlich anders verfahren, wenn Stellen zu vergeben sind – es sei denn, wir sind uns des Problems bewusst und steuern aktiv gegen.

Erinnern Sie sich zurück an die ersten Einstellungsinterviews, die Sie für Ihren eigenen Bereich geführt haben. Als Personalberaterin und als Personalleiterin in unterschiedlichen Branchen habe ich häufig beobachtet, dass es zu Gesprächsbeginn sehr schnell zu einem inneren Ja zum Kandidaten kommt: Sobald der Gesprächspartner die richtigen Seiten in uns angesprochen hat, ist die Versuchung groß zu sagen: »Ja, der passt zu mir, wir sind auf einer Ebene, der tickt genauso wie ich.« Das ist zunächst beruhigend, reicht auf lange Sicht jedoch nicht aus.

Erinnern Sie sich noch an die Eingangsfrage dieses Kapitels? Lassen Sie sich tatsächlich einmal auf das Gedankenspiel ein: Wen unter Ihren Mitarbeitern hätten Sie am liebsten zum Begleiter, wenn Sie auf einer einsamen Insel stranden würden? Spontan drängen sich hier diejenigen auf, die man am sympathischsten findet. Doch beim zweiten Überlegen würden Sie vielleicht anders entscheiden und diejenigen auswählen, die etwas können, das Sie nicht beherrschen. Zum Beispiel nähmen Sie sicher jemanden mit, der ein großes technisches Verständnis hat und ohne Feuerzeug ein Feuer entfachen, eine Behausung bauen und Essen erbeuten könnte. Wichtig wäre auch jemand, der logisch denken und einen strategischen Rettungsplan entwickeln kann, ohne auf »Trial und Error« zu setzen und damit womöglich die anderen zu zermürben. Sie wählten vielleicht auch jemanden aus, der ein soziales Wesen hat, Verzweifelte trösten und Hoffnungslosen Mut machen könnte. Und Sie selbst wären vielleicht derjenige, der für seine Führungsstärke und den schnellen Überblick bekannt ist. So hätten Sie eine echte Chance, bis zur Rettung durchzuhalten.

Nicht nur beim Überleben auf einsamen Inseln, auch im Unternehmensalltag zahlt sich eine Bündelung unterschiedlicher Talente aus. Sie sollten deshalb sehr reflektiert an die Personalauswahl herangehen, statt Ihren ersten, spontanen Impulsen zu folgen. Meiner Erfahrung nach ist das Auswahlverhalten ein Spiegelbild unserer eigenen Entwicklung: Je weiter wir in unserer Selbsterkenntnis und Erfahrung mit Mitarbeitern sind, umso eher trauen wir uns, jemanden einzustellen, der uns nicht gleicht und der uns vielleicht sogar wenig sympathisch sein mag – der aber genau richtig ist für das, was er an seinem Platz im Unternehmen leisten soll. Das zahlt sich langfristig aus und sichert somit auch Ihren Erfolg und Ihre Position.

Präzisieren Sie daher vorab Ihre Anforderungen an einen Kandidaten: Was genau ist seine Aufgabe? Welche Eigenschaften muss er dafür mitbringen? Außerdem sollten Sie vor allem viele Fragen stellen, die Ihnen die Besonderheiten, die wesentlichen Charaktereigenschaften des Kandidaten näher bringen. Dabei bewähren sich offene Fragen rund um Wertethemen, außerdem Fragen, die situativ eine mögliche Arbeitssituation umkreisen. Je offener Sie fragen, umso weniger laufen Sie Gefahr, vorgestanzte Antworten aus dem Bereich des sozial Erwünschten zu hören. Dabei sollten Sie allerdings die häufigsten Fehler bei offenen Fragen vermeiden, nämlich

- eine Frage zu erklären (und damit die gewünschte Antwort vorzuzeichnen),
- mehrere offene Fragen aneinanderzuhängen (und damit Wahlmöglichkeiten zu eröffnen) oder
- dem Antwortenden keine Zeit zum Nachdenken zu lassen.

Den größten Erkenntnisgewinn haben Sie, wenn Sie eine Frage auf sehr abstraktem Niveau stellen, schweigen – und dann einfach abwarten, was kommt. Mancher Bewerber hat sich da schon um Kopf und Kragen geredet.

Welche Fragen könnten Sie im Bewerbungsgespräch stellen, um die Passung zwischen Ihnen, dem Kandidaten, der zu besetzenden Aufgabe, der Unternehmenskultur und dem Rest des Teams systematisch auszuloten? Im Folgenden finden Sie ein paar Beispiele und Erläuterungen dazu. Sie werden erkennen: Ihre Chance liegt in der Breite der möglichen Antworten. Bei jeder echten offenen Frage kann der Kandidat unendlich viele Antwortpfade beschreiten. Wie unvoreingenommen er an die Frage herangeht oder wie misstrauisch oder gar begriffsstutzig er nachfragt, liefert Ihnen bereits erste wichtige Erkenntnisse. Ihr Trick: Sie wiederholen lediglich die Frage und geben ihm keine Spur vor.

»Was bedeutet Arbeit für Sie?«

Einige Bewerber wählen die Richtung: »Arbeit ist mein Leben, ohne sie könnte ich nicht sein. Das merke ich immer im Urlaub, da kann ich nur schwer abschalten und bin die ganze Zeit am Blackberry.« Andere flüchten in Sarkasmus: »Arbeit? Na ja, irgendwie muss man ja seine Brötchen verdienen. Ich spiele regelmäßig Lotto, aber bis zum Sechser muss ich wohl noch durchhalten.« Auch die Gegenfrage »Wie, was Arbeit für mich bedeutet? Ich verstehe die Frage nicht« habe ich schon gehört. Oder: »Haben Sie mal drei Töchter in der Pubertät, da braucht man einen gut bezahlten Job, um die zufriedenzustellen. Kinder kosten Geld.«

Es geht hier – wie auch bei den folgenden Fragen – nicht um richtig oder falsch, sondern darum, ob der Kandidat zum Job und zu Ihnen passt – oder nicht. Wollen Sie wirklich den Workaholic ohne Sozialkontakte, der ohne Arbeit nach seinem Empfinden nichts ist? Halten Sie es für gesund, dass jemand nie auftankt, keinen Ausgleich hat? Woher schöpft so jemand neue Ideen? Und zu den anderen Antworten: Passt jemand in Ihr Team, der sich allein durch Geld motiviert und für den Arbeit Mittel zum Zweck ist? Reicht Ihnen die Identifikation mit dem Unternehmen und der Tätigkeit? Wie groß werden die finanziellen Bedürfnisse sein? Können Sie diesen Ansprüchen auf Dauer genügen?

»Was sind Ihre liebsten Statussymbole?«

Eine interessante Frage, die bei einigen Bewerbern Irritation auslöst und sie mit großer Abscheu in der Stimme antworten lässt: »Statussymbole? Hab ich nicht!« Andere sagen ganz stolz: »Meine Uhr!« – und schieben sofort den Jackettärmel hoch und den Arm über den Tisch. Wieder andere zählen auf: »Meine Frau, sie ist 20 Jahre jünger als ich und sieht umwerfend aus, mein Auto, meine Kinder, meine goldene Kreditkarte.« Auch hier geht es nicht um richtig oder falsch oder um sympathisch oder unsympathisch. Was der Bewerber antwortet, mag Ihnen selbst völlig fremd sein, aber möglicherweise passt es gut zu Ihren Kundengruppen. Oder Sie wissen, dass so jemand wunderbar ins Team passt, weil es dort ähnliche Vorlieben gibt. Ob jemand Luxusprodukte vertreiben oder Sponsoren für ein Kinderhilfswerk werben soll, macht eben einen großen Unterschied.

»Wen bewundern Sie – und wofür?«

Hier ist alles möglich, vom Dalai Lama über Barack Obama bis hin zu Heidi Klum oder auch der eigenen Mutter, die allein nach dem Krieg sieben Kinder durchbrachte, oder der behinderten kleinen Schwester, die so tapfer ihr Schicksal trägt. Fragen Sie nach, wofür jemand bewundert wird, um keine falschen Interpretationen anzustellen, denn es muss nicht das Gleiche sein, das Sie an Heidi Klum bewundern. Jede Bewunderung gibt uns einen kleinen Hinweis darauf, welche Sehnsucht sich in jemandem versteckt, wie er vielleicht gern wäre oder welche Eigenschaften er anstrebt.

»Was ist das Wichtigste für Sie im Leben?«

Auch hier ist die Bandbreite sehr groß. Um einige Pole zu nennen: »Mein alter Porsche« (habe ich tatsächlich schon gehört), »meine Familie, Gesundheit«, »Gottvertrauen« oder »dass ich wieder eine Arbeit finde, die mich fordert«, »Geld und Erfolg« oder »etwas Sinnvolles zu tun«. Schauen Sie genau hin: Was passt zur Funktion? Wie lange wird sich zum Beispiel jemand, für den es vor allem um Sinnfragen und Gottvertrauen geht, damit identifizieren können, im Callcenter Finanzprodukte zu verkaufen? Würden Sie dem Menschen, für den der Porsche das Wichtigste in seinem Leben ist, ein Team anvertrauen, das sehr betreuungsbedürftig ist und dessen Leiter ein gutes Gespür für Zwischenmenschliches braucht?

Interessant ist auch: Wie geht dieser Bewerber mit persönlichen Fragen um, wie sehr lässt er sich hinter die Kulissen schauen? Pokert er und hofft, Sie mit einer flapsigen Antwort abspeisen zu können, oder lässt er es zu, dass man ihm näher kommt? Um das herauszufinden, schweigen Sie einfach eine Weile wertfrei nach der Porsche-Anwort. Vielleicht kommt dann der Nachsatz »Nein, im Ernst …«, oder er begründet Ihnen ausführlich, warum es der Porsche ist, und leuchtet dabei so von innen heraus, dass Sie wissen, der meint das so.

»An welcher Ihrer Eigenschaften oder Fähigkeiten arbeiten Sie noch – und wie gehen Sie vor?«

Dies ist die elegante Variante, nach den Schwächen eines Kandidaten zu fragen. Schön, wenn ein Bewerber sie erkennt, und interessant ist auch, welche Rangfolge er bildet und welchen Weg er wählt, um sich weiterzuentwickeln.

»Was war bisher Ihre größte Krise?«

Nachfrage nach der Antwort: »Und mit welchem Rezept haben Sie sie bewältigt?« Manchmal überrascht, was für den einen oder anderen schon eine harte Herausforderung war: Manch einer kämpfte mit schlaflosen Nächten, weil er Unterlagen für eine Veranstaltung nicht im Zeitplan fertigstellen konnte, und empfindet das als Krise. Jemand anders bringt dagegen die Erfahrung mit, nach 15 Jahren Aufbautätigkeit und Zusammenwachsen mit der Mannschaft jeden zweiten Mitarbeiter entlassen zu müssen, und bekennt, das habe ihm den Schlaf geraubt. Die Frage hier: Was benötigen Sie, und wie ernsthaft vom (Arbeits-)Leben geprägt muss jemand sein, um in der zu besetzenden Funktion angemessen agieren zu können?

»Was hat Sie im Leben angetrieben?«

Diese Frage zielt in Richtung Motivation. Ist es der Wunsch der Eltern oder der eigene Ehrgeiz? Ist es die Überzeugung, geben zu müssen, was man kann, oder sind es materielle Anreize, die ausschlaggebend sind? Können Sie in Ihrer Abteilung Entsprechendes bieten? Bringt der Kandidat sich selbst in Schwung, oder wird er jeden Tag bei Ihnen um Anerkennung und eine »Motivationsspritze« bitten? Können oder wollen Sie das leisten?

»Was brauchen Sie von Ihrem zukünftigen Chef?«

Insbesondere, wenn Sie selbst der zukünftige Chef sind, ist diese Frage ähnlich spannend wie die Frage nach der Motivation. Es ist ein großer Unterschied, ob jemand sagt: »Meine Ruhe und so viel Gestaltungsfreiraum wie möglich«, oder ob er sich einen Sparringspartner wünscht, jemanden, mit dem er Ideen reflektieren kann und der ihm gleichzeitig Coach ist. Da lohnt sich dann ein Nachhaken, was genau der Kandidat unter dieser Form von Coaching versteht. Und auch hier stellt sich die Frage: Können und wollen Sie so führen, passt das zu Ihnen und zu Ihrer Kapazität? Und was gibt die Position her? Wo sind Grenzen der Gestaltungsfreiheit, die unter Umständen einen Konfliktherd darstellen könnten?

»Wie sieht Ihre ideale Sekretärin/Ihr idealer Assistent aus?«

Hier sehen Sie sehr schnell, ob Ihr Kandidat eine spezielle Form von Humor mitbringt, wenn er launig antwortet, »Ach, wie schön, wenn man sich das wünschen darf bei Ihnen: also gern langbeinig, blond und gut gebaut«, und sich dabei gut gelaunt auf die Schenkel schlägt. Reflektiertere Kandidaten werden Ihnen die Fähigkeiten der Assistenz aufzeigen, und Sie werden daraus erkennen, ob jemand zuerst Loyalität und Diskretion nennt oder ob deutlich wird, dass Ihr Kandidat auch im Assistenzbereich Wert auf kluge Mitarbeiter legt.

Situative Fragen

Sogenannte situative Fragen veranlassen den Bewerber, sich ganz konkret zu äußern. Besonders aufschlussreich sind sie, wenn man sie der jeweiligen Unternehmenssituation anpasst.

Hier zwei allgemeine Beispiele: »Wie muss ein Tag für Sie gelaufen sein, damit Sie abends erfüllt nach Hause gehen?« Oder: »Wie sähe ein idealer freier Tag für Sie aus? Beschreiben Sie ihn bitte für uns.« Was ein Kandidat hier nennt, gibt Aufschluss über seine persönlichen Werte und Schwerpunkte im Leben.

Besonders herausfordernd sind Fragen wie die folgende: »Stellen Sie sich vor, Sie müssen in 15 Minuten einen sehr wichtigen Kunden begrüßen und ihm unsere neuesten Produkte präsentieren. Ihre Frau/Ihre Tagesmutter ruft Sie an und erzählt aufgelöst, dass Ihr Kind von einer Schaukel gestürzt ist und bewusstlos im Krankenhaus liegt. Was tun Sie?« Diese Frage wird häufig empört diskutiert, und dennoch wird sie gestellt. Sie führt zu einem Wertekonflikt, und die Antworten darauf sind sehr aufschlussreich.

Manch einer sagt kurz angebunden: »Im Krankenhaus ist das Kind doch wunderbar aufgehoben, die können ihm besser helfen als ich, und da es bewusstlos ist, merkt es nicht mal, wenn ich nicht dort bin.« Man hofft vielleicht noch, dass die Antwort als sarkastischer Scherz enttarnt wird, doch dazu kommt es nicht. Andere wiederum würden alles stehen und liegen lassen, halten einen Vortrag über den Stellenwert der Familie und verschwenden keinen Gedanken mehr an den wichtigen Kunden und die Firma.

Wie viel Ausgewogenheit halten Sie für angemessen? Wie viel Realismus steckt in der jeweiligen Antwort, und welche Gedanken löst sie bei Ihnen aus? Passt die sich abzeichnende Grundhaltung zu Ihrem Team, zu Ihrem Unternehmen und seiner Philosophie?

Insbesondere bei dieser Kategorie von Fragen geht es vor allem darum, wie jemand an die Lösung des Konflikts herangeht und wie komplex er abzuwägen in der Lage ist. Es geht also weniger um die richtige oder falsche Antwort.

Ein weiteres Beispiel: »Stellen Sie sich vor Sie erkennen, dass ein Kollege im Unternehmen, mit dem Sie gut befreundet sind, einen Betrug begangen hat, der noch nicht aufgedeckt wurde. Was tun Sie?« Ebenfalls ein Wertekonflikt, und dahinter steckt die Frage nach Ehrlichkeit und Loyalität. Wem gegenüber fühlt man sich in erster Linie verpflichtet, dem Freund oder dem Unternehmen? Macht man den Vorfall öffentlich, oder regelt man den Fall diskret hinter den Kulissen? Bringt man den Kollegen dazu, sich selbst zu stellen, oder behält man das Ganze diskret für sich, um eines Tages mal bei ihm »einen gut zu haben«? Interessant ist auch hier manche spontane und nahezu fassungslose Antwort wie etwa diese: »Freund? Ich habe im Unternehmen grundsätzlich keine Freunde und trenne das sehr strikt.« Welche Vorgehensweise wäre in Ihrem Kontext angemessen und entspräche Ihren Werten sowie den Werten des Unternehmens? Auch hier ist bereits interessant, wie sich jemand der Antwort annähert: zerknirscht, eindeutig und spontan, verschmitzt, hin- und hergerissen, reflektierend?

Mit Fragen wie diesen lernen Sie übrigens nicht nur Bewerber besser kennen. Die gleichen Punkte eignen sich ebenfalls als roter Faden, wenn Sie sich als neuer Chef Ihrem Team vorstellen. So können Sie beispielsweise sehr gut erklären, was Arbeit für Sie selbst bedeutet, wie Sie ticken, was Sie antreibt, wie ein Tag aussieht, an dem Sie sich richtig ärgern und frustriert nach Hause gehen, und was Sie als einen Anlass sähen, Champagner zu öffnen.

Wenn Mitarbeiter wissen, woran sie beim Vorgesetzten sind, lassen sich manche Reibungen und Passungsprobleme von vornherein vermeiden. Außerdem erfahren Sie mehr von Ihren Mitarbeitern, wenn Sie sich selbst bis zu einem gewissen Grad öffnen. Im Kapitel *Umstellungsprobleme* ist deshalb ein eigener Abschnitt dem Kennenlern-Meeting gewidmet.

Selbstreflexion als Schlüssel zu mehr Toleranz

»Erkenne dich selbst« soll der schriftlichen Überlieferung nach über dem Eingang des Apollon-Tempels in Delphi gestanden haben. Die rätselhaften Orakelsprüche wären demnach durch innere Einkehr aufzulösen; die Bewältigung von Problemen wurzelte also weniger in Hilfe von außen als vielmehr in gründlicher Selbstreflexion. Die moderne Psychologie würde dem wohl zustimmen, und auch der Philosoph Arthur Schopenhauer wusste:»Ein Mensch muss wissen, was er will, und wissen, was er kann: Erst so wird er Charakter zeigen und erst dann kann er etwas Rechtes vollbringen.« Wie ist es um die Selbstreflexion von Führungskräften bestellt? Schätzen sie sich selbst realistisch ein?

Selbstbild und Fremdbild

»Viele Führungskräfte wissen [...] gar nicht wirklich, was von ihnen als Leader verlangt wird. Sie übertragen ihr eigenes Verständnis auf ihre Mitarbeiter und fühlen sich deshalb im grünen Bereich, obwohl alle Signale längst auf Rot umgesprungen sind«, warnte die *Financial Times Deutschland* im März 2006 unter Berufung auf umfangreiche Befragungen von Führungskräften und Mitarbeitern. Beispielsweise schätzten Chefs häufig die Stimmung als »sehr gut« ein, wenn Mitarbeitern gar nicht gut zumute sei.[40]

Mit Leben gefüllt wird diese These durch Befragungsergebnisse, die der Wirtschafts- und Organisationspsychologe Professor Walter Bungard 2004 auf einer Fachtagung zu »Feedback-Systemen in Organisationen« vorstellte. Sollten Sie sich gerade noch entspannt zurückgelehnt haben, lassen Sie die folgenden Zahlen möglicherweise aufhorchen:

- Während lediglich 29 Prozent der Chefs ihren Führungsstil als »autoritär« klassifizierten, attestierten 70 Prozent ihrer Mitarbeiter ihnen autoritäres Führungsverhalten.
- Dazu passt, dass 79 Prozent der Chefs glauben, ihre Mitarbeiter an Entscheidungen zu beteiligen, aber nur 7 Prozent der Untergebenen sich tatsächlich einbezogen fühlen.

- Und es kommt noch schlimmer: 91 Prozent der Chefs sagen über ihre Mitarbeiter, diese »kommen leicht mit mir aus«, 97 Prozent sind sich ihrer Sympathie gewiss.
- Ernüchternderweise finden im Gegenzug 57 Prozent der Mitarbeiter ihre Chefs unsympathisch, 23 Prozent »hassen« sie regelrecht.[41]

Selbstbild und Fremdbild sind ganz offensichtlich zwei verschiedene Paar Stiefel. Daraus entstehen zahlreiche Konflikte im täglichen Miteinander. Bei näherer Betrachtung sind die oben beschriebenen Diskrepanzen so verwunderlich nicht: Man selbst kennt sich sehr lange, auf jeden Fall länger als Mitarbeiter oder Kollegen, und man weiß im Zweifel, was man »eigentlich« meint, wie es »wirklich« in einem ausschaut, wie schwer einem beispielsweise eine unpopuläre Entscheidung fällt. Und gerade im hektischen Alltagsgeschäft geht man wie selbstverständlich davon aus, dass das die anderen auch wissen oder wissen müssten – schließlich arbeitet man doch schon eine Weile zusammen. Und so fällt manch einer aus allen Wolken, wenn er ein offenes Feedback von einem wohlmeinenden Menschen bekommt, der ihn ganz anders sieht als er sich selbst.

Das »Johari-Fenster« der amerikanischen Sozialpsychologen Joseph Luft und Harry Ingham systematisiert den Zusammenhang von Selbstbild und Fremdbild:

Das Johari-Fenster

	mir bekannt	mir unbekannt
anderen bekannt	öffentliche Person	blinder Fleck
anderen unbekannt	Bereich des Verbergens	Unbewusstes / Unbekanntes

Das »öffentliche« Fenster (mir bekannt/anderen bekannt) wird von manchen Autoren auch der »Bereich freien Handelns« genannt: Hier gestalten Sie Ihr Einwirken auf Ihre Umgebung absichtsvoll und zielgerichtet. Ein potenzieller Störfaktor für erfolgreiche Mitarbeiterführung ist vor allem der »blinde Fleck« – jene Bereiche Ihrer Außenwirkung, die Ihnen selbst nicht bewusst sind und die Sie daher nicht absichtsvoll gestalten, die die Umgebung jedoch sehr genau registriert. Natürlich kann es sich dabei auch um positive Wirkungen handeln: Möglicherweise werden Sie als souveräner oder freundlicher wahrgenommen, als Sie selbst erwarten. Die immer lauter werdende Chefschelte und kritische Befragungsergebnisse lassen jedoch eher das Gegenteil erwarten: Hier lauern unbeabsichtigte Wirkungen, die die Beziehung zu Ihren Mitarbeitern belasten können – etwa ein forsches Auftreten, das Sie gar nicht als solches empfinden, oder ein wankelmütiges Hin und Her bei Entscheidungen, das Sie selbst als »normalen Diskussionsprozess« verbuchen. Auch Tonfall, Mimik und Gestik können Interpretationen auslösen, die wir gar nicht intendiert haben, denn unsere Körpersprache entzieht sich stärker unserer bewussten Kontrolle als Absichtserklärungen oder offizielle Statements.

Selbstreflexion zielt unter anderem darauf, den Bereich des eigenen blinden Flecks zu verkleinern. Wenn Mitarbeiter Sie völlig überraschen, wenn sie aus Ihrer Sicht »überreagieren«, »grundlos beleidigt sind«, »abtauchen« oder »ausrasten«, dann lohnt sich auch die Frage, wodurch Sie selbst dieses Verhalten womöglich provoziert haben. Je zuverlässiger Sie sich und Ihre Außenwirkung einschätzen können, umso besser für Sie, denn das bewahrt Sie vor bösen Überraschungen und erweitert den Bereich Ihres Führungshandelns, den Sie bewusst gestalten.

Feedback einholen

Die beste Methode, eklatante Diskrepanzen von Selbst- und Fremdbild zu vermeiden, ist jedoch ein offenes Ohr für Feedback. Je offener und vertrauensvoller die Atmosphäre in Ihrer Abteilung ist, desto größer ist die Chance, dass Mitarbeiter Ihnen tatsächlich noch eine diplomatische Version ihrer Meinung präsentieren, wenn Sie um Rückmeldung bitten (etwa im Rahmen von Mitarbeitergesprächen). Allerdings ist es meistens gerade dann, wenn es gravierende Probleme in der Zusammenarbeit gibt, auch um die Feedbackkultur nicht so gut bestellt (Sie können hier gerne die Frage nach Henne und Ei stellen). Dann bleibt zu hoffen, dass ein weitsichtiger Vorgesetzter oder auch ein wohlmeinender Führungskollege Ihnen den entscheidenden Tipp gibt. Eine Alternative ist das Gespräch mit einem Personalprofi, etwa einem unternehmenserfahrenen und psychologisch versierten Coach.

Ein Instrument, um systematisch Rückmeldung zum Führungsverhalten zu bekommen, ist das sogenannte 360-Grad-Feedback. Dabei werden identische Fragen an Kollegen auf der gleichen Ebene, unterstellte Mitarbeiter, den eigenen Vorgesetzten und Kunden oder externe Geschäftspartner gestellt. In den meisten Fällen werden Kunden und Kollegen vom zu Beurteilenden selbst vorgeschlagen und auf die Zusendung eines Fragebogens vorbereitet. Sie selbst füllen den Fragebogen ebenfalls aus. Er erhebt beispielsweise den Grad der Zustimmung zu Statements wie den folgenden: »Trifft Entscheidungen schnell, auch wenn sie unpopulär sein mögen«; »Steuert das Team so, dass die Prioritäten den Zielen entsprechen, und überprüft mit Messgrößen und Meilensteinen, um die Zielerreichung sicherzustellen.«

Die Auswertung stellt dann die verschiedenen Aussagewerte der befragten Personengruppen gegenüber, etwa in einem Balkendiagramm mit unterschiedlichen Farben. So erhalten Sie eine umfassende Gegenüberstellung von Selbst- und Fremdbild. Die Anonymität des Verfahrens, ein größerer Kreis von Befragten und die Befragung aller Führungskräfte einer bestimmten Ebene vermeiden, dass individuelle »Racheakte« das Ergebnis verzerren.

Voraussetzung für all das ist die Bereitschaft, sein eigenes Verhalten gelegentlich infrage zu stellen und sich selbst weiterentwickeln zu wollen. Das kann mitunter schmerzhaft sein, denn wir alle handeln gerne erst dann, wenn der Leidensdruck zu groß wird und wir beinahe schon mit dem Rücken an der Wand stehen. Menschen, die schon im Vorfeld solcher Krisensituationen sensibel auf kritische Zwischentöne reagieren und aktiv an ihrer persönlichen Entwicklung arbeiten, beweisen Weitsicht und Souveränität. Und mal ehrlich: Sind es nicht gerade jene Zeitgenossen, die im irrigen Bewusstsein der eigenen Unfehlbarkeit durchs Leben schreiten, die wir selbst häufig als unerträglich und »selbstherrlich« empfinden? Tappen Sie also nicht in die gleiche Falle!

Sind Sie eigentlich ein Erstgeborener?

Abschließend möchte ich Ihre Aufmerksamkeit auf einen Aspekt richten, der in der Führungsdiskussion meines Wissens bislang kaum eine Rolle spielt, obwohl er ein nützlicher Ausgangspunkt für die Reflexion der eigenen Person sein kann: Ihre Position in der Geschwisterfolge. Das ist alles gar nicht so weit hergeholt, wie man auf den ersten Blick meinen könnte, denn die Familie ist schließlich das erste hierarchische System, das wir kennen lernen. Hier erlernen wir Spielregeln sozialen Zusammenlebens, die uns zeitlebens prägen. Hier wird der Keim für unsere Wertvorstellungen gepflanzt. Wenn Sie sich bis heute an Ihrem jüngeren Bruder reiben, weil der alles so »lässig« sieht, ist es dann ein Wunder, dass Sie mit den Spontaneren, Kreativeren, vielleicht aber auch weniger »Pflichtbewussten« unter Ihren Mitarbeitern Probleme haben? Niemand geht unvoreingenommen in eine Führungsposition, jeder trägt ein Päckchen an Grundeinstellungen, Werten und Verhaltensmustern mit sich herum. Und die meisten Menschen gehen bewusst oder unbewusst davon aus, dass ihre Einstellungen, Werte und Muster – kurz: ihr Blick auf die Welt – der richtige und zutreffende ist. Kollisionen sind damit vorprogrammiert.

Dass die Position eines Kindes in der familiären »Rangfolge« eine große Rolle in der Persönlichkeitsentwicklung spielt, ist keine neue Erkenntnis. Zu diesem Schluss kommen so unterschiedliche Wissenschaftler wie der Heilpädagoge Karl König, der bereits in den 1960er Jahren seine Beobachtungen unter dem Buchtitel *Brüder und Schwestern* festhielt, und Frank J. Sulloway, Forschungsprofessor am renommierten Massachusetts Institute of Technology (MIT), der in den 90er Jahren mehr als 10 000 Lebensläufe der letzten 500 Jahre statistisch auswerten ließ.[42] Was König mit biblischen und literarischen Beispielen untermauert, bestätigen auch Sulloways groß angelegte empirische Studien: Erstgeborene sind tendenziell selbstbewusst, ehrgeizig und verantwortungsvoll – klassische Führungspersönlichkeiten. Sie genießen die ungeteilte Aufmerksamkeit ihrer Eltern, werden aber auch früh in die Pflicht genommen. Spätergeborene dagegen sind rebellischer und kreativer. Sie erkämpfen sich die Aufmerksamkeit der Eltern nicht selten durch Regelbrüche, während Erstgeborene sich an den Eltern orientieren und häufig pflichtbewusst und konservativ sind.

Für Sulloway steht fest, dass Nachzügler bei aller Unkonventionalität eher sanft und freundlich sind, weil sie als Schwächste in der Familie Konfrontationen vermeiden mussten. Die Ältesten dagegen identifizieren sich nach Ankunft der jüngeren »Rivalen« noch stärker mit den elterlichen Vorstellungen, sind konservativer, aber durchsetzungsstärker und radikaler. Selbst in Hollywoodfilmen würden die typischen Machorollen gern mit Erstgeborenen besetzt (John Wayne, Bruce Willis, Humphrey Bogart), während die Jüngeren von Charlie Chaplin bis Tom Hanks auf Komödien abonniert seien. »Geschwister konkurrieren miteinander. Da lassen sich mehr als 500 Millionen Jahre Evolution nicht abstellen«, so Sulloway 2001 im Magazin *Focus*.[43] Wenn Ihnen das zu weit hergeholt scheint, überzeugt Sie vielleicht eine Studie von *Vistage*, einem internationalen Führungskräfte-Netzwerk. Danach sind 43 Prozent aller CEOs großer Unternehmen Erstgeborene, 33 Prozent »Mittlere« und 23 Prozent die Jüngsten in der Familie.[44]

Natürlich ist jeder von uns im Leben zahlreichen Einflüssen ausgesetzt, wir bekommen eine genetische »Grundausstattung« mit, wachsen in einem bestimmten Milieu auf und werden durch Vorbilder und Bezugspersonen geprägt. Die Geschwisterfolge ist nur ein – wenn auch wichtiger – Baustein unserer Entwicklung. Aber es gibt hier viele Unterschiede: das Geschlecht spielt eine Rolle, die Zahl der Kinder, die Altersabstände. Mittlere Kinder gelten tendenziell als anpassungsbereite Diplomaten, da sie weder die Vorrangstellung der Erstgeborenen noch die Nesthäkchen-Vorteile der Jüngsten genießen konnten; die Jüngsten sind häufig experimentierfreudiger und wagemutiger. Einzelkinder hingegen können als verwöhnte Kronprinzen Gefahr laufen, zu Egozentrikern zu werden. Oder sie können im anderen Extrem als »kleine Erwachsene« fast um ihre Kindheit gebracht worden sein und den Perfektionismus sowie das Pflichtgefühl von Erstgeborenen verinnerlicht haben.

Es geht mir hier nicht um tiefenpsychologische Ursachenforschung, sondern um einen wachen Blick auf die eigenen Prägungen und etwas mehr Verständnis für die der anderen. Vielleicht gelingt es Ihnen eher, Ihr hohes Pflicht- und Verantwortungsbewusstsein nicht zur Messlatte für Ihre Umgebung anzulegen, wenn Sie darin die Strenge des Erstgeborenen mit sich selbst (und anderen) erkennen? Möglicherweise können Sie mit wiederkehrenden Konflikten besser umgehen, wenn Sie erkennen, welche familiär geprägten Verhaltensmuster Sie (und Ihre Mitarbeiter) dabei anwenden? Und vielleicht verhilft es Ihnen zu mehr Gelassenheit, wenn Sie sich zusammenreimen können, warum der eine Mitarbeiter notorisch »Bevormundungsversuche« wittert, wenn es um notwendige Zielvorgaben geht, während der andere mit sonniger Unbekümmertheit davon ausgeht, die allgemeinen Spielregeln könnten für ihn aber in dieser engen Auslegung doch wohl nicht gelten…

Auch in Auswahlprozessen kann der familiäre Hintergrund ein nützliches Puzzleteil sein. Unter Umständen werden Sie als zukünftige Chefin noch ein wenig skeptischer, wenn Sie erfahren, dass der ohnehin recht forsch auftretende Aspirant auf Ihre Assistenzstelle als Erstgeborener seine kleinen Schwestern fest im Griff hatte? Vielleicht schauen Sie dann lieber nach einem Stellvertreter, der als jüngerer Bruder mit einer älteren Schwester kein Problem mit deren Führungsrolle hatte?

Auf einen Blick

- Seien Sie sich bewusst, dass Ihr Verhalten – wie auch das Ihrer Mitarbeiter – von Sympathie und Antipathie mitgeprägt ist. Dass es im Business rational und sachlich zugeht, ist ein Ammenmärchen.
- Gestehen Sie sich Antipathien offen ein und gehen Sie ihnen auf den Grund: Wodurch lässt ein Mitarbeiter Sie auf Distanz gehen? Gibt es tatsächlich Versäumnisse, oder werden Sie gerade Opfer Ihrer emotionalen Reflexe? Im ersten Fall sollten Sie Verhaltensänderungen einklagen, im zweiten Fall ist Ihre Fairness gefordert. Positive Züge und Fähigkeiten lassen sich bei fast jedem Menschen entdecken.
- Entwickeln Sie mehr Toleranz für Mitarbeiter, die anders sind als Sie. Sich vorwiegend mit Menschen zu umgeben, die ähnlich ticken wie Sie selbst, beschränkt Ihre Möglichkeiten in der Führung. Sie brauchen Menschen mit den passenden Fähigkeiten und Eigenschaften am richtigen Platz, nicht Sympathieträger oder gar pflegeleichte Jasager. Andersartigkeit ertragen und sogar schätzen zu können ist ein Zeichen persönlicher Reife und Souveränität.
- Entwickeln Sie Ihr Gespür für die unterschiedlichen »Typen« in Ihrem Mitarbeiterteam. Eine gesunde Mischung unterschiedlicher Talente ist die beste Voraussetzung für gemeinsamen Erfolg. Leben Sie Ihrem Team vor, dass Vielfalt eine Bereicherung ist.
- Achten Sie schon bei der Personalauswahl darauf, wer zu Ihnen, zum

Team und zur Position passt. Widerstehen Sie der Versuchung, sich jene Kandidaten schönzureden, mit denen Sie sehr schnell Gemeinsamkeiten feststellen. Stellen Sie viele offene Fragen und bilden Sie sich so ein sicheres Urteil. Das beste Vorstellungsgespräch ist das, wo der Kandidat viel redet – nicht Sie selbst.

- Selbstreflexion und die Bereitschaft zu persönlicher Weiterentwicklung sind Schlüssel zum Führungserfolg. Bleiben Sie offen für Feedback, sorgen Sie dafür, dass Sie noch Menschen in Ihrer Umgebung haben, die Ihnen unangenehme Wahrheiten sagen. Seien Sie sich bewusst, dass Selbstbild und Fremdbild sich nur zum Teil decken, und bemühen Sie sich aktiv darum, die blinden Flecken in Ihrer Selbstwahrnehmung zu verkleinern.

- Seien Sie sich bewusst, woher Sie kommen und was Sie geprägt hat. So sind Sie am ehesten dagegen gefeit, die eigene Person zum entscheidenden Maß der Dinge zu machen, und können gelassener mit sich und anderen umgehen.

Kapitel 5

Umstellungsprobleme – wenn Sie »schon wieder ein neuer Chef« sind

> Neue Leute dürfen nicht Bäume ausreißen,
> nur um zu sehen, ob die Wurzeln noch dran sind.
> *Henry Kissinger,*
> *US-Außenminister und Friedensnobelpreisträger*

Das Personalkarussell in den Unternehmen dreht sich immer schneller, und zwar weltweit. Das ist mehr als ein persönlicher Eindruck; es lässt sich anhand von Zahlen belegen: Seit 1995 veröffentlicht die Strategieberatung Booz Allen Hamilton regelmäßig Studien zur Fluktuation auf den oberen Managementetagen (»CEO turnover«).

Das Fazit der Berater im Jahr 2007: Zwischen 1995 und 2006 hat die Zahl der jährlichen Personalwechsel weltweit um stolze 59 Prozent zugenommen, die Anzahl der leistungsbedingten Ablösungen an den Unternehmensspitzen (»cases in which CEOs were fired or pushed out«) sogar um 318 Prozent.[45] Unter dem Druck der Aktienmärkte sinkt die Geduld mit Managern, die nicht optimal »performen«, wie das auf Neudeutsch heißt.

»Schleudersitz Chefsessel« titelte das *manager magazin* passenderweise im Dezember 2006 und nannte prominente Beispiele: Telekom-Chef Kai-Uwe Ricke, VW-Vorstand Bernd Pischetsrieder und Rewe-Manager Achim Eigner. Alle drei verloren im Lauf desselben Jahres unfreiwillig ihren Posten, und so erging es 2006 weltweit jedem Dritten der ausscheidenden Topmanager, hat man bei Booz Allen Hamilton errechnet.

Dies bedeutet zwangsläufig auch: Die Verweildauer von Managern in einer Firma wird immer kürzer und ist in Europa auf einen historischen Tiefstwert von im Schnitt 5,7 Jahren gesunken. Zum Vergleich: In Nordamerika – und den Menschen dort unterstellen wir gerne eine Hire-and-Fire-Mentalität – betrug sie dagegen immerhin 9,8 Jahre, also beinahe doppelt so lang.

Manager auf Abruf

Manager sind immer öfter Manager auf Abruf. Und da jeder Topmanager Schlüsselpositionen mit Menschen seines Vertrauens besetzen und bei Stellenantritt überdies sichtbare Zeichen der Veränderung setzen will, pflanzt sich das Wechselspiel nach unten fort: Auch auf den mittleren Führungsebenen geben sich die Chefs in vielen Organisationen längst die Klinke in die Hand. Hinzu kommen noch die personellen Begleiterscheinungen von Fusionen und Übernahmen sowie karriereorientierte Stellenwechsel – schließlich propagieren Karriereberater, nach wenigen Jahren müsse es im Unternehmen »up or out« gehen. Und so sind manche Führungskräfte in Gedanken schon halb woanders: Nach einer Erhebung der Düsseldorfer Personalberatung Lachner Aden Beyer & Company (LAB) dachten 38 Prozent der Manager der ersten bis dritten Führungsebene 2007 mittelfristig über einen Jobwechsel nach, fast genauso viele (37,5 Prozent) über eine Kündigung in den nächsten Wochen.[46]

Das hat Folgen für das Klima in den Unternehmen, und zwar nicht nur, weil Veränderungen bei vielen unterstellten Mitarbeitern reflexhafte Abwehr auslösen (siehe das Kapitel 3, *Die neue Arbeitswelt*). »Je kürzer ein Manager an der Spitze seines Unternehmens steht, desto geringer ist die Wahrscheinlichkeit, dass er seine soziale Verantwortung wahrnimmt«, kritisierte Jürgen Thumann, immerhin Präsident des Bundesverbandes der Deutschen Industrie (BDI), im Februar 2008 in der *Süddeutschen Zeitung*.[47]

Thumanns Sorge ist berechtigt: Bei einer Umfrage der Identity Foundation unter den Vorständen der 100 größten Unternehmen in Deutschland zum Thema Moral in der Wirtschaft trauten sich manche der Topmanager unter dem Schutz der Anonymität aus der Deckung: Manager seien »vielfach von ihrem System getrieben«, meint einer, »am Ende wird man am Erfolg gemessen«. »Man überlebt nicht, wenn man die Moral hochhält«, sagt ein anderer.[48] Jeder achte Spitzenmanager glaubt, Moral habe in der Wirtschaft nichts zu suchen. Hier haben die Chef-Feindbilder vieler Mitarbeiter ihre realen Wurzeln, jenseits von Gewohnheitsjammern oder simplifizierenden Schuldzuweisungen.

Es kann Ihnen also gut passieren, dass Sie der dritte Chef in fünf Jahren sind, wenn Sie eine neue Position antreten. Dann schlägt Ihnen möglicherweise ein Klima entgegen nach dem Motto: »Den überleben wir auch noch.« Eine Mischung aus Frust, Gleichgültigkeit und Zorn auf »die da oben«, ein zähes Beharrungsvermögen, das jede Initiative lähmt und alle Änderungen hartnäckig ausbremst. Noch heikler wird Ihre Situation, sollten Ihre Vorgesetzten Sie mit dem Auftrag losgeschickt haben, ordentlich etwas zu bewegen und Schwung in den Laden zu bringen. Was können Sie tun? Folgende Fragen helfen Ihnen dabei, sich Ihre eigene Situation bewusst zu machen.

Erobern Sie Ihr Team für sich!

- Sehen Sie in Ihrer neuen Rolle/Aufgabe so viel Handlungsbedarf, dass Sie es kaum abwarten können, die nötigen Veränderungen zu verkünden?
- Haben Sie bei Jobantritt schon das Gefühl, nur auf der Durchreise zu sein – etwa auf einer Karrierestufe, die Sie rasch überwinden wollen?
- Interessieren Sie sich wirklich für die Menschen, mit denen Sie arbeiten? Oder wollen Sie einfach, dass die Dinge funktionieren?
- Wundern Sie sich manchmal, wie Ihr Vorgänger es mit dieser Mannschaft ausgehalten hat? Und wundern Sie sich nicht mehr, warum bestimmte Erfolge ausblieben?
- Was wissen Sie über Ihren Vorgänger? Und mit welchem Auftrag hat man Sie ins Rennen geschickt?

Erfolg auch gegen die eigene Mannschaft?

Auf Dauer erfolgreich zu sein, ohne dass die Mitarbeiter hinter einem stehen oder wenigstens mitziehen, ist nicht möglich, dafür haben Mitarbeiter zu viele Möglichkeiten, Erfolg zu sabotieren. So musste Rewe-Chef Achim Eigner 2006 seinen Stuhl räumen, weil sich, so das *manager magazin*, »ein Dutzend hochrangiger Rewe-Manager bei Aufsichtsratschef Klaus Burghard beschwert« hätten. Auch Commerzbank-Chef Martin Blessing machte die Erfahrung, dass man gut daran tut, auf faire Kooperation mit den Arbeitnehmern zu setzen. Anfang Januar 2009 blockierten die Arbeitnehmervertreter im Aufsichtsrat der Dresdner

Bank seine vorzeitige Bestellung zum Aufsichtsratsvorsitzenden ihres Unternehmens im Zuge der Übernahme der Dresdner durch die Commerzbank. Hintergrund war, so die *Frankfurter Allgemeine Zeitung*, dass sich »die Mitarbeiter der Dresdner Bank mit ihren Vorschlägen vielfach übergangen« fühlten.[49]

Dennoch meinen auch erfahrene Manager immer wieder, gegen die eigenen Mitarbeiter anregieren zu können. Josef Depenbrock etwa, in Personalunion Geschäftsführer der BV Deutsche Zeitungsholding und Chefredakteur der *Berliner Zeitung*, gab im Juni 2008 der *Financial Times Deutschland* zu Protokoll: »Auf das Vertrauen der Redaktion bin ich nicht angewiesen. Ich glaube aber auch nicht, dass es schlau ist, mit mir eine Konfrontation zu haben.«[50] Kurz zuvor hatte ihm seine Redaktion aufgrund seiner kompromisslosen Sparmaßnahmen öffentlich das Vertrauen entzogen. Seit Anfang 2009 beobachtete die Medienbranche gespannt, wie lange Depenbrock sich nach dem Rückzug des britischen Medieninvestors David Montgomery, der ihn eingesetzt hatte, noch halten würde.[51] Im März war es dann so weit, Depenbrock legte seine Ämter nieder.

Außerdem riskieren Sie eine Abstimmung mit den Füßen, wenn es Ihnen nicht gelingt, eine tragfähige Arbeitsbeziehung zu Ihrem Team zu schaffen. Dem einen oder anderen Mitarbeiter weinen Sie möglicherweise keine Träne nach. Vertrackterweise gehen aber oft die, auf die man nicht verzichten möchte: die Leistungsträger der Abteilung, die auch anderswo Chancen haben und eben nicht nur im Arbeitsalltag die Dinge gern selbst in die Hand nehmen.

Um solchen Entwicklungen vorzubeugen und einen Draht zur neuen Mannschaft zu finden, hilft es, sich in die Lage der Mitarbeiter zu versetzen. In vielen großen Unternehmen wechseln die Vorgesetzten schon aufgrund der Unternehmensphilosophie und der Personalentwicklungspläne alle zwei bis maximal drei Jahre ihren Job. Das bedeutet für Teams, sich immer wieder schnell an neue Chefs gewöhnen zu müssen, herauszufinden, wie »der Neue« tickt und worauf er Wert legt, regelmäßig die immergleichen Beteuerungen zu hören, wie wichtig einem die gute Zusammenarbeit sei. Und dann werden sie mit Plänen und Ansinnen konfrontiert, die im schlimmsten Fall schon der vorletzte Chef mit viel Elan präsentierte, bevor sie in der Versenkung verschwanden, in der Unternehmensbürokratie versickerten oder vom Vorstand mehr oder weniger sanft ausgebremst wurden. Wenig erstaunlich, wenn sich irgendwann resignierte Gleichgültigkeit breitmacht, etwa nach dem Motto: »Die Chefs kommen und gehen, die Arbeit bleibt.«

In manchen Teams werden vorher Wetten abgeschlossen, was der Neue am Antrittstag wohl sagen und welche Vokabeln er benutzen wird. Es kann Ihnen also passieren, dass Sie bei Stellenantritt auf eine Kaugummi kauende Schweigerunde treffen, die alles, was Sie sagen, achselzuckend über sich ergehen lässt. Und manchmal kann man es den Menschen nicht einmal verdenken. Denn es kann zermürbend sein, immer wieder wie im Versuchslabor Abläufe neu zu strukturieren, sich dabei im Kreis zu drehen und nach der dritten Änderung, die mit viel Aufwand verkündet wurde, wieder dort zu landen, wo man schon vor sieben Jahren war.

So schwer es fällt: Nehmen Sie es nicht persönlich – auch wenn es sich zweifellos sehr persönlich anfühlt. Die naheliegende Reaktion vieler neuer Chefs auf diese lässige Lethargie ist ein trotziges: »Das wollen wir doch mal sehen!« Sie treten dann noch ein bisschen energischer und energiegeladener auf, erhöhen den Druck, statuieren erste Exempel – und erreichen: nichts. Oder allenfalls, dass Gleichgültigkeit in Abwehr umschlägt.

So gewinnen Sie Ihr Team für sich

Gute Vorbereitung und Geduld sind die wesentlichen Erfolgszutaten für frisch installierte Führungskräfte. Je genauer Sie wissen, was »vorher« los war, und je weniger Sie auf spontane Begeisterung hoffen, desto eher werden Sie Ihre Mitarbeiter auf Ihre Seite bekommen.

Lassen Sie sich auf die Aufgabe und die Mitarbeiter ein

Selbst wenn man Sie in eine Region entsandt hat, in die Sie eigentlich niemals wollten, auch wenn der aktuelle Job eine »Zwischenlösung« ist und nicht gerade Inhalt Ihrer Karriereträume: Akzeptieren Sie den Status quo und machen Sie das Beste aus der Situation. Wer am Schreibtisch sitze und von Hawaii träume, sei weder am Schreibtisch noch auf Hawaii, hat Reinhard Sprenger einmal treffend gesagt. Sie bekommen nicht nur ein (Selbst-)Motivationsproblem, wenn Sie sich nicht auf die anstehende Aufgabe einlassen, auch Ihre Mitarbeiter werden es merken, wenn Sie nur mit halbem Herzen bei der Sache sind und keine Lust zeigen, die Menschen um Sie herum kennen zu lernen.

Wenn Sie im Ausland eingesetzt werden: Lernen Sie die Sprache, zumindest einige wichtige Formeln, und nehmen Sie sich Zeit für die Anliegen Ihrer Mitarbeiter. Den Job müssen Sie ohnehin erledigen – dann können Sie ihn doch auch gleich gut machen, oder?

Machen Sie sich mit der Vorgeschichte vertraut

Loten Sie am besten schon im Vorstellungsgespräch das Setting aus, das Sie erwartet. Wenn Ihre eigenen Vorgesetzten sich zugeknöpft geben, versorgt Sie möglicherweise der Personalchef oder zwischengeschaltete Personalberater mit ein paar Schlüsselinformationen:

• Der wievielte Chef sind Sie?
• Wie lang war die Verweildauer Ihrer Vorgänger?
• Warum sind Ihre Vorgänger ausgeschieden?
• Was waren die wichtigsten Vorhaben, Projekte oder Veränderungen für das Team in den letzten Jahren?
• Wie »stabil« ist das Team? Hat es in letzter Zeit Wechsel gegeben, oder treffen Sie auf eine Mannschaft, die seit Jahren aufeinander eingespielt ist – im guten wie im schlechten Sinne?

Berücksichtigen Sie, wie Ihr Vorgänger war

Setzen Sie sich mit der Geschichte Ihres Vorgängers auseinander, denn so können Sie sich besser auf die Aufgabe und die möglichen Erwartungen des Teams vorbereiten. Auf eine Lichtgestalt zu folgen ist naturgemäß schwieriger, als die Aufgabe von einem durchschnittlich oder wenig beliebten Chef zu übernehmen. Aber es geht hier nicht nur um Sympathie oder Antipathie:

• Wie war der Führungsstil des vorherigen Chefs: demokratisch oder eher autoritär?

- Wie alt war Ihr direkter Vorgänger und wie lange war er »im Amt«?
- Worauf hat er besonderen Wert gelegt? Wofür war er im Unternehmen bekannt?
- Was waren seine größten Erfolge und Verdienste, was sein größter Fehler?

Ich habe in meiner Beratungspraxis etliche Fälle erlebt, in denen der Wechsel des Vorgesetzten eine Art Kulturschock unter den Mitarbeitern auslöste – etwa, wenn auf einen angegrauten Mittfünfziger mit hoher Unternehmensidentifikation ein ehrgeiziger, international erfahrener Mittdreißiger folgte, der erkennbar auf der Karrieredurchreise und mit allen gängigen Attributen eines High Potentials ausgestattet war. Oft soll ein solcher Generationswechsel »frischen Wind« bringen, und nicht selten entfacht er stattdessen einen Sturm der Entrüstung.

Gehen Sie als neuer Chef davon aus, dass die Mitarbeiter erst einmal »fremdeln«, und zwar umso mehr, je stärker Sie sich von Ihrem Vorgänger unterscheiden. Das bedeutet nicht, dass Sie sich verbiegen oder anpassen müssten – die Spielregeln definieren als Führungskraft schließlich Sie. Sie sollten allerdings einkalkulieren, dass Menschen Zeit brauchen, sich umzustellen. Rechnen Sie außerdem mit Unsicherheiten, wie mit Ihnen »umzugehen« ist: Beim alten Chef wusste man wenigstens, woran man war, bei Ihnen weiß man das (noch) nicht. Mit einem gut vorbereiteten Auftaktmeeting (siehe weiter unten Seite 143) geben Sie eine erste Orientierung. Und eines verbietet sich selbstverständlich von selbst: negative Kommentare zum Vorgänger. Erlauben Sie den Mitarbeitern, loyal zum »alten« Chef zu bleiben.

Machen Sie sich selbst ein Bild

Viele neue Führungskräfte werden von ihren eigenen Vorgesetzten mit vermeintlich »klaren« Aufträgen auf die Reise geschickt: »Bringen Sie mir den Laden mal richtig in Schwung!«, heißt es dann, oder »Da brauchen wir einen Modernisierungsschub«, »Da muss alles anders werden«, »Da ist noch viel Luft für Einsparungen« und so weiter. Wenn Sie Pech haben, hat man Sie auch schon entsprechend vorangekündigt als »innovativen Kopf« oder »fähigen Sanierer«. Pech deshalb, weil damit schon eine erste Front aufgebaut ist, bevor Sie auch nur einen Fuß in die

Abteilung gesetzt haben. Mal abgesehen davon, dass einige dieser Aufträge im Nachhinein auch »ganz anders« gemeint waren (Was heißt schon »Schwung« oder »moderner«?): Häufig wird mit einem solchen Briefing (bewusst?) ein kleiner Keil zwischen die neuen Leiter und das Team getrieben. Vielleicht will man das Entstehen von Solidarität vermeiden, weil man glaubt, dass nur jemand, der frei von Verbindungen ist, etwas verändern kann. So startet der neue Vorgesetzte voller Misstrauen, und sein Team befürchtet nur das Schlimmste und hat erst recht keine Lust auf Veränderungen.

Treten Sie daher nicht als Exekutor der Geschäftsleitung auf, sondern bilden Sie sich selbst ein Urteil. Starten Sie nicht mit großen Ankündigungen und vollmundigen Absichtserklärungen (zu den Gefahren dazu siehe auch das Kapitel 6, *Übersetzungsprobleme*). So simpel es klingt: Fragen Sie, dann werden Sie Antworten bekommen.

- Was läuft gut?
- Worauf sind die Mitarbeiter stolz?
- Was würden sie ändern, wenn sie dürften?
- Was waren die letzten drei Ideen, die das Team hatte, die aber leider verworfen wurden?
- Wovon träumt das Team, was hat es für eine Vision?

Bildlich gesprochen: Werfen Sie ein Tau rüber, das den Anfang zur Brücke bilden kann. Und wenn Sie eine Sehnsucht nach Konsolidierung im Team wahrnehmen, dann prüfen Sie, wie viel Raum Sie diesem Bedürfnis geben können, mal nicht wieder alles von vorn beginnen zu lassen. Vielleicht können Sie gerade dieses Konsolidieren »nach oben« als das Neue verkaufen?

Setzen Sie auf Respekt, nicht auf Beliebtheit

Erwarten Sie von Ihren Mitarbeitern nicht, dass man Sie mag. Wenn Sie einen Vorgesetzten ablösen, der seinen Hut nehmen musste, weil er »zu nah« am Team war und oder weil man ihm nach sehr langer Zeit im Unternehmen anstehende Veränderungen nicht zutraute, oder wenn Sie unpopuläre Maßnahmen wie Outsourcing oder Entlassungen umsetzen müssen, wird man Sie nicht mögen. Wenn Ihr Auftrag gegen die Interessen etlicher Mitarbeiter verstößt, werden Ihnen sogar Abwehr und Ressentiments entgegenschlagen.

Wirklich beliebt sind Chefs ohnehin selten, und um Beliebtheit geht es in dieser Rolle auch nicht – wohl aber um Akzeptanz, Motivation und Respekt. Es gehört zur Führungsrolle dazu, auch mit Unbeliebtheit leben zu können, zumindest phasenweise. Es ist Teil des Jobs, manchmal unpopuläre Entscheidungen zu treffen oder anderswo getroffene Entscheidungen umzusetzen, auch wenn Sie sich selbst eine andere Strategie gewünscht hätten. Den Respekt Ihrer Mitarbeiter gewinnen Sie am ehesten durch Fairness, Klarheit und Berechenbarkeit. Und sollten Ihre Mitarbeiter Ihnen nicht ganz so fair, offen und berechenbar begegnen, bedenken Sie, dass Ihre Messlatte ein wenig höher liegt. Sie sind die Führungskraft.

Was hilft dabei, mit Unbeliebtheit gelassen umzugehen? Eine gewisse Distanz und das Bewusstsein, dass Sie als Vorgesetzter nicht der »Kumpel« Ihrer Mitarbeiter sein können. Das schmerzt besonders jene Chefs, die aus den eigenen Reihen heraus befördert wurden und nun plötzlich feststellen, dass das gemeinsame Bier nach Feierabend ohne sie getrunken wird. Von seltenen Ausnahmen abgesehen sind Mitarbeiter nicht die richtigen Adressaten, wenn es darum geht, das eigene Bedürfnis nach Bestätigung, Anerkennung oder gar Freundschaft zu stillen. Leben Sie dieses sehr menschliche Bedürfnis anderswo aus. Verdeutlichen Sie sich bei allem Frust, mit dem Sie konfrontiert werden, bei aller Disharmonie, die zeitweise herrschen mag, dass man fast nie Sie als Person meint, sondern Ihre Funktion. Es geht um Ihre Rolle als Übermittler schlechter Nachrichten, als Vollstrecker anderswo getroffener Urteile, oder als Verkünder von Hiobsbotschaften aus der Konzernzentrale, die häufig weit weg ist.

Manchen meiner Klienten hilft dabei eine simple Visualisierung: Stellen Sie sich vor, Sie seien ein Michelin-Männchen, das oben auf dem LKW sitzt, geschützt durch dicke ringförmige Luftschichten. Und stellen Sie sich weiter vor: Alles, was Ihnen vorgeworfen wird, was an Gemecker und Schuldzuweisungen bei Ihnen ankommt, trifft nicht Sie, sondern Ihre Rolle, und prallt an den Schutzschichten des Michelin-Anzugs ab. Ein anderes Bild hat Carla Bruni, die Gattin des französischen Präsidenten Nicolas Sarkozy, im Bezug auf ihre öffentliche Rolle geprägt, doch es verkörpert dieselbe Grundidee: »Wenn jemand mit einem Stein dein Spiegelbild zerstört, fühlst du selbst keinen Schmerz.«[52]

Die ersten Tage im neuen Job

»Wer das erste Knopfloch verfehlt, kommt mit dem Zuknöpfen nicht zurande«, wusste schon Johann Wolfgang von Goethe. Das gilt auch im Job. Gleichgültig, ob es die erste oder die zehnte Position ist, die Teamleitung oder die Geschäftsführung: Jobanfänge sind immer spannend. Während des Auswahlverfahrens hat man Ihnen eine bestimmte – nicht selten geschönte – Sicht des Unternehmens präsentiert. Erst jetzt können Sie das Bild aus eigener Anschauung abrunden.

Gleichzeitig werden Ihre Mitarbeiter Sie mit bestimmten Erwartungen oder auch Befürchtungen empfangen. Mit welchen Vorankündigungen man Sie ins Rennen geschickt hat, bildet ein Risiko, das Sie schwer einschätzen oder kontrollieren können. Leider lassen wir Menschen uns leicht manipulieren und sind kaum noch in der Lage, unvoreingenommen auf andere zuzugehen, wenn sie uns in bestimmter Weise angekündigt wurden. Ob es hieß: »Das ist eine ganz zielorientierte Persönlichkeit mit viel Sanierungserfahrung in bewegtem Umfeld, die ihre Mitarbeiter mit eigenen Höchstleistungen zum Mitmachen motivierte« oder »eine Persönlichkeit, die ausgleichend und menschlich im Umgang ist und dadurch ihre Projekte erfolgreich zum Ende brachte«, macht einen großen Unterschied. Diese beiden Formulierungen würden vermutlich auch Sie jeweils anders auf die so vorgestellte Person reagieren lassen. Wissenschaftliche Arbeiten zur Personenwahrnehmung oder »sozialen Kognition« füllen ganze Bibliotheken; gemeinsam ist ihnen allen der Hinweis, dass unsere Einschätzung von Vorerfahrungen, sozialen Stereotypen und Vorinformationen abhängt.

Insofern können Sie sicher sein, dass der Text über Sie, den man am Infobrett ausgehängt hat, oder die Erläuterungen, die man Ihnen mündlich vorausgeschickt hat, in vielen Köpfen bereits ein Erwartungsbild geschaffen haben, gegen das Ihre reale Erscheinung jetzt gespiegelt wird. Und da kann es wiederum passieren, dass man zunächst versuchen wird, Ihre Gestik, Ihr Verhalten und Ihre Worte dem eigenen inneren Bild anzupassen, und keine Widersprüche erzeugen möchte. Sie werden also Zeit brauchen, bevor man Ihnen glaubt, dass Sie so sind, wie Sie sind.

Viele Fragen der Mitarbeiter stehen bereits im Raum, bevor überhaupt jemand für Ihre Position im Hause präsentiert wurde: Wie wird der Neue ticken? Was wird er mitbringen, wie viel wird er können?

Wird er mich mögen? Werde ich ihn mögen? Wird er mich fördern? Wird er sich an die Versprechen seines Vorgängers halten? Hoffentlich ist er nicht so wie der Vorgänger – oder auch: Hoffentlich ist er wie sein Vorgänger, weil ich mit dem so gut zurechtkam! Und, und, und ... Diese Fragen und Wünsche kreisen in den Köpfen, wenn Sie sich das erste Mal Ihren neuen Mitarbeitern vorstellen. Es ist an Ihnen, Antworten zu geben, die Fragezeichen aufzulösen. Und da Menschen dazu neigen, sich möglichst rasch ein Urteil zu bilden und sich anschließend von ihren Ersteindrücken nur selten wieder zu verabschieden, sollten Sie gut vorbereitet mit Ihrem neuen Team zusammentreffen.

Ihr erster Auftritt

Beim ersten Kontakt werden Sie wahrscheinlich nicht allein mit Ihren Mitarbeitern sein, sondern von Ihrem Vorgesetzten oder der Personalleitung vorgestellt. Und dabei stehen Sie zunächst daneben. Alle Augen ruhen auf Ihnen, Sie werden »beschnuppert«. Man wird jede Ihrer Gesten deuten, jedes Verhalten, jedes Nicht-Verhalten, Ihren Gesichtsausdruck, Ihre Haltung, jedes Ihrer Worte bekommt Gewicht. Insofern lege ich Ihnen eine gründliche Vorbereitung dieses Erstkontakts ans Herz.

Welches Bild wollen Sie von sich abgeben? Möchten Sie straff führend, zielorientiert und dynamisch rüberkommen oder eher sympathisch und konsensorientiert? Was ist Ihnen wichtig? Achten Sie darauf, dass Körpersprache und Auftreten dazu passen. Wer künftig ein Team in einer sozialen Einrichtung leitet, tut sich mit dunklem Anzug und Krawatte keinen Gefallen; wer herausfordernde Aufgaben in einem innovativen High-Tech-Unternehmen übernimmt, setzt besser nicht auf Cordhose und Tweedjackett. Belächeln Sie das nicht als unwichtige Äußerlichkeit: Was Sie anhaben, wirkt – ob Sie wollen oder nicht. In einem Hamburger Traditionsunternehmen wurde der langjährige Geschäftsführer, der mit Vorliebe den »Kapitänslook« pflegte (dunkelblauer Goldknopfblazer, Einstecktuch, graue Flanellhose), von einem Nachfolger abgelöst, der lässige Anzüge mit Westernstiefeln und Lederband statt Krawatte kombinierte. Der Anblick genügte, um allen klarzumachen: Hier wird sich einiges ändern. Und dass Lufthansa-Vorstand Wolfgang Mayrhuber, dem die *Süddeutsche Zeitung* nachsagt, er versuche es mit Charme, »wo andere mit der Brechstange arbeiten«[53], noch mit 60 Jahren auf jungenhafte Löckchen und Intellektuellenbrille setzt, ist sicher kein Zufall. Mit militärisch kurzem Haarschnitt und schwarzer Hornbrille wäre die Botschaft eine andere.

Achten Sie beim Erstkontakt besonders auf Ihre Körpersprache. Stehen Sie aufrecht, die Füße fest auf dem Boden, vermeiden Sie »zappelige« Gesten und suchen Sie den Augenkontakt mit *jedem* der Anwesenden, der Reihe nach, fest, interessiert und sicher. Nicken Sie und lächeln Sie, damit ist schon viel für einen guten ersten Eindruck getan. Sorgen Sie dafür, nicht hinter dem breiten Kreuz Ihrer Begleitung zu verschwinden, sondern positionieren Sie sich in der ersten Reihe. Und verschränken Sie nicht die Arme, spielen Sie nicht an Knöpfen, Manschetten, Bartzipfeln oder Löckchen, schnippen Sie nicht mit einem Stift oder wippen mit den Füßen, wenn Sie souverän wirken wollen.

Hören Sie aufmerksam zu und zeigen Sie einen interessierten Gesichtsausdruck, auch wenn Ihnen die langatmige Lobrede auf Ihre bisherige Vita, die Ihr Vorgesetzter (oder sogar Ihr Vorgänger) vielleicht anstimmt, auf die Nerven geht und Ihren Sinn für Ironie provoziert. Erwecken Sie an dieser Stelle nicht den Eindruck, es passte ein Blatt zwischen Sie und den Vorgänger oder die anderen Stellvertreter der Organisation. Hier wird mit Argusaugen beobachtet, wie Sie zueinander stehen, und daraus werden Schlüsse gezogen.

Legen Sie mit einem Auftaktmeeting eine gute Basis

Wie sind Sie als Chef? Was erwarten Sie von Ihren Mitarbeitern? Welche Spielregeln gelten in der Zusammenarbeit mit Ihnen? Die erste Sitzung mit Ihrem Team ohne einen weiteren Unternehmensvertreter ist der optimale Rahmen, Licht in dieses Dunkel zu bringen. Steigen Sie also nicht direkt ins Tagesgeschäft ein, sondern veranstalten Sie ein »Auftaktmeeting«, das ausschließlich dem gegenseitigen Kennenlernen gilt. Sorgfältig vorbereitet signalisieren Sie Wertschätzung und nehmen Ihren Mitarbeitern einen Teil der Unsicherheit, was auf sie zukommt. Außerdem gewinnen Sie einen ersten Eindruck von Ihrem Team und können spätere Einzelgespräche spezieller zuschneiden, weil Grundsätzliches bereits gesagt wurde. Inhaltlich bieten sich drei Themenblöcke an:

- Ihre Selbstpräsentation;
- Fragen der Mitarbeiter dazu und Diskussion;
- Selbstvorstellung der Mitarbeiter.

Selbstpräsentation

Stellen Sie sich zu Beginn des Meetings in fünf bis maximal zehn Minuten Ihrem Team vor. Möglicherweise haben Sie im Rahmen der Stellenbesetzung bereits eine Selbstpräsentation vorbereitet und können aus diesem Material schöpfen. Rubriken für eine solche Präsentation können sein:

- Ihr Werdegang (warum welche Ausbildung, die wichtigsten Stationen, dosiert Privates);
- Ihre Gründe, hier anzufangen (auch die Frage, wer hat wen angesprochen, über wen lief der Kontakt);
- Ihre Außensicht auf das Unternehmen (und die Vorstellungen, die Sie damit verknüpfen);
- Ihre Form der Kundenorientierung (wen sehen Sie als Kunden, was sind Ihre Glaubenssätze zum Kunden und woran haben Sie das in der Vergangenheit festgemacht?);
- Ihre Meinung zu Erfolg, Leistung oder Motivation (um ein paar Wertethemen anzureißen).

Neben solchen Hintergrundinformationen ist vor allem von Interesse, was Sie als Führungskraft kennzeichnet. Mögliche Punkte:

- Ihr Führungsstil, und woran Sie das festmachen (zum Beispiel »kooperativ« zu sein oder »zielorientiert«, was heißt das für Sie genau?);
- was Sie unter einem Team verstehen;
- was Ihnen in der Zusammenarbeit wichtig ist (Themen wie Loyalität, Respekt, Unterschiedlichkeit und so weiter);
- wie Ihr konkreter Arbeitsstil aussieht (worüber wollen Sie informiert werden, welchen Informationsweg bevorzugen Sie, wie und wann sind Sie erreichbar, soll man spontan auf Sie zukommen oder gibt es Termine?);
- was Sie unbedingt wissen wollen und worüber Sie nicht informiert sein müssen;
- was Sie überhaupt nicht mögen.

Zeichnen Sie ein klares Bild von sich: Sind Sie mehr der Typ fürs Grobe oder doch eher detailorientiert? Was sind absolute »No Gos«, wann werden Sie ungemütlich? Kurz gesagt: Sorgen Sie für Berechenbarkeit. Ihre neuen Mitarbeiter werden es Ihnen danken, denn es erspart ihnen Rätselraten und Ihnen gemeinsam einige Reibungsflächen und Missverständnisse. Je präziser Sie sind, umso besser. Hier geht es ums Informieren und Aufklären – nicht ums Fragen nach dem Motto: »Wie hätten Sie es denn gern?« Das passt sicher nicht zu den Spielregeln, die Sie aufsetzen. Denn zu den Erwartungen von Mitarbeitern an den Vorgesetzten gehört auch, dass er seine Führungsrolle ausfüllt und nicht zaudert.

Gehen Sie davon aus, dass Sie bei einer solchen Präsentation das kritischste Publikum vor sich haben, das man sich vorstellen kann. Hüten Sie sich also vor Allgemeinplätzen. Heißt es am Ende hinter vorgehaltener Hand, »Gähn, gut nachgelesen, der kennt unsere Unternehmensleitlinien, wie originell«, dann haben Sie eine Chance vertan. Wenn es Unternehmensleitsätze gibt, können Sie diese natürlich wunderbar aufgreifen für eine Präsentation. Sie sollten allerdings erläutern, was Sie konkret darunter verstehen und was Ihre Geschichte dazu ist.

▶ **Tipp: Was Sie tun können**

Ob Sie eine Präsentation vorbereiten, am Flipchart visualisieren oder ein paar Stichworte auf Overheadfolien mitbringen – die Form ist zweitrangig. Entscheidend ist, dass Sie visualisieren, um mehr Aufmerksamkeit zu bekommen und um gleichzeitig zu zeigen, dass Sie das Meeting vorbereitet haben. Das wiederum unterstreicht, dass Ihnen diese Zusammenkunft wichtig ist, und zeigt Ihre Wertschätzung der Mitarbeiter.

Fragen der Mitarbeiter und Diskussion

Um in einem Kennenlernmeeting nicht der angestrengte Alleinunterhalter zu sein, sollten Sie nach Ihrer Anfangspräsentation zu Fragen auffordern. Erfahrungsgemäß breitet sich hier oft zurückhaltendes Schweigen aus: Kaum jemand traut sich gleich aus der Deckung, schon gar nicht als Erster. Signalisieren Sie, dass Sie es ernst meinen. Fragen Sie nicht: »Noch Fragen?«, sondern: »*Welche* Fragen haben Sie jetzt?« Lehnen Sie sich anschließend im wahrsten Sinne des Wortes zurück und warten Sie ab, was für Reaktionen kommen. So kommt am ehesten eine Diskussion in Gang. Wenn das zu Ihnen passt, können Sie auch versuchen, mit einem Scherz das Eis zu brechen.

Scheuen Sie sich nicht, es zuzugeben, wenn Sie auf bestimmte Fragen noch keine Antwort parat haben. Vieles wird sich ohnehin erst klären, wenn Sie sich in Einzelgesprächen ein konkretes Bild der Situation verschafft haben. Signalisieren Sie, dass Sie sich dazu noch eine Meinung bilden müssen und dabei die Informationen und Einschätzungen des Teams und betroffener Nachbarabteilungen einbeziehen wollen. Das kommt besser an als vollmundige, aber inhaltsleere Ankündigungen.

Selbstvorstellung der Mitarbeiter

Schließlich sollten Sie auch Ihre Mitarbeiter näher kennen lernen. Bitten Sie jeden, zu drei Punkten etwas zu sagen:

• dem Werdegang vor und innerhalb dieser Firma,
• was an diesem Unternehmen, dieser Abteilung in der Vergangenheit besonders gut war und
• was er gern ändern würde, wenn er könnte.

So gewinnen Sie gleich einen guten Gesamteindruck. Möglicherweise zeichnet sich im Lauf der Runde auch schon ab, wer mit wem im Team positiv und einig zusammenarbeitet und wo es dagegen Spannungen oder Widersprüche gibt. Sie können auch bereits in der Einladung zum Auftaktmeeting ankündigen, dass Sie jeden Mitarbeiter um eine kurze Selbstvorstellung bitten werden. Insbesondere auf den unteren Hierarchieebenen, wo die Mitarbeiter seltener in der Pflicht sind, sich zu präsentieren, wird man es Ihnen danken.

Bedanken Sie sich bei jedem für sein Statement und machen Sie sich kurze Notizen. Auch das unterstreicht, dass Sie Ihre Mitarbeiter und deren Anliegen ernst nehmen. Halten Sie sich mit Kommentaren zurück, hören Sie erst einmal nur mit interessiertem Gesicht zu. Nehmen Sie auch die Wünsche und Erwartungen neutral und mit entspannten Gesichtszügen zur Kenntnis, bei denen Sie sich innerlich fragen: »Um Gottes willen, und wovon träumt der nachts?« Beenden Sie diese Runde dann mit einem zusammenfassenden Kommentar oder einer allgemeinen Äußerung, etwa so:

»Ich sehe, hier ist viel Engagement, und Sie haben tolle Ideen. Ich freue mich auf die Zusammenarbeit mit Ihnen und bin sicher, das eine oder andere Statement werden wir zu gegebener Zeit aufgreifen. Zunächst mache ich mir einen Eindruck von der Abteilung, dem Unternehmen, den Kunden, Produkten und Schnittstellen. Dann vertiefen wir unser Kennenlernen noch in Einzelgesprächen und schauen mal, wie wir die Abläufe gestalten werden. Ich freue mich darauf und komme in den nächsten zwei Wochen mit Terminvorschlägen auf Sie zu, sodass wir uns um die fachlichen Themen kümmern können.«

Ob Sie dann schon den Termin für den nächsten Jour fixe mit allen bereit haben oder auch darauf nur grob verweisen, kommt darauf an, wie schnell nach Ihrem Antritt Sie dieses Treffen stattfinden lassen. Ideal wäre es, wenn Sie an diesem Tag noch gemeinsam mit Ihrem Team zum Mittagessen gingen oder das Treffen über Mittag veranstalteten, sodass man noch bei ein paar Häppchen zusammen sitzen bleibt. Das lockert die Stimmung etwas auf, bevor alle auseinandergehen – und dann sicher über Sie sprechen werden.

Die Symbolkraft erster Handlungen

Denken Sie kurz zurück an den Führungskollegen, der seine Mitarbeiter beim ersten Zusammentreffen mit Westernstiefeln und Lederbändchen überraschte und damit weitreichende Interpretationen auslöste. Nach drei Jahren im Unternehmen würde ein derartiger Auftritt wahrscheinlich achselzuckend zur Kenntnis genommen (beginnende Midlife-Crisis?, neue Freundin?), bei Stellenantritt wird er hingegen unweigerlich symbolisch aufgeladen. Ihre Umgebung sucht noch nach der Schublade, in die man Sie stecken kann, und greift begierig jedes Indiz auf.

Ihre ersten Handlungen in der neuen Position werden so ebenfalls zu extrem relevanten Signalen: Was ist Ihnen wichtig? Und wer ist Ihnen wichtig? Ihr Hauptaugenmerk in den ersten Tagen sollte daher besser nicht der Renovierung Ihres Büros oder der Auswahl des Firmenwagens gelten. Dies gilt für alle Hierarchieebenen: Auch die französische Justizministerin Rachida Dati geriet wegen ihrer Vorliebe für Haute Couture nach Amtsantritt rasch in die Kritik. Inzwischen hat sich das Bild verfestigt, und die *Süddeutsche Zeitung* titelt spöttisch »Die Ministerin mit den teuren Strumpfhosen«.[54] (Dati war 2007 mit ihrem

Repräsentationsetat von 200 000 Euro nicht ausgekommen; ihr Pressesprecher hatte hohe fünfstellige Mehrausgaben mit »Nylonstrumpfhosen und Make-up-Sitzungen vor TV-Auftritten« begründet.) Was »Luxusfrau« Dati inhaltlich leistet oder nicht, rückte dabei immer mehr in den Hintergrund.

Ob Sie sich zum Aktenstudium im Büro vergraben oder den Kontakt zu Ihren Mitarbeitern suchen, ob Sie als Erstes mit Führungskollegen reden und anschließend mit Ihrem Team oder die Prioritäten andersherum setzen, welche Sachthemen Sie zuerst anpacken und mit wem Sie beim Mittagessen gesehen werden – aus all dem wird Ihre Umgebung Rückschlüsse ziehen. In meiner Beratungspraxis ist mir ein neuer Vertriebsleiter begegnet, der als erste Amtshandlung von allen Außendienstlern detaillierte Aufstellungen ihrer Umsätze im letzten Jahr sowie ihrer Reisekosten anforderte – per Mail und noch bevor er irgendjemanden persönlich kennen gelernt hatte. So war die Mannschaft, die er eigentlich zu Höchstleistungen motivieren sollte, schon gegen ihn, bevor sie ihn überhaupt kannte.

Machtproben und Konkurrenzkämpfe bestehen

Außerdem wird man argwöhnisch beobachten, wie Sie die ersten Machtproben bestehen – ob Sie daraus als Sieger hervorgehen oder ob man mit Ihnen leichtes Spiel hat. In vielen Teams gibt es einen Leitwolf, der Sie herausfordern wird, beispielsweise indem er in einer der ersten Abteilungssitzungen Ihre Darstellung spöttisch anzweifelt, hartnäckig kritische Fragen stellt oder sofortige Lösungen für komplexe Probleme einklagt. Vielleicht hat sich hier jemand Hoffnungen auf Ihre Position gemacht und ist mit seiner internen Bewerbung gescheitert? Und auch im Kreis der Führungskollegen müssen Sie auf die üblichen Konkurrenzkämpfe gefasst sein, auf das Gerangel um Budgets, auf das Reklamieren von attraktiven und das Abschieben von weniger attraktiven Zuständigkeiten, auf Killerphrasen oder Unkooperativität, die vor allem verhindern sollen, dass Sie zu strahlend dastehen.

Solche Herausforderungen sollten Sie souverän kontern und wenn nötig auch die Zähne zeigen. Wenn Sie einem Mitarbeiter öffentlich Provokationen durchgehen lassen, untergraben Sie Ihre Führungsrolle. Was Sie sagen, ist dabei nur halb so wichtig wie die Art und Weise, *wie*

Sie etwas sagen. Über 90 Prozent einer Botschaft sind nonverbal, betonen Sprachwissenschaftler. Eine knappe Antwort im ruhigen Ton ist oft die beste Lösung.

▶ **Tipp: Was Sie tun können**

Lassen Sie sich gar nicht erst auf Diskussionen ein, für die Ihnen im Moment noch die Hintergrundinformationen fehlen. Vertagen Sie Themen energisch, weisen Sie Killerphrasen explizit als solche zurück. So machen Sie gleich am Anfang klar, dass Fairness und Respekt nicht etwa bedeutet, dass man Ihnen auf der Nase herumtanzen kann.

Dasselbe gilt, wenn Mitarbeiter meinen, sich nicht an die allgemeinen Spielregeln halten zu müssen, zum Beispiel unaufgefordert bei Ihnen hereinplatzen statt zu berücksichtigen, wann Ihre Tür offen steht, Termine überziehen, zu angesetzten Meetings zu spät oder überhaupt nicht erscheinen, Arbeitszeitregelungen missachten oder Ähnliches. Wenn Sie ein solches Verhalten zu Beginn nicht sanktionieren, werden sich Nachahmer finden.

Gefordert ist in den ersten Wochen also eine Mischung aus Offenheit und Interesse für das neue Umfeld einerseits und klaren Ansagen für die konkrete Zusammenarbeit andererseits. Gerne wird behauptet, die ersten 100 Tage seien entscheidend für den Erfolg in einer neuen Position. Das hört sich griffig an, stimmt meiner Erfahrung nach jedoch nicht. Über Ihre Person (Ihre Persönlichkeit) bildet man sich viel rascher ein Urteil; man wartet gar nicht erst über drei Monate ab. Und für erste Sacherfolge haben Sie, wenn Sie nicht gerade als letzte Rettung in einer akuten Krise angeheuert wurden, länger Zeit.

Auf einen Blick

- Auch wenn Sie nur auf der Karrieredurchreise sind: Lassen Sie es Ihre Mitarbeiter nicht spüren, sondern engagieren Sie sich voll. Halbherzigkeit ist keine gute Grundlage für Erfolg und empfiehlt Sie nicht unbedingt für die nächste Karrierestation – und macht zudem weniger Spaß.
- Seien Sie nicht persönlich gekränkt, wenn Sie auf achselzuckendes Desinteresse stoßen. Die Ursachen liegen (zumindest zu Beginn Ihrer Zusammenarbeit) in der Vergangenheit und nicht bei Ihnen.

- Machen Sie sich mit der Vorgeschichte vertraut: Der wievielte Chef in welchem Zeitraum sind Sie? Warum gingen Ihre Vorgänger, und auf was für eine »Art« Chef folgen Sie?
- Versetzen Sie sich in die Lage Ihres Teams: Wie viele »Ab sofort wird alles anders«-Aktionen hat es in den letzten Jahren erlebt? Wie groß ist die Sehnsucht nach Konsolidierung?
- Gehen Sie davon aus, dass Sie *gegen* Ihr Team auf Dauer keinen Erfolg haben werden. Gewinnen Sie durch offenes Interesse und Berechenbarkeit den Respekt Ihrer Mitarbeiter. Verabschieden Sie sich allerdings von der Vorstellung, Sie müssten »beliebt« sein – das ist in manchen Ausgangssituationen schlechterdings unmöglich.
- Stehen Sie loyal zur Unternehmensleitung, aber vertrauen Sie deren (häufig vagen) Ausgangsbriefing nicht blind. Bilden Sie sich selbst ein Urteil.
- Denken Sie an die Symbolkraft erster Handlungen. In den ersten Wochen trägt alles, was Sie tun und sagen, zur Bildung Ihres Images im Unternehmen bei. Wichtig ist auch, erste Machtproben anzunehmen und sie souverän und entschieden zu meistern.

Kapitel 6

Übersetzungsprobleme – verstehen die Mitarbeiter, was Sie wollen?

In den vergangenen 40 Jahren hat sich ein ziemlich
abwegiger Glaube beharrlich gehalten: Wenn sich jemand
verständlich ausdrückt, ist er ungebildet.

Peter Drucker,
renommierter Managementvordenker

»[…] der nächste Schritt wäre dann die Umsetzung empirisch entwickelter Kundentypologien als interaktives Feedbacksystem. […] Klar, beide: die funktionalen und die emotionalen Benefits.« So karikiert der Schweizer Erfolgsautor Martin Suter die moderne Managersprache. Unter der ironischen Überschrift »Ein Naturerlebnis« protokolliert er das Handy-Telefonat eines wandernden Repräsentanten dieser Zunft.⁵⁵ Während die weit zurückgefallene Ehefrau sich mit zwei Kleinkindern und Kinderwagen in einer Viehsperre verkantet, kommt es zu wunderbaren Äußerungen wie: »Ich sehe da ganz klar eine Prozessoptimierung mittels Redesign der Prozesse aufgrund der Vorgaben durch die Servicestandards. Ja, Unterengadin. Wie jedes Jahr. Ja, wunderschön, super.« […] »Was wir standardmäßig brauchen, ist eine Analyse der Auswirkungen unterschiedlicher Komponenten auf die Kaufbereitschaft und das Markenimage. Ja, Luca. Nein, im November drei. Innovative Lösungswege, Erschließungen neuer Positionierungsfelder…« Offenbar interessiert sich der Gesprächspartner (vielleicht eher eine Gesprächspartnerin?) hartnäckig für das lästige Urlaubserlebnis und das Privatleben des Erfolgsmanagers.

Wenn ein Marketingleiter mit seinem Teamleiter oder Vorstand so redet, mag das keinem von beiden weiter auffallen – so üblich ist es inzwischen. Es scheint unter Managern zum guten Ton zu gehören, sich diese Sprache im Lauf der Karriere anzueignen, wenn man dazugehören will. Spätestens, wenn derselbe Marketingleiter seine Mitarbeiter im gleichen Stil über den notwendigen Personalabbau in seiner Abteilung informiert, mutiert er jedoch mit ziemlicher Sicherheit zum Feindbild, vertieft einen eventuell vorhandenen Graben zwischen sich und den

Mitarbeitern noch weiter. Und doch kennen wir alle die einschlägigen Floskeln von »Restrukturierung« über »Downsizing« bis zur »Freisetzung« von Personal. Besonderes Talent für eine als kaltherzig empfundene Managersprache, die tiefe Einschnitte hinter »denglischen« Euphemismen versteckt, bewies Deutsche-Bank-Chef Josef Ackermann in seiner Rede anlässlich der Jahres-Pressekonferenz am 3. Februar 2005:

»Das Business-Realignment-Program sieht einen Stellenabbau von insgesamt 6 400 Arbeitsplätzen vor. Durch die Integration von Kundenbetreuungs- und Produktbereichen entfallen ungefähr 2 700 Stellen in den Geschäftsbereichen von CIB und PCAM. Der Großteil, ungefähr 3 700 Stellen, betrifft Infrastrukturbereiche, wobei hier gleichzeitig rund 1 200 Arbeitsplätze durch Smartsourcing-Initiativen, das heißt Verlagerung von Arbeitsplätzen in Regionen mit niedrigerem Kostenniveau, neu geschaffen werden. Somit reduziert sich die Zahl unserer Mitarbeiter um netto 5 200.«[56]

Wer schreibt einem Topmanager solche Reden? Wer erfindet »Smartsourcing-Initiativen« und »Business-Realignment-Programme«? Martin Suter hätte seine helle Freude daran. In derselben Rede verkündete Ackermann bekanntermaßen ein Ergebnis vor Steuern in Höhe von 4,1 Milliarden Euro und löste damit einen Sturm der Entrüstung aus. Mit hohem »Netto«-Personalabbau trotz hohem Bruttogewinn hatte die Öffentlichkeit ihre Schwierigkeiten.

Damit wir uns nicht missverstehen: Ich will die Geschäftspolitik der Deutschen Bank hier nicht werten. Möglicherweise waren Ackermanns Maßnahmen im Sinne einer Stärkung der internationalen Wettbewerbsfähigkeit der Bank genau die richtigen. Aber ein Manager, erst recht einer der profiliertesten Manager in der Bundesrepublik, hat nicht nur die Aufgabe, fundierte Entscheidungen zu treffen. Er muss diese Entscheidungen seinen Mitarbeitern und in vielen Fällen eben auch der Öffentlichkeit vermitteln können. Die Erfolge der Deutschen Bank rückten nach Ackermanns kommunikativem Super-GAU völlig in den Hintergrund – eine ärgerliche Nebenwirkung dieses Kommunikationsstils.

Die Sprachsünden der Manager

Sprache kann aufrütteln, motivieren, einschläfern, einlullen, langweilen, Protest auslösen. Wie mächtig Sprache tatsächlich ist, zeigen Politiker wie Winston Churchill, der seinem Volk während des Zweiten Weltkriegs »Blut, Schweiß und Tränen« in Aussicht stellen musste, oder Barack Obama, der mit »Yes, we can!« die Mehrheit der US-Wähler hinter sich scharte; im pervertierten Sinne auch Demagogen wie Josef Goebbels, der in seiner berüchtigten Sportpalastrede am 18. Februar 1943 die Menschenmasse in der Arena so aufputschte, das sie auf die Frage »Wollt ihr den totalen Krieg?« begeistert »Ja« brüllte.

Sprache ist das wichtigste Werkzeug der Führung, wichtiger als alle Excel-Tabellen, Steuerungstools oder Managementm(eth)oden von Benchmark bis Six Sigma zusammengenommen. Dennoch verzweifeln viele Mitarbeiter an der Sprache ihrer Chefs. Einer britischen Umfrage unter 1 500 Arbeitnehmern zufolge werfen 97 Prozent der Angestellten ihren Vorgesetzten »mangelnde Kommunikationsfähigkeit« vor, meldete *Spiegel online* im Mai 2006, und ergänzte: »Sie würden es begrüßen, wenn die Chefs ihre Pläne klarer und direkter darlegen sowie auf typische Managerphrasen verzichten würden.«[57]

Das Ganze hat eine gewisse Komik, fehlt doch in kaum einem Anforderungsprofil für Führungskräfte die Kommunikationsfähigkeit. Und doch wird in immer mehr Sitzungen und Büros »Bullshit-Bingo« gespielt, eine Welle, die durch eine einzige E-Mail im Jahr 1999 ausgelöst wurde. Dabei geht es darum, auf einer Begriffsmatrix mit den abteilungstypischen Worthülsen, Modeworten und BWL-Kauderwelsch diagonal, senkrecht oder waagerecht eine Treffer-Reihe zu erzielen. Immer, wenn beispielsweise wieder von »Global Playern« oder »Visionen«, von »neu aufstellen« oder »schlanker werden« die Rede ist, wird ein Kreuz gemacht. Wer eine Serie von drei Kreuzen beisammen hat, darf je nach Gusto »Bullshit!« oder »Bingo!« rufen.

Neigen Sie auch gelegentlich zu diesem Managersprachstil? Die Fragen (vgl. Seite 154 oben) helfen Ihnen dabei zu erkennen, wie anfällig Sie dafür sind und wie Ihre Mitarbeiter Ihre Reden erleben.

Das typische Wirtschaftskauderwelsch

Was macht die Managersprache häufig so unerträglich? In den folgenden Abschnitten finden Sie die fünf typischsten Sprachsünden der Chefs im Überblick:

Formulieren Sie Klartext!

- Kommt es vor, dass Menschen bei Ihren Redebeiträgen mit dem Schlaf kämpfen oder dass Sie in leere Gesichter blicken?
- Passiert es Ihnen, dass Sie denken, die anderen seien intellektuell nicht in der Lage, Ihnen zu folgen – und so schwer sei das Thema doch gar nicht?
- Haben Sie manchmal den Eindruck, Ihre Mitarbeiter handelten, als hätten sie den Ernst der Lage, des Projekts noch immer nicht erkannt, obwohl Sie gerade kürzlich ein Meeting dazu hatten?
- Sind Sie schon einmal von heftigen negativen Reaktionen auf eine Rede überrascht worden – und das, obwohl Sie sich doch sehr um nüchterne Sachlichkeit bemüht hatten?
- Kennen Sie in Ihrem geschäftlichen Umfeld einen Redner, bei dem der Funke überspringt? Woran liegt das Ihrer Meinung nach?

Vage Floskeln und Phrasen

Wer in Krisensituationen »den Ball flach halten« oder »sich neu aufstellen will«, wer als Ziel ausgibt, »Kompetenzen besser zu verteilen« und »Synergien zu nutzen«, wer Maßnahmen propagiert, die »wertschöpfend«, »zielführend«, »ergebnisorientiert« und – nicht zu vergessen – »nachhaltig« sind, redet viel und sagt doch nichts. Eine Mischung abstrakter Fachworte und vieldeutiger Bilder ist bestens geeignet, die Zuhörer je nach Situation in schläfrige Gleichgültigkeit oder hilflosen Zorn zu versetzen. Diese Mischung erreicht den anderen nicht wirklich, weil ihre Bedeutung im Ungefähren bleibt.

Abgedroschene Metaphern

Sprachliche Bilder und Vergleiche sind ein klassisches rhetorisches Mittel, um einer Rede mehr Lebendigkeit und damit Wirksamkeit zu verleihen. Denken Sie an Franz Müntefering und seine »Heuschrecken«-Metapher: Hätte der SPD-Politiker in nüchterner Sprache »fragwürdige Geschäftspraktiken der Investmentgesellschaften« kritisiert, wäre das im täglichen Nachrichtengetöse untergegangen. Sein Bild dagegen hat sich im kollektiven Gedächtnis hartnäckig festgesetzt. Doch Vorsicht: Wenn Metaphern wirken sollen, müssen sie neu und überraschend sein. Wer heute noch »den Gürtel enger schnallen« und »die Ärmel aufkrempeln« will, löst allenfalls ein Gähnen aus. Besonders abgedroschene Metaphern werden gerne spöttisch kommentiert, etwa mit dem Hinweis, das »Licht am Ende des Tunnels« könne auch der entgegenkommende Zug sein, oder mit der Replik, es möge ja sein, dass »alle im selben Boot« säßen, nur müssten die einen im Unterdeck rudern, während der andere am Steuer stehe.

Euphemismen

Ein Euphemismus ist eine beschönigende Umschreibung unangenehmer oder negativer Sachverhalte. Auch die Managersprache wimmelt von durchsichtigen Schönfärbereien, von »suboptimalen Entwicklungen« und »Nullwachstum« bis zum »Freisetzen« von Mitarbeitern. Da wundert es fast, dass die so Beschenkten ihre Freiheit nicht so recht genießen mögen ... Euphemismen haben zu Recht einen schlechten Ruf, denn sie verschleiern den eigentlichen Sachverhalt. Das macht es dem Sprecher leichter, geht aber auf Kosten seiner Glaubwürdigkeit.

Denglisch

Fast schon Realsatire: »Will man beispielsweise jemanden bei einem Kreativ-Meeting an einem Roundtable über Skills, die State-of-the-Art sind, briefen und den Benefit vom Workflow anhand Best Practices zeigen, so ist auf den Content zu achten, damit dieser korrekt executed wird.« So zitiert die Sprach- und Kulturtrainerin Maryam Laura Moazedi in einem Beitrag über »Macht und Ohnmacht der Managersprache« den weitverbreiteten deutsch-englischen Sprachbrei, der Sprachschützer auf die Barrikaden ruft.[58] Ohne »Alignment«, »Downshifting« oder »Benchmark« kommt kaum ein »Meeting« aus. Das mag zwar superdynamisch klingen, doch längst nicht immer wissen alle, was genau gemeint ist. Und auch ohne in Deutschtümelei zu verfallen kann man sich fragen, warum Herausforderung partout »Challenge« (und herausfordern gar »challengen«), Bewusstsein »Awareness« oder Nutzen »Benefit« genannt werden muss. Richtig rätselhaft wird es, wenn das Ganze noch mit SMS-typischen Kürzeln kombiniert wird: »Roll-out ist asap!« Alles klar? Als Erkennungsmerkmal unter Insidern schafft dieser Sprachschatz vielleicht ein Zusammengehörigkeitsgefühl. Will oder vielmehr muss man Kopf und Herz anderer Zielgruppen erobern, ist er ungeeignet.

Fachchinesisch

»Es wurde eine Prozesskostenbewertung durchgeführt, und wir machen Kostenplausibilisierungen durch den Einsatz von Schattenkalkulationen. Der Projektfortschritt wird durch Quality Gates überwacht«, zitiert die *Frankfurter Allgemeine Zeitung* aus der Mitarbeiterzeitschrift eines Konzerns und überschreibt das Ganze »Wild wucherndes Wirtschaftskauderwelsch«.[59] Ein anderes Beispiel: »Innovative Konzepte und adäquate Prozessmethoden werden erfolgsorientiert eingesetzt, um Synergien effizient zu nutzen und bei diesem integrierten Ansatz Ressourcen systematisch zu optimieren, damit nachhaltig relevante Strukturen für Wachstumspotenziale geschaffen werden, um auch in Zukunft an zentralen Informationsschnittstellen strategisch Erfolgshebel zu errichten.«[60] Das muss man dreimal lesen, um dennoch anschließend zu rätseln, was konkret gemeint sein könnte.

Das betriebswirtschaftliche Vokabular kopiert den universitären Sprachstil, der der Abschottung und der Aufwertung des eigenen Fachgebiets dient (und gelegentlich auch bemäntelt, wie dünn die Bretter sind, die hier gebohrt werden). Dass man es mit einer Fachsprache zu tun habe, die um der Exaktheit willen unerlässlich sei, bezweifelt auch Managementexperte Fredmund Malik: »Wir sind hier weit von der in anderen Disziplinen längst erreichten Präzision entfernt. In fast jeder Diskussion kann ich erleben, dass es Führungskräfte gibt, die keine klaren Begriffspositionen haben und ihre Meinungen drehen, wie es gerade passt.«[61]

Die Folgen der Sprachsünden

Tiefe Gräben zwischen Management und Belegschaft wurden schon in der Einleitung diagnostiziert, die Chefetage wurde als »Paralleluniversum« beschrieben. Ein Großteil dieser Entfremdung ist sprachlicher Natur: Eine sich abschottende, unverständliche Sprache, die an der Zielgruppe vorbeigeht, trägt wesentlich zum Feindbild Chef bei – siehe die oben angeführten Auszüge aus der Rede von Dr. Josef Ackermann. Wenn Paare nicht mehr miteinander reden können, ist der Gang zum Scheidungsanwalt nicht mehr fern; wenn Manager ihre Entscheidungen nicht mehr plausibel machen können, werden sie als arrogante Machtmenschen wahrgenommen, denen es ausschließlich auf Profitmaximierung ankommt. Das wiederum verstärkt die Kluft zwischen »denen da oben« und »uns hier unten« und macht es Mitarbeitern leicht, in eine Opferrolle zu schlüpfen und ein Feindbild aufzubauen. Für den Rhetorikexperten Alexander Kirchner hat diese Managersprache im Wesentlichen zwei Auswirkungen: erstens Frustration oder »die Enttäuschung darüber, den anderen inhaltlich beim besten Willen nicht verstehen zu können«, und zweitens »die Enttäuschung, als Zuhörer nicht ernst genommen und stattdessen mit beliebig austauschbaren und hohlen Begriffen abgespeist zu werden«.[62]

Zum sachlichen (Verständnis-)Problem kommt also das noch schwerer wiegende Beziehungsproblem hinzu: Wer über den Kopf des anderen hinwegredet, wer weder auf dessen Kenntnisstand noch auf dessen Sorgen und Befürchtungen Rücksicht nimmt, der signalisiert unterschwellig: »Du bist mir nicht wichtig.« Und wer in leeren Worthülsen stecken bleibt, vermittelt womöglich den noch schlimmeren Eindruck, sein Gegenüber für so dumm zu halten, dass man ihm leicht sprachlichen Sand in die Augen streuen könne. Mögliche Fehler durch Missverständnisse sind die eine Folge einer abgehobenen Managersprache – noch gravierender ist jedoch der Verlust der Glaubwürdigkeit.

Wer klingt wie alle anderen auch, wird austauschbar. Warum sollte man ausgerechnet Ihnen glauben, wenn Sie in Krisenzeiten den bekannten Mix aus markigen Durchhalteparolen und vermeintlich unanfechtbaren Business-School-Weisheiten anstimmen? Das haben Ihre drei Vorgänger im Zweifel auch schon erzählt, und hinterher kam es wieder einmal anders. Im Kapitel *Wunschdenken* wurde deutlich, dass die Beziehung zwischen Chef und Mitarbeiter, Führenden und Geführten, immer eine persönliche ist, ob Sie das mögen oder nicht. Man folgt einem Menschen, dem man bestimmte Eigenschaften zuschreibt; gesichtslose Funktionsträger lassen einen kalt. Die gängige Wirtschaftssprache jedoch hat zwangsläufig einen uniformierenden Effekt, die Persönlichkeit verblasst hinter den Floskeln und Phrasen, die Authentizität leidet. Wenn man nicht weiß, wer Sie sind und wofür Sie stehen, wird man dem, was Sie sagen, mit Skepsis begegnen – und zwar vor allem dann, wenn es besonders darauf ankommt, wenn Sie unangenehme Botschaften zu überbringen haben oder für unpopuläre Maßnahmen werben müssen. In solchen Situationen müssen Sie vielmehr den bekannten Managerjargon abstreifen und »anders« mit Ihren Mitarbeitern reden können.

Mehr Persönlichkeit macht glaubwürdig

»Wenn wir die Richtigkeit einer Argumentation nicht überprüfen können, werden wir uns im Zweifel fragen, ob uns der Mensch, der die Worte sagt, glaubwürdig und seriös erscheint«, schreibt der Managementtrainer und Rhetorikexperte Albert Thiele in seinem Erfolgsbuch *Die Kunst zu überzeugen*.[63] Wer um Vertrauen wirbt, muss vertrauenswürdig wirken; wer Zuversicht verbreiten will, sollte keinen zögerlichen oder unsicheren Eindruck machen. Wir alle sind immer wieder in der Situation, Menschen unser Vertrauen schenken zu müssen, ohne den Wahrheitsgehalt ihrer Aussagen oder ihre Kompetenz wirklich beurteilen zu können: Wir konsultieren Ärzte und Rechtsanwälte, beauftragen Architekten und Steuerberater, engagieren Tagesmütter und Handwerker. Bei manchen von ihnen haben wir spontan ein »gutes Gefühl«, bei anderen sind wir skeptisch und konsultieren lieber noch einen Kollegen, holen ein zweites Angebot ein. Woran machen wir den Unterschied fest? Warum glauben wir dem einen, dem anderen hingegen nicht, selbst wenn die inhaltlichen Empfehlungen am Ende gar nicht weit auseinanderliegen? Wie wirkt man glaubwürdig?

Wie Sie Ihre Mitarbeiter erreichen

»Glaubwürdigkeit ist der Einklang zwischen Eindruck und Ausdruck: Übereinstimmung zwischen dem *Was* und dem *Wie*«, so Albert Thiele.[64] Wie verheerend ein Missklang zwischen verbalen und nonverbalen Mitteln wirken kann, zeigt Edmund Stoibers berüchtigte Transrapid-Erläuterung, eine kabarettreife Leistung: Stoiber verhaspelte sich so oft und streute so viele seiner berüchtigten »Ähs« ein, dass sich keine Begeisterung für das (inzwischen begrabene) vermeintliche Jahrhundertprojekt einstellen wollte.[65] Manchmal habe ich mit Herrn Stoiber gelitten, weil die Häme über seine Rhetorik groß war und seine Stärken verblassen ließ. Hätte er selbstkritisch oder humorvoll innehalten können und über sich und seine rhetorische Un-Stärke schmunzeln können, wäre das sehr authentisch und liebenswert gewesen. Man denke nur an den »Problembären«, ein Wort, das wir neben dem »Schadbär« und »Normalbär« (alle anlässlich der Erlegung von Problembär Bruno erfunden) auch Herrn Stoiber zu verdanken haben. Wie Sie es besser als Edmund Stoiber machen, das zeigt dieses Kapitel.

Stehen Sie zu Ihrer Persönlichkeit

Verstecken Sie sich nicht hinter nichtssagenden Floskeln, sondern verleihen Sie Ihrem Auftritt eine persönliche Färbung. Selbst wenn Sie kein Talent zu großen Reden haben (und das haben augenscheinlich die wenigsten), kann man in seiner Persönlichkeit überzeugend sein. Ein Beispiel: Ein Kunde, Unternehmer, eher zurückhaltend und technisch orientiert, ein genialer Bastler, der viel aufgebaut hat, aber nicht gerne »große Reden« schwingt, hat die Erfahrung gemacht, die Geduld seiner Zuhörer durch unbeholfene Auftritte zu strapazieren. Er bekennt sich also eingangs offen zu dieser Schwäche:

»Liebe Mitarbeiterinnen und Mitarbeiter, Sie wissen, ich bin kein großer Redner, und mein Fachgebiet ist eher das Handeln als das Sprechen. Was ich Ihnen heute vorstellen werde, ist unsere neue Geschäftsausrichtung für die kommenden Jahre. Das Thema ist umfassend und berührt viele Punkte. Ich gehe davon aus, dass Sie Fragen haben werden, und bitte Sie herzlich, diese am Ende meines Vortrags zu stellen, damit wir alle mit einem klaren Blick auf unsere Zukunft auseinandergehen können.«

Am Ende der Rede wiederholte er seine Aufforderung und fragte: »Welche Fragen haben Sie noch?« – statt ein militärisch-knappes »Noch Fragen!?« anzuhängen, in dem immer die Befürchtung mitzuschwingen scheint, es werde sich doch wohl nicht wirklich jemand erdreisten nachzuhaken... Anschließend schwieg der Redner und schaute in die Zuhörerrunde, in einer Körperhaltung, die wirkliches Interesse zeigte. Es wurde eine lebendige Versammlung mit vielen klaren Aussagen am Ende. Der Redner wurde als authentisch wahrgenommen, nicht als jemand, der seinem Publikum mithilfe glatter Floskeln etwas vormachen wollte oder Charts präsentierte, die offensichtlich die Unternehmensberatung erstellt hatte.

Wenn Sie einmal überlegen, wen Sie selbst als glaubwürdig wahrnehmen, dann sind das vermutlich nicht die ganz stromlinienförmigen (und daher austauschbaren) Typen, sondern die mit kleinen Ecken und Kanten. Adidas-Chef Herbert Hainer steht zu seinem bayrischen Dialekt und wird auch deshalb als pragmatisch und erdverbunden wahrgenommen; Wendelin Wiedeking redet gern Klartext und legt sich auch schon mal mit der Managerkaste an, wenn er beispielsweise die Subventionsmentalität der Großindustrie als »Abzockerei« geißelt; BASF-Lenker Jürgen Hambrecht wirkt in Auftritt und Kleidung noch immer wie ein grundsolider Ingenieur alter Schule. »Vorstandsvorsitzender Hambrecht, ein promovierter Chemiker mit schwäbischem Akzent, praktischer Frisur und eher preiswerten Anzügen, galt stets als Gegenentwurf zu den schnöseligen Yuppies und arroganten Managertypen in den Chefetagen anderer Unternehmen«, schreibt der *Spiegel* im Januar 2009.[66] So jemandem nimmt man ab, dass ihn das Stilllegen einzelner Anlagen im Zuge der Wirtschaftskrise auch persönlich schmerzt und dass er solche Entscheidungen nicht leichtfertig trifft.

Stehen Sie (gelegentlich) zu Emotionen

Natürlich sollen Sie nicht Ihr Innerstes nach außen kehren. Dafür weht der Wind in vielen Branchen und Unternehmen zu rau. Als temperamentloser Technokrat gewinnen Sie jedoch keine Herzen. Viele Manager sind jedoch so sehr bemüht, jegliche Emotion »draußen« zu lassen, dass sie wie nüchterne Bürokraten und bloße Erfüllungsgehilfen der Shareholder wirken. Wenn Ihnen eine Maßnahme schwerfällt, darf man Ihnen das ruhig anmerken, wenn Sie begeistert von einer Innovation oder sich bietenden Chancen sind, dann erst recht. Dafür müssen Sie nicht über die Bühne hüpfen wie Microsoft-Chef Steve Ballmer in seinem legendären Auftritt, der im Aufschrei »I love this company!!!!« endete – auch leisere Töne werden durchaus verstanden.

Anlässlich einer Führungskräfteversammlung musste ein Unternehmer seinen engsten Mitarbeitern mitteilen, dass einer seiner Kollegen gerade in die Psychiatrie eingeliefert worden sei, weil er buchstäblich über Nacht »verrückt« geworden war. Einige der Anwesenden hatten das am Morgen auch selbst live miterlebt. Der Unternehmer war so betroffen von der schweren Erkrankung seines Kollegen und den Auswirkungen auf dessen Familie, dass er sprachlich stockte, mit der Stimme rang und sichtlich um Fassung bemüht war.

Oder das Beispiel eines meiner Klienten, der sich so über einen Großauftrag freute, dass er beim ehrlich gemeinten Satz des Dankes an die Teams, die dieses Wunder für das Unternehmen möglich gemacht hatten, mit den Tränen der Freude kämpfte, ein Baum von einem Mann. Er freute sich, lachte, breitete die Arme aus, während er auf dem Podium stand, und dann kamen ihm die Tränen, die er mutig mit dem Handrücken wegwischte. Und der Applaus danach kam so von Herzen, dass eine »Ganzkörpergänsehaut« fast alle erfasste. Das schaffte ein Wir-Gefühl, das kein Broschürentext und keine freundlich-distanzierte Dankesmail erreicht.

Oder die authentisch vorgetragene Antrittsrede eines frisch in die übernächste Hierarchiestufe beförderten Managers, der sich über Jahre in dem Unternehmen hochgearbeitet hatte und nun das erste Mal vor seinen Mitarbeitern und der Geschäftsleitung stand. Er sagte: »Ich bedanke mich für das in mich gesetzte Vertrauen und für die Chance, die ich hier bekomme. Und ich werde alles tun, um dieses Vertrauen zurückzugeben und niemanden zu enttäuschen. Ich bin mir der Ehre bewusst, in Zeiten wie diesen so eine Aufgabe zu übernehmen.« Und dabei stand er fest auf dem Boden, schaute in die Runde und war emotional-stimmlich berührt. Und diese Wortwahl, die von Herzen kam: Chance, Vertrauen, Ehre, Dankbarkeit. Alle anwesenden (ausschließlich Männer) schwiegen, waren ergriffen und haben innerlich ihre Loyalität zu ihm erklärt. Ganz sicher wird sein Vertrauensvorschuss groß sein, und viele werden daran mitarbeiten, ihn erfolgreich sein zu lassen.

Achten Sie auf die richtige »Bühnenwirkung«

Die Theaterwissenschaftlerin Brigitte Biehl besuchte zwischen 2002 und 2006 35 Aktionärsversammlungen, sichtete 50 Videomitschnitte und analysierte die Wirkung der vortragenden Vorstände. Ihr Fazit im *Harvard Business Manager:* »Widersprechen sich Firmenslogan, Anspruch und Selbstdarstellung, reagieren die Zuschauer instinktiv irritiert. Das Management hat es schwer, sein Publikum zu überzeugen.«[67] Biehl schaute sich an, wie die Topmanager ihre Bühne nutzen, und entdeckte dabei etwa folgende Fehler:

- Die Manager der Telekom mussten 2003 das Vertrauen ihrer Aktionäre zurückgewinnen. Im Saal empfängt die Zuhörer das riesige Video eines Artisten, der mit Tennisbällen jongliert. Sie ahnen, zu welchen Witzchen das die Hereinkommenden ermunterte …
- Für den bereits umstrittenen und als machtbesessen geltenden damaligen DaimlerChrysler-Chef Jürgen Schrempp wurde eine Art »Erker« auf der Bühne eingerichtet, von dem aus er sich ans Publikum (oder vielleicht besser »an sein Volk«?) richtete.
- Der Zuhörersaal wird generell gern in Halbdunkel gehüllt, obwohl eine Aktionärsversammlung per definitionem für Transparenz sorgen soll.

Biehl nennt weitere Beispiele und hat ihre Erkenntnisse inzwischen auch zu einem Buch verarbeitet.[68] Sie bestätigt die These, dass vor allem offensichtliche Widersprüche an der Glaubwürdigkeit der Vortragenden kratzen – Widersprüche zwischen den beabsichtigten Botschaften und den eingesetzten verbalen und nonverbalen Mitteln sowie anderen Kontextelementen.

Wie sensibel Zuhörer auf solche Inkonsistenzen reagieren, konnten Millionen Fernsehzuschauer im November 2008 miterleben: Auf allen Kanälen wurde ein Ausschnitt der Kongressanhörung der Vorstandschefs der »Big Three« in der US-Automobilindustrie gesendet. Die Topmanager von GM, Chrysler und Ford waren nach Washington gereist, um 25 Milliarden Dollar Soforthilfe für ihre maroden Unternehmen mit nach Hause zu nehmen. Keiner von ihnen hatte ein Konzept in der Tasche, was schon schlimm genug war. Noch schlimmer allerdings war, dass alle drei aus Detroit im Privatjet eingeschwebt waren – und zwar getrennt. Ein Kongressmitglied examinierte sie wie Schulbuben zur Frage ihrer Anreise und ließ ausdrücklich für das Protokoll festhalten, dass keiner von ihnen zum sofortigen Verkauf des Jets bereit war. »No hands raised«, lautete sein schneidendes Fazit. Unglaubwürdiger kann man sich kaum machen.

Wer glaubwürdig wirken will, muss also seinen eigenen Stil finden. Das unterstreicht auch Jürgen F. Studt, früherer Vice President Strategic Projects Retail Europe (ja, auch Jobtitel sind ein wunderbares Feld für Wortungetüme…) und Mitglied des Aufsichtsrates der Deutschen BP AG. Sein Kommentar zur üblichen Managersprache:»Nun, es ist eben einfacher, sich solcher Phrasen zu bedienen, die wenig angreifbar sind. Derlei Aussagen sind naturgemäß austauschbar. Klare, eigene, personenbezogene Festlegungen setzen die Bereitschaft voraus, sich zu öffnen. Stil ist aus meiner Sicht immer etwas sehr Persönliches und indiziert, wo eigene Schwächen liegen beziehungsweise wo Vorsätze bestehen, noch an sich arbeiten zu wollen. Diese Einsichten erfordern Mut.«[69]

Die Hauptvorbereitung für Auftritte auf Betriebsversammlungen, Eingangsstatements in heiklen Besprechungen, Selbstvorstellungen bei Jobantritt oder Ansprachen zu Jahresbeginn besteht daher darin, auf folgende Fragen eine eindeutige Antwort zu geben:

• Wofür stehen Sie? Was macht Sie als »typisch Müller« aus?
• Wie stehen Sie ganz persönlich zum Thema, um das es geht, jenseits aller taktischen und strategischen Überlegungen?
• Wie viel von Ihrer persönlichen Befindlichkeit kann, darf und sollte bei Ihrem Auftritt rüberkommen (ohne dass Ihre Professionalität Schaden nimmt)?

Außerdem müssen Sie natürlich vorab herausarbeiten, was Ihre Kernbotschaften sind und auf welche Weise Sie diese vermitteln wollen. Mehr hierzu im nächsten Abschnitt.

Tipps und Tricks für Ihren Auftritt

Die Rhetorik hat eine jahrtausendealte Tradition. Schon in der griechischen Antike kam man überein, eine gelungene Rede wurzele in folgenden Schritten: *inventio* (Finden der Argumente), *dispositio* (Gliederung), *elocutio* (sprachliche Gestaltung: Worte, Bilder, Satzbau und so weiter), *memoria* (Einprägen für den mündlichen Vortrag) und *pronuntiatio/ac-*

tio (wirksamer öffentlicher Vortrag; Körpersprache und Stimme). Bis heute schöpfen Autoren aus dieser Quelle, etwa das Team um Friedemann Schulz von Thun mit seinen »vier Verständlichmachern«.[70] Diese lauten: Einfachheit, Gliederung und Ordnung, Kürze und Prägnanz sowie zusätzliche Anregungen (wie Bilder und Beispiele). Erwarten Sie also bitte nichts Neues von mir. Es geht mir auf den folgenden Seiten vielmehr um die Zusammenstellung bekannter Elemente einer guten Rede, ergänzt um Beispiele aus der Unternehmenspraxis.

Worum geht es und was wollen Sie bewirken?

»Beherrsche die Sache, dann folgen auch die Worte«, so Cato der Ältere um 200 vor Christus. Der Staatsmann, Feldherr und Schriftsteller dürfte aus eigener Erfahrung gesprochen haben. Das heißt also: Wer sich in seinem Thema zu Hause fühlt, kann es auch souverän vermitteln. Leider tragen Topmanager nicht selten Reden vor, die andere für sie formuliert und die sie vor ihrem Auftritt allenfalls »grob überflogen« haben. Kein Wunder, dass sie dann gern auf Nummer sicher gehen und sich hinter Fachbegriffen und nüchternen Charts verschanzen. Ihrer angespannten Körpersprache kann man dann manchmal ansehen, wie sehr sie hoffen, dass niemand nachfragt und sie den einen oder anderen Punkt nicht erläutern müssen, wohl wissend, dass sie nicht vorbereitet sind.

Um überzeugen zu können, führt jedoch kein Weg daran vorbei, sich über folgende Aspekte im Klaren zu sein:

- Aus welchem Grund findet die Versammlung überhaupt statt?
- Wie genau lautet das Thema? Wenn Sie Schwierigkeiten haben, das Thema in einem (kurzen!) Satz zusammenzufassen, gehen Sie noch einmal in sich!
- Welche Botschaft(en) soll(en) rüberkommen? Mit welcher Überzeugung sollen die Zuhörer den Raum verlassen?
- Wie steht Ihre Zielgruppe zum Thema? Welche Grundannahmen und Erfahrungen, Bedenken und Hoffnungen sowie Erwartungen bringen Ihre Zuhörer mit?
- Wie können Sie Annahmen korrigieren, Erfahrungen aufgreifen oder konterkarieren, Bedenken entkräften und Hoffnungen (wenn angebracht) bestärken?

Als ultimativen Test mache ich mit meinen Coaching-Klienten vor wichtigen Auftritten gerne eine Übung unter der Überschrift: »Erklären Sie es mir, als ob ich zwölf Jahre alt wäre!« Manche Kunden schmunzeln erst einmal, und man sieht ihnen deutlich die Überzeugung an, diese Bitte mit links erfüllen zu können – doch dann wird es meist unerwartet schwierig. Ein Umsetzungsbeispiel finden Sie weiter unten ab Seite 173. Zunächst jedoch ein paar weitere Tipps für eine gelungene Rede.

Länge

»Sprich über alles, aber nicht über 20 Minuten«, soll Martin Luther gesagt haben. Erinnern Sie sich an den letzten ermüdenden Vortrag, den Sie über sich ergehen ließen: Ihre Gedanken begannen mit Sicherheit spätestens nach dieser Zeitspanne zu wandern, wenn der Redner nicht außergewöhnlich fesselnd erzählt hat. Und fesselnd waren dann sehr wahrscheinlich nicht die immergleichen Balken-, Netz- oder Tortendiagramme, sondern farbige Beispiele und Storys (siehe unten). Fassen Sie sich also so kurz wie eben möglich. Viel hilft hier nicht viel, im Gegenteil. Und proben Sie, wie lange Sie tatsächlich brauchen, denn: Es dauert immer länger, als man denkt!

Struktur

Sie brauchen eine deutlich erkennbare Gliederung, die wie eine übersichtliche Landkarte Ihre Zuhörer mitnimmt auf die gemeinsame Reise. Verweisen Sie immer wieder darauf, wo Sie gerade sind und was noch vor Ihnen und den Zuhörern liegt. So stellen Sie sicher, dass selbst diejenigen, die kurz innerlich ausgestiegen sind oder bei einem Punkt gedanklich verweilt haben, wieder den Anschluss finden. Dazu können Sie etwa ein Gliederungschart immer wieder zeigen und das kommende Thema farbig kennzeichnen. Das ist wichtig für visuelle Typen, die sich allein vom Gehörten schwer merken können, wo man ist und was noch folgt. Verstärken Sie die Gliederung daneben durch Übergangssätze wie etwa:

- »Kommen wir jetzt zu der Frage, was das konkret für uns bedeutet.«
- »Gehen wir jetzt zum nächsten Punkt, in dem ich Ihnen die Rechnung erklären möchte, die uns zu dieser Entscheidung führte.«

- »Nun möchte ich Sie mit der Vorgehensweise bekanntmachen, die unserer Entscheidung folgt. Dabei kommen wir auch zu der Frage, was das für Sie bedeutet.«
- »Zum Schluss möchte ich mit Ihnen einen Blick in die Zukunft wagen. Auch wenn wir im Vorstand leider keine Glaskugel haben, wir gehen davon aus, dass … Und demzufolge werden wir …«

Struktur heißt auch: Ihre Rede hat Anfang, Hauptteil und Schluss. Viele Vortragende stolpern am Schluss des Hauptteils gleich zum Ende: »So viel von mir.« Doch auch hier gilt: Mit dem Anfang wecken Sie die Aufmerksamkeit, mit dem Ende entlassen Sie Ihre Zuhörer.

Überlegen Sie deshalb genau, wie Sie starten wollen. Was für ein Anfangssatz wird Ihre Zuhörer aufhorchen lassen? Etwas mehr als ein müdes »Liebe Mitarbeiterinnen und Mitarbeiter, ich begrüße Sie herzlich zu … Ich möchte Sie heute informieren über …« sollte es schon sein. Je nach Anlass kann das ein verblüffendes Zitat oder ein Scherz sein oder auch ein offensives Aufgreifen der Stimmung im Unternehmen: »Ich weiß, dass viele von Ihnen heute mit einem ungutem Gefühl und mit Sorgen in diese Versammlung gekommen sind.«

Ein gutes Ende zu finden kostet ebenfalls Zeit. Auch dieser Aufwand lohnt sich, denn mit der Stimmung, die Sie mit dem letzten Satz erzeugen, kehren Ihre Mitarbeiter wieder an den Arbeitsplatz zurück. Das zuletzt Gesagte bleibt hängen. »Was ist zu tun und wie sieht ein Blick in die Zukunft aus?« – diese Frage könnte beispielsweise die Schlusswendung einleiten.

Zielgruppe

Ein Großteil des Erfolgs besteht darin, adressatengerecht zu kommunizieren, sich also schon zu Beginn der Vorbereitung zu fragen: »Wen habe ich vor mir?« Die Charts, die Sie dem Arbeitgeberflügel im Aufsichtsrat zeigen, sind nicht geeignet, um auch den Journalisten, den Mitarbeitern oder Betriebsräten zu erklären, worum es geht. Idealerweise gibt es mindestens drei Präsentationen zu jedem Thema: eine für Mitarbeiter und Betriebsräte, eine zweite für Presse und Öffentlichkeit – also auch für die Familien der Mitarbeiter, die ein Stück weiter vom Geschehen entfernt sind –, und eine dritte für die Arbeitgeberseite sowie für

Stakeholder, Anteilseigner oder Analysten. Jede dieser Gruppen braucht etwas anderes, andere Geschichten, einen anderen Schwerpunkt – die einen mehr Zahlen und Hintergrund, die anderen mehr Zukunft und Chancen, die dritten mehr geerdete Realität zum Anfassen.

Außerdem sollten Sie einkalkulieren, dass Ihre Zuhörer und Zuschauer individuell unterschiedlich empfänglich sind für verschiedene Kommunikationskanäle. In meinem Buch *Die 10 größten Führungsfehler und wie Sie sie vermeiden* habe ich bereits die vier Kommunikationstypen vorgestellt, die Bernice McCarthy 1979 auf der Basis der Psychologie C.G. Jungs entwickelte.[71] Das Modell unterscheidet folgende Typen:

- *Visionär:* zukunftsorientiert, stark visuell geprägt, fragt, wohin etwas führt: Wozu (noch)?
- *Sinnsucher:* will wissen, wie sich etwas in den aktuellen Kontext einfügt, eher auditiv veranlagt (gesprochenes Wort), fragt: Warum?
- *Pragmatiker:* unmittelbar umsetzungsorientiert, will mittun und loslegen, erschließt sich die Welt kinästhetisch, also durch Anfassen und Mitmachen, fragt: Was (tun wir)?
- *Gründlicher:* faktenorientiert, analytisch und sorgfältig, braucht Basisdaten und Details, fragt: Wie (genau)?

Im Idealfall bieten Sie allen Typen im Verlauf Ihrer Rede etwas, erklären den »Sinnsuchern« das Warum und den genauen Kontext, bieten den »Gründlichen« Zahlen, Daten und Fakten, beflügeln die »Pragmatiker« mit Aktionsplänen und gewinnen die »Visionäre« mit einem Ausblick auf die Möglichkeiten, die all das bieten wird, für sich. Bestimmte Foren werden Ihnen außerdem einen eindeutigen Schwerpunkt nahelegen – vor einer Gruppe von Ingenieuren werden Sie anders reden als vor Finanzanalysten, vor Handwerkern anders als vor PR-Managern.

Skizzen und Bilder

Visualisieren Sie, um verstanden zu werden. Die Erkenntnisse des NLP (Neurolinguistisches Programmieren) ergänzen die Theorie der Kommunikationstypen: Danach sind rund 30 Prozent der Menschen primär auditiv orientiert, nehmen also Informationen und Eindrücke hauptsächlich mit den Ohren auf. Rund weitere 30 Prozent sind visuelle Typen und lernen mit den Augen: Charts, Bilder, Filme, Zeichnungen oder selbst grobe Skizzen am Flipchart helfen ihnen zu verstehen.

Man erinnert sich leichter an die Skizze mit der gezackten Umsatzkurve, die die Schwankungen im Jahresverlauf vor Augen führt, als an warme Worte. Warum man mal in Schichten arbeiten muss und dann wieder Kurzarbeit oder »Zwangsurlaub« droht, erschließt sich so eher. Ein Bild ist auch deshalb gut, weil es von Mitarbeitern unter Kollegen oder zu Hause in der Familie schnell rekonstruiert und damit nachvollzogen werden kann. Ein verständnisvolles »Ach so!« ist häufig die Reaktion auf eine Skizze.

Sprachliche Bilder

Wenn Sie mit Vergleichen und Metaphern arbeiten, malen Sie originelle Bilder. Sattsam bekannte Standardvergleiche wirken floskelhaft und haben daher kaum Überzeugungswert. Einen defizitären Unternehmensbereich als »Fass ohne Boden« zu bezeichnen löst allenfalls ein müdes Gähnen aus. Wenn Sie dagegen ausmalen, ebenso gut könnten Sie sich jeden Morgen im sechsten Stock ans Bürofenster stellen und 30 000 Euro zum Fenster herauswerfen, ist die Wirkung stärker.

Beispiele

Beispiele veranschaulichen, machen abstrakte Fragen konkret und sind eines der wichtigsten didaktischen Mittel überhaupt. Statt nur zu sagen: »Unsere Wettbewerber in China können unsere Preise um bis zu 40 Prozent unterbieten«, halten Sie doch einfach mal zwei optisch kaum zu unterscheidende Werkstücke in die Höhe und sagen Sie: »Unser Problem sieht so aus. Das ist unsere Steckverbindung Artikel-Nr. 123 zum Preis von 4,95 Euro, mit der wir bisher ein Viertel unseres Umsatzes gemacht haben. Und hier ist eine Steckverbindung der chinesischen Firma XY. Preis: 2,99 Euro. Welche würden Sie kaufen, wenn beide im Baumarkt nebeneinanderliegen?« Wann immer es sich anbietet, Beispiele nicht nur zu erzählen, sondern durch Gegenstände zu untermauern, nutzen Sie diese Möglichkeit!

Mitarbeiter möchten außerdem die Frage beantwortet wissen: »Was hat das alles mit mir zu tun?« Das Kerninteresse fokussiert sich letztlich doch auf das eigene Erleben, den eigenen Job, auf zu befürchtende Veränderungen für einen selbst, für die eigene Familie und das eigene Portemonnaie. Dazu können Ihre Ausführungen gar nicht konkret genug sein, bis hin zu Punkten, die wirkliches Interesse entfachen: Wo genau wird die neue Halle gebaut? Was muss man lernen, um die neuen Maschinen zu bedienen? Wo sitzen die neuen Kunden und was für Anforderungen haben die konkret? Wie viel von dem, was bisher war, wird erhalten bleiben können? Was müssen wir ändern, um auch diese Kunden zufriedenzustellen?

Greifen Sie die Überlegungen und Ängste der Mitarbeiter auf und antworten Sie darauf. Und wenn Sie keine Ahnung haben, was die Menschen »weiter unten« umtreibt, sprechen Sie mit dem Betriebsrat oder der Personalabteilung – oder stellen Sie einen »Kummerkasten« auf, in dem man diskret und anonym seine Fragen loswerden kann. Sie können das Thema auch auf moderne Weise durch eine Fragen-Antworten-Sammlung im Intranet lösen – oder Sie stellen sich sogar zum Chat im Intranet zur Verfügung, um direkt mit Mitarbeitern virtuell in Kontakt zu kommen.

Storys

Natürlich können Sie die Dinge knapp auf den Punkt bringen: »Wir müssen den Interessen des Kapitalmarkts gerecht werden und daher die Kosten senken.« Zu Mitarbeitern, die um ihre Arbeitsplätze fürchten, werden Sie mit diesem Statement kaum durchdringen.

Ein mittelständischer Unternehmer, circa 60 Jahre alt, wählte einen anderen Weg und erzählte auf einer Betriebsversammlung davon, wie er einem 28-jährigen Harvardabsolventen von Standard & Poor's gegenübersaß und ihm in Englisch (dessen, aber nicht der eigenen Muttersprache) erklären musste, wie er sich die Zukunft des eigenen Unternehmens vorstellte. Alle enthusiastischen Pläne, die der Unternehmer hatte, alle Erfahrung und Geschichten interessierten den jungen Mann nicht. Kaltschnäuzig und arrogant fragte er nach harten Kennzahlen, nach berechenbaren Wahrscheinlichkeiten, nach konkret vorliegenden Aufträgen, die eine Investition rechtfertigten. Das Bauchgefühl und der wertvolle Instinkt – Eigenschaften, die diesen Unternehmer so erfolgreich werden ließen – wurden milde belächelt. Stattdessen musste er sich fragen lassen, ob man das Ganze nicht mit einem Drittel weniger Leuten machen könnte. Ihm wurden Kennzahlen und Vergleichsuntersuchungen vorgelegt von anderen Unternehmen, teilweise aus völlig anders tickenden Branchen und Ländern – dort ginge es sogar mit der Hälfte. Eine solche Geschichte, authentisch vorgetragen von jemandem, dem noch bei der Erinnerung an das Gespräch die empfundene Demütigung bei der Suche nach Geld wieder ins Gesicht geschrieben steht, das verstehen die Mitarbeiter. Die Botschaft kommt an, und es wird verstanden, was es im wirklichen Leben heißt, den »Interessen des Kapitalmarkts« gerecht zu werden.

Ein anderes Beispiel, dieses Mal aus der Lebensmittelindustrie. Die Geschäftsleitung besetzt die Bühne nicht allein, sondern ein Mitarbeiter aus dem Vertrieb erzählt den Kollegen in der Produktion von seinen Besuchen beim Handel. Er erzählt, was inzwischen fast schon Alltag ist, nämlich beim Einkäufer zu sitzen und mehr oder weniger elegant erpresst zu werden: »Entweder ihr senkt euren Stückpreis um 18 Cent, oder wir müssen leider den anderen Lieferanten nehmen.« Qualität, lange Verbundenheit, hohe Liefertreue, verzweifelt und engagiert vorgetragene Argumente: Alles wunderbar, aber verglichen mit dem Preis leider von untergeordnetem Interesse. Also, bitteschön: genauso gut, schnell, lieferfähig bleiben, aber 18 Cent weniger, die Konkurrenz kann es schließlich auch. Auch weitere Erläuterungen (»Die Energie zur Herstellung des Inhalts, die Rohstoffe zum Stanzen einer Dose oder das Getreide auf dem Weltmarkt sind im Preis im letzten Jahr um durchschnittlich 17 Prozent gestiegen; wie sollen wir da günstiger werden?«) lösen nur Achselzucken aus. Und so wird manch einem Mitarbeiter in der Produktion oder manchem Betriebsratsmitglied eindringlich vermittelt, warum man tatsächlich gemeinsam Prozesse weiter optimieren, Energie sparen, Verpackungsmaterial günstiger einkaufen und auch auf preiswertere Zeitarbeitnehmer zurückgreifen muss. Das alles klingt anders und bleibt eher hängen als ein schlichtes: »Wir müssen unsere Prozesse zur Kostenoptimierung weiter vorantreiben, um wettbewerbsfähig zu bleiben.« Darauf erntet man im schlimmsten Fall nur ein kühles – und abwehrendes: »Dann müssen die halt besser verhandeln!« Facts tell, stories sell, beschreiben Marketingfachleute diesen Effekt – es sind die Geschichten, die wirken, nicht die nackten Zahlen.

Kurze Sätze

»Du musst alles in die Nebensätze legen. Sag nie: ›Die Steuern sind zu hoch.‹ Das ist zu einfach. Sag: ›Ich möchte zu dem, was ich soeben gesagt habe, noch kurz bemerken, dass mir die Steuern bei weitem …‹ So heißt das«, schrieb Kurt Tucholsky 1930 in seinen ironischen »Ratschlägen für einen schlechten Redner«. Die deutsche Sprache erlaubt, kaum überschaubare Schachtelkonstruktionen zu bauen. Verzichten Sie darauf – erstens, weil Sie Gefahr laufen, sich in der Syntax zu verheddern, zweitens, weil Sie solche Satzungetüme kaum frei vortragen können, und vor allem drittens, weil Ihre Zuhörer es Ihnen danken werden. »Hauptsachen in Hauptsätze«, lautet ein bewährter journalistischer Grundsatz.

Machen Sie kurze Pausen bei neuen Absätze und Grundgedanken. Manche Redner rasen durch ihren Text, als ob es Prämien für Schnelligkeit gäbe. Wenn Sie auch dazu neigen, insbesondere wenn Sie angespannt sind, dann atmen Sie zwischendurch bewusst durch oder trinken Sie einen Schluck Wasser. Auch durch die Verteilung des Manuskripts auf verschiedene Blätter, die an Nahtstellen zum Umblättern zwingen, können Sie Ihre Rede takten. Pausen geben den Zuhörern Gelegenheit, Gehörtes zu verarbeiten, bevor der nächste Punkt angesprochen wird.

Positiv formulieren

Ein wichtiger Aspekt für jedes Gespräch und erst recht für die große »richtungsweisende« Kommunikation: Sagen Sie, was oder wohin Sie wollen, und *nicht*, was und wohin Sie *nicht* wollen. Dem NLP verdanken wir unter anderem die Erkenntnis, dass das menschliche Gehirn Schwierigkeiten mit der Umsetzung des Wortes »nicht« hat. Beliebter Test: »Denken Sie jetzt nicht an einen rosa Elefanten!« Steht ein Begriff erst einmal im Raum, füllen wir ihn gedanklich mit Leben. Das kleine Wörtchen »nicht« blenden wir dabei aus. Für die Geschäftswelt heißt das, Formulierungen wie die Folgenden sind wenig hilfreich:

- »Wir wollen nicht mehr hinten anstehen, wenn es um die Verteilung von Zuschüssen für die Pharmaforschung geht.«
- »Wir sollten vermeiden, dass wir mit vielen schmerzhaften Nebenwirkungen in einer Krise landen statt im Erfolg.«

Formulieren Sie stattdessen positiv:

- »Wir wollen ganz vorne dabei sein, wenn es darum geht, Mittel zur Förderung unserer Forschung vom Bund zu erhalten.«
- »Wir sollten alle gemeinsam alles tun, damit wir diese Veränderung möglichst schmerzfrei und erfolgreich überstehen.«

Spüren Sie den Unterschied beim Lesen? Die positive Formulierung gibt Kraft und Energie, sie weist in die Zukunft, die negative Variante hingegen provoziert den abschreckenden, aber auch verängstigenden Blick in den Abgrund. »Dort wollen wir nicht hinunterstürzen« wäre auch vom Bergführer keine gute Ansage, denn unweigerlich würden alle verkrampfen und sich anstrengen, das Stürzen zu vermeiden. Besser: »Schauen Sie nach vorn und nach oben, dort sehen Sie unseren Pfad, der uns sicher hinaufbringt.«

Weiter oben haben Sie genügend abschreckende Beispiele zum »Wirtschaftskauderwelsch« lesen können, um die schlimmsten Sprachsünden in Zukunft zu vermeiden und stattdessen Klartext zu reden.

Körpersprache

Zur Körpersprache sind halbe Bibliotheken geschrieben worden. Deshalb hier in Kürze die wichtigsten Punkte. Halten Sie Blickkontakt, möglichst zu *allen* Zuhörern. Das wird ab einigen Hundert schwierig, ist aber nicht unmöglich. Wenn Menschen sich angesehen fühlen und angesehen werden, dann schweifen sie selbst nicht so leicht ab, bleiben konzentrierter und folgen dem Vortragenden. Probieren Sie es einmal im Rahmen einer Präsentation vor einer kleinen Gruppe aus und blättern Sie beim Vortragen einen Moment lang in Ihren Unterlagen. Wenn Sie dabei nach unten schauen, dauert es nur Bruchteile von Sekunden, bis die Zuhörer ebenfalls ihren Blick von Ihnen abwenden und gedanklich abschweifen.

Setzen Sie Gesten sparsam, aber wirkungsvoll ein. Businessgestik beginnt ab der Gürtellinie aufwärts und ab dem Ellenbogen abwärts. Alles darunter ist panisch und hilflos, alles ab dem Schultergelenk der großen Theaterbühne und dem Drama vorbehalten. Nutzen Sie Gesten beispielsweise, um Gliederungspunkte zu akzentuieren (erstens, zweitens, drittens) oder wichtige Aussagen zu unterstreichen (»Zwischen diesen Vorgehensweisen liegen Welten!«). Verzichten Sie auf stereotype, immer gleiche Bewegungen. Wie ermüdend das wirkt, können Sie bei Auftritten von Angela Merkel im Fernsehen beobachten. Vielleicht hat ihr ja ein übereifriger Rhetoriktrainer geraten, die Hände zu öffnen, die Handflächen einander zuzuwenden und jeden Satz mit diesem rhythmischen Auf und Ab zu untermalen? Andererseits ist das schon fast ein Markenzeichen von immerhin hohem Wiedererkennungswert.

Sorgen Sie für festen Stand: »Erden« Sie sich, indem Sie die Füße schulterbreit platzieren. Das hilft auch gegen die eigene Aufregung. Tabu: Wippen, einander zugekehrte Fußspitzen oder eine schmale »Konfirmandenhaltung« (Beine zusammengepresst und die Handflächen vor sich nebeneinander auf die Tischfläche gelegt).

Erobern Sie die Bühne, stehen Sie vorne und mittig. Ziehen Sie sich nicht in den Hintergrund zurück. Es hat schon seinen Grund, dass Menschen, die ihr Publikum fest im Griff haben, im Volksmund »Rampensau« genannt werden.

»Erklären Sie es mir, als ob ich zwölf wäre!«

Nehmen wir an, Sie sind Geschäftsführer eines Automobilzulieferers und müssen Ihren Mitarbeitern auf einer Betriebsversammlung mitteilen, dass Buchhaltung und Lohnabrechnung zukünftig von einem externen Spezialisten erledigt werden sollen. Das wird 75 Kollegen den Job kosten. In der üblichen Managementsprache lautet die Botschaft knapp und kühl: »Wir konzentrieren uns auf unsere Kernkompetenzen und wollen daher das Outsourcing in den indirekten Bereichen vorantreiben.«

Mit dieser Formulierung bringen Sie Ihre Mannschaft mit ziemlicher Sicherheit gegen sich auf. Wenn Sie das vermeiden (oder zumindest die Empörung in Grenzen halten) wollen, müssen Sie plausibel erklären, wie es zu dieser Entscheidung kam. Dabei hilft ein sehr bewährtes Prinzip, das ich bei meinen Coachings häufig einsetze: »Erklär es mir, als ob ich zwölf wäre!« Mit dieser Übung möchte ich Mitarbeiter keineswegs zu »unmündigen Kindern« degradieren. Zwölfjährige sind vielmehr das kritischste Publikum, das man sich vorstellen kann. Mit Floskeln und Ausflüchten geben sie sich nicht zufrieden, gegen schwammige Formulierungen sind sie immun. Und wenn sie etwas wirklich wissen und verstehen wollen, können sie einem mit ihrer Hartnäckigkeit den letzten Nerv rauben – die Eltern unter Ihnen wissen, wovon ich rede. Wenn Sie also Ihrer zwölfjährigen Tochter am Abendbrottisch plausibel erklären können, warum Sie fast 80 Leute entlassen wollen, sind Sie für alles Weitere gut gewappnet. Die Fragen, um die Sie sich kaum herumdrücken können:

- »Was ist Outsourcing?« Viele verstehen immer noch nicht, was sich hinter diesem Begriff verbirgt und was daran gut sein soll. Schließlich ist das Kantinenessen auch nicht gerade besser geworden, seit man das Kochen einem Caterer überlässt ...
- »Warum plötzlich die Betonung der Kernkompetenzen?« Warum wollen Sie jetzt Aufgabenverteilungen verändern, die sich über 30 Jahre bewährt haben?!

Wie Sie Ihren Standpunkt vermitteln können

Bleiben wir in dem genannten Beispiel des Automobilzulieferers. Mit folgender Erklärung könnten Sie etwa beginnen, Ihren Standpunkt plausibel und einfach zu vermitteln:

»Wir bauen Autositze, das können wir am besten, damit verbindet man uns im Markt. Sie wissen, namhafte Autohersteller sind unsere Kunden. Diese stehen alle aufgrund ihrer gestiegenen Rohstoffkosten und Absatzprobleme unter finanziellem Druck.«

Um diese These mit Leben zu füllen, nennen Sie dann konkrete Beispiele aus dem Metall-, Elektro- und Energiesektor. Hohe Überzeugungskraft hätte auch ein Bild aus Bremerhaven, wo um die Jahreswende 2008/2009 auf einem Riesenparkplatz Tausende Neuwagen in Folie gehüllt auf Käufer warteten.

»Aufgrund dieses Drucks, unter dem unsere Kunden stehen, sind auch wir unter Druck. Denn auch wir leiden unter Energiepreissteigerung, unter höheren Entsorgungskosten und Umweltauflagen.«

Nennen und zeigen Sie auch hier konkrete Zahlen, die belegen, wie teuer alles wurde.

»Wenn wir unsere Buchhaltung und Lohnabrechnung nun an einen Spezialisten geben, der diese Aufgaben für viele verschiedene Firmen erledigt, dann sparen wir 75 Arbeitsplätze ein. So traurig es für jeden einzelnen betroffenen Mitarbeiter ist, es bringt uns tatsächlich eine Ersparnis von 3 375 000 Euro pro Jahr ein. Wenn wir diese Mitarbeiter nicht mehr bei uns beschäftigen, können wir, da die gleiche Leistung beim Dienstleister 1 Million Euro kostet, die Differenz von über 2 Millionen Euro nutzen, um damit einen Teil unseres Preisdrucks, unserer gestiegenen Kosten aufzufangen. Vor allem können wir es uns leisten, in die Entwicklung unseres neuen rückenfreundlichen Sitzes zu investieren, der sich mit Körperrestwärme energiesparend erwärmt und das Auto beheizt. Die Entwicklungskosten belaufen sich auf rund 6,5 Millionen in fünf Jahren.«

Hier können Sie eventuell eine Skizze des Produkts auflegen, das das Unternehmen zukunftsfähig machen soll.

»Es ist eine sehr schwere Entscheidung, die wir getroffen haben. Uns ist bewusst, dass wir einem Teil der Belegschaft eine existenziell einschneidende Veränderung zumuten. Doch wir stehen vor dem Konflikt, auf Dauer den Rest des Betriebes retten zu können oder noch einige wenige Jahre in dieser Gemeinschaft mit den Buchhaltungs- und Lohnabrechnungskollegen zu arbeiten. Und im Interesse der langfristigen Absicherung des Unternehmens haben wir diese Entscheidung so getroffen.«

Und nun können Sie berichten, was unternommen wird, um den Betroffenen zu helfen, welche Programme (etwa Gruppen-Outplacements) und Abfindungen es geben wird, dass vielleicht Chancen beim Dienstleister bestehen und so weiter. Je fairer Sie mit den Mitarbeitern umgehen, denen Sie kündigen müssen, desto eher werden auch die »Bleibenden« sich mit den Veränderungen abfinden können.

Eine solche Schilderung versteht ein Zwölfjähriger, auch wenn sie etwas länger dauert und sicher emotionaler und berührender ist – für den Vortragenden und für den Zuhörer. Aber sie verlangt Ihnen eine große Portion Mut ab, denn Begeisterung werden Sie nicht auslösen.

Weitere Übungsbeispiele

»Wir streben an, unsere Rendite auf X Prozent zu erhöhen.« Erklären Sie hier, warum Sie das tun wollen. Was haben Sie davon, wenn Sie den Gewinn maximieren? Wir haben bei einem Klienten aus der Medienbranche sehr gute Erfahrungen damit gemacht zu »übersetzen«, dass man Geld braucht, um investieren, sich also etwas leisten oder etwas ausprobieren zu können. Geld kann man entweder von der Bank bekommen – vor der Finanzkrise war das eine Alternative, seit dem Winter 2008/09 ist das nicht mehr so leicht – oder indem man selbst Gewinn macht. Und dann berichteten wir, was es kostet, eine neue Zeitschrift im Markt zu positionieren, wie viel Geld dafür benötigt wird und wie lange es dauert, bis sich diese Investition rechnet. Übersetzt man »Gewinn« in konkrete Vorhaben und malt damit ein Bild von Chancen und Markteroberung, so liefert man etwas, das andere sich vorstellen und nachvollziehen können. Auf diese Weise wird das Argument entkräftet, dass »die Unternehmer die Taschen nicht voll genug bekommen« – ein Satz, der einem auf jeder zweiten Betriebsversammlung entgegenschlägt, insbesondere, wenn Gewerkschafter sprechen.

»Unsere Prozesse müssen noch schlanker werden.« Auch hier sollten Sie die Welt der BWL-Floskeln verlassen und in den Unternehmensalltag eintauchen: Warum reicht es nicht, wie es heute ist? Was heißt »Verschlankung« ganz konkret: Weniger machen? Schneller machen? Mit weniger Arbeitskräften? Mit kürzeren Stillstandszeiten der Maschinen? Schildern Sie also, was anders werden soll und wie es denn nach allen bisherigen Anstrengungen jetzt noch einmal schneller gehen kann. Denn es gibt hier sehr unterschiedliche Strategien. Möglicherweise planen Sie Innovationen, die weder Arbeitsplätze gefährden noch den Druck auf den Einzelnen erhöhen. Bleibt der Satz jedoch ohne Erläuterung, löst er Angst und Schrecken aus.

»Wir werden diversifizieren müssen, um unser Überleben zu sichern.« Dies ist eigentlich eine gute Nachricht, die selten so rüberkommt. Diversifizieren heißt doch: Wir können noch mehr – noch mehr Produktvielfalt anbieten, noch andere Kundengruppen ansprechen, neue Märkte in anderen Ländern erschließen. Das bedeutet, dass sich etwas ändern wird, aber positiv; das Unternehmen wird wachsen oder durch neue Märkte sicherer wirtschaften können. Auch hier fehlt häufig einfach die Übersetzung, was »Diversifizierung« bedeutet, was das für jeden Einzelnen heißt, welche konkreten Pläne dahinterstecken. Zentral ist auch hier die Frage, die jeder im Hinterkopf hat: »Warum kann nicht alles bleiben, wie es ist, es reichte doch bisher?«

Übrigens: Seinen »Ratschlägen für einen schlechten Redner« hängte Kurt Tucholsky am Schluss noch »Ratschläge für einen guten Redner« an. Würden wir alle diese beherzigen, wäre schon viel gewonnen:

- »Hauptsätze. Hauptsätze. Hauptsätze.
- Klare Disposition im Kopf – möglichst wenig auf dem Papier.
- Tatsachen oder Appell an das Gefühl. Schleuder oder Harfe. Ein Redner sei kein Lexikon. Das haben die Leute zu Hause.
- Der Ton einer einzelnen Sprechstimme ermüdet; sprich nie länger als 40 Minuten. Suche keine Effekte zu erzielen, die nicht in deinem Wesen liegen. Ein Podium ist eine unbarmherzige Sache – da steht der Mensch nackter als im Sonnenbad.
- Merke Otto Brahms Spruch: Wat jestrichen is, kann nich durchfalln.«[72]

(Kurt Tucholsky, 1930)

Auf einen Blick

- Wenn Sie die Menschen wirklich erreichen wollen, verzichten Sie auf die übliche Managersprachmixtur aus BWL-Floskeln, »denglischen« Begriffen und abgenutzten Allerweltsmetaphern. Damit reden Sie über die Köpfe Ihrer Mitarbeiter hinweg, die – gerade in Krisensituationen – wissen wollen, was »Sache ist«.
- Der bekannte Managerjargon uniformiert. Wer sich so an seine Mitarbeiter wendet, wird als gesichtsloser Funktionsträger, im Extremfall als kaltschnäuziger und arroganter Vollstrecker von Shareholder-Interessen wahrgenommen.
- Wer glaubwürdig wirken will, muss Farbe bekennen. Wenn man nicht weiß, wofür Sie als Person stehen, wird man Ihnen nicht vertrauen. Überlegen Sie also, was Sie von sich preisgeben können und wollen und wie Sie Ihren Auftritten eine persönliche Note verleihen.
- Unglaubwürdig machen Widersprüche zwischen Person und Aussage, verbalen und nonverbalen Signalen, Gestaltung von Bühne und Setting und inhaltlichen Botschaften. Bereiten Sie wichtige Auftritte (Betriebsversammlungen, Neujahrsempfänge, Sitzungen zu heiklen Themen) daher sorgfältig vor – proben Sie!
- Fassen Sie sich kurz, strukturieren Sie Ihre Rede, arbeiten Sie mit Bildern,

Skizzen, Storys und Beispielen statt nur mit Charts und Tabellen. »Erden« Sie Ihre Ausführungen im Unternehmensalltag.

- Wenn Sie Änderungen oder Einschnitte verkünden müssen, sollten Ihre Ausführungen zwei Fragen glasklar beantworten: Warum kann nicht alles so bleiben, wie es ist? Und was bedeutet das konkret für den Einzelnen?
- Reden Sie Klartext. »Erklär es, als ob dein Gegenüber zwölf wäre« ist dafür ein gutes Motto. Es zwingt zu kurzen Sätzen, eindeutigen Aussagen, nachvollziehbaren Begründungen und überzeugenden Beispielen.

Kapitel 7

Eigene Versäumnisse – wenn Ihnen Führungsfehler unterlaufen sind

Ein kluger Mann macht nicht alle Fehler selbst.
Er gibt auch anderen eine Chance.
Winston Churchill

Wer ist der »schlimmste Chef aller Zeiten«? Für die *Frankfurter Allgemeine Zeitung* ist es Bernd Stromberg, Hauptfigur einer preisgekrönten Comedyserie, die seit 2004 ein Millionenpublikum fesselt.[73] Stromberg ist Ressortleiter Schadensregulierung bei der fiktiven Capitol Versicherung AG und der Albtraum jedes Mitarbeiters – ein tyrannischer, selbstgerechter Macho, der sein Fähnchen ohne zu zögern nach dem jeweils herrschenden Wind hängt. Das Feuilleton, vom *Spiegel* bis zur *Süddeutschen Zeitung*, liebt die Serie, und als Zuschauer hat Hauptdarsteller Christoph Maria Herbst den »überdurchschnittlich intelligenten, eher männlichen Zuschauer, den Oberstufenschüler, den Harald-Schmidt-Gucker« identifiziert. Der könne sich beim Gucken »fremdschämen«.[74] Steckte im Zerrbild des deutschen Büroalltags nicht ein gehöriges Quantum Wahrheit, wäre der andauernde Erfolg der Serie schwer zu erklären.

Es gibt sie tatsächlich, die Strombergs. Fast jeder ist ihnen schon einmal begegnet und konnte – hoffentlich aus der Ferne – ihr Treiben beobachten. Sie strafen alle Führungslehren mit Verachtung und würden jeden Coach zur Verzweiflung bringen (wenn sie denn der Meinung wären, sie bräuchten einen). Doch auch jenseits solcher Extreme passieren Führungsfehler, sei es aus Gedankenlosigkeit, aufgrund von Fehleinschätzungen, in Stresssituationen oder zugunsten eigener Karriereinteressen. Um solche alltäglichen Fehler geht es in diesem Kapitel. Jeder von uns hat sie schon mal begangen, und viele erfahrene Führungskräfte geben im vertrauten Gespräch zu, daraus sehr viel über das Führen von Menschen gelernt zu haben. Das wäre dann die positive Kehrseite der Medaille: Dass man an seinen Fehlern wachsen kann, ja dass sogar Vertrauen und Motivation des Teams gestärkt werden können, wenn man sich seinen Fehlern und dem Gespräch mit den Mitarbeitern stellt.

Bleiben Sie selbstkritisch!

- Hand aufs Herz: Welche Fehler in der Mitarbeiterführung haben Sie in der Vergangenheit begangen?
- Was hat Sie bewogen, so zu handeln? Können Sie sich erinnern, was der Auslöser war?
- Wie war die Reaktion auf Ihren Ausrutscher im Umfeld? Welche Konsequenzen hatte er für die Beziehung zu Ihrem Team? Wie haben Kollegen und Vorgesetzte darauf reagiert?
- Haben Sie sich für Ihr Verhalten entschuldigt? Wie könnte eine glaubwürdige Entschuldigungsstrategie aussehen – eine Entschuldigung, die zu Ihnen passt und versöhnlich wirkt?
- Welche Werte bilden für Sie die Leitlinien Ihres (Führungs-)Handelns? Harmonieren diese Werte mit dem Leitbild des Unternehmens und mit den dort tatsächlich gelebten Werten?
- Welchen Stellenwert besitzt für Sie das Klima in Ihrer Abteilung? Wie wichtig sind Ihnen die Gefühle Ihrer Mitarbeiter?

Warum gute Führung sich bezahlt macht

Es wird Ihnen nicht immer gelingen, jede Klippe im Führungsalltag zu umschiffen. Wenn Sie doch einmal auf Grund gelaufen sind, sollten Sie aktiv werden – allein aus ethischen Gründen, aber auch aus handfesten ökonomischen Überlegungen heraus. Ein gutes Abteilungsklima beeinflusst die Arbeitsergebnisse positiv. Damit ist keine harmonieselige Konfliktscheu gemeint, sondern eine von Respekt und Fairness geprägte Arbeitsatmosphäre. Der schon zu Beginn des Buches zitierte Gallup-Engagementindex weist klar in diese Richtung: Unternehmen, mit denen Mitarbeiter sich identifizieren, lagen auch in puncto Produktivität, Rentabilität, Mitarbeiterbindung und Kundenservice eindeutig vorn.[75] Die Gallup-Forscher zitieren unter anderem die Ergebnisse einer umfangreichen Studie in den 300 Filialen einer großen Einzelhandelskette – fast ein Versuch unter Laborbedingungen, denn Gebäude, Produktpositionierung, Aufmachung und so weiter waren konzernweit genormt. Ergebnis: »Das nach Mitarbeitermeinung beste Viertel der Geschäfte übertraf die Gewinnziele um fast 14 Prozent, während das untere Viertel die Zielvorgabe um volle 30 Prozent verfehlte.«[76] Zur Erinnerung, Gradmesser einer positiven Mitarbeitermeinung war die Bejahung solcher Fragen wie:

- »Habe ich in den letzten sieben Tagen für gute Arbeit Anerkennung und Lob bekommen?«
- »Interessiert sich meine/e Vorgesetzte/r oder eine andere Person bei der Arbeit für mich als Mensch?«
- »Gibt es bei der Arbeit jemanden, der mich in meiner Entwicklung unterstützt und fördert?«

Gute Stimmung, gute Arbeit

Daniel Coleman, der das Konzept der emotionalen Intelligenz mit seinem Bestseller bekanntmachte, bringt das auf die simple Formel: »Gute Stimmung, gute Arbeit.«[77] Wer seine Mitarbeiter einschüchtert, permanent überfordert, ignoriert oder geringschätzig behandelt – kurz: wer Stress verursacht –, der kann kaum auf wirkliches Engagement oder gar Spitzenleistungen hoffen. Neurologen und Psychologen wissen längst: Stress lähmt, senkt die Konzentrationsfähigkeit und erhöht die Fehlerquote. Kreative, neue Ideen sollte man von Mitarbeitern, die sich unter Druck gesetzt fühlen, lieber nicht erwarten. Dies hebelt auch das beliebte Gegenargument nüchterner Zeitgenossen aus, die gern entgegnen, ihr Job bestehe darin, Ergebnisse zu produzieren, und nicht darin, für gute Stimmung zu sorgen. Beides ist eben schwer voneinander zu trennen.

Auch der Umkehrschluss, der Blick auf die Konsequenzen negativer Stimmung lohnt, und da schaut man tatsächlich in Abgründe. Das Magazin *Capital* beschäftigte sich im Januar 2008 mit den Racheakten frustrierter Mitarbeiter und unterschied dabei vier Spielarten:

- Schädigungen des Unternehmens,
- Diffamierungen im Internet,
- Mobbing von unten,
- anonyme Drohungen.

Keine dieser Aktionen sollte man auf die leichte Schulter nehmen. So schätzt die Euler Hermes Kreditversicherung, bei der sich Unternehmen gegen firmeninterne Kriminalität absichern können, den Schaden aufgrund betrügerischer Machenschaften von Mitarbeitern auf 1,6 Milliarden Euro allein im Jahre 2007.

Noch weit höher liegen die Schätzungen der Wirtschaftsberatung PricewaterhouseCoopers in ihrer Studie »Wirtschaftskriminalität 2007«. Danach ist die Hälfte aller Unternehmen betroffen, sodass sich der Schaden allein der aufgedeckten Delikte auf 6 Milliarden Euro pro Jahr beläuft.[78] Wenn ein Systemadministrator das Intranet der Firma mit zahllosen Viren infiziert oder eine entlassene Sekretärin die Steuerfahndung oder Gewerbeaufsicht alarmiert, kommen schnell hohe Summen zusammen – und sei es nur, weil der Betrieb für eine Weile lahmgelegt wird.

Natürlich kann »ungerechte Behandlung« nicht alles entschuldigen, und auch unabhängig von schlechten oder guten Arbeitsbedingungen gibt es Mitarbeiter mit krimineller Energie. Allerdings scheint Frust die Hemmschwelle mancher Menschen zu senken.

Wer sich ungerecht behandelt fühlt, sucht dann unter Umständen nach Möglichkeiten, sich zu revanchieren. Gelegenheiten dazu gibt es im Unternehmensalltag genug. Bedenken Sie: Mitarbeiter mögen von ihren Chefs abhängig sein, aber Vorgesetzte sind umgekehrt auch auf ihre Mitarbeiter angewiesen. Auf diese Dialektik des Führens haben wir bereits hingewiesen.

Die zehn typischen Führungsfehler

Was bringt Mitarbeiter dazu, derart aus dem Ruder zu laufen? In meinem Buch *Die 10 größten Führungsfehler und wie Sie sie vermeiden* habe ich die alltäglichen »Sünden« der Führungskräfte, die mir in Seminaren und Coachings, aber auch als Personalleiterin begegnet sind, zusammengestellt. Im Folgenden ein kurzer Überblick. Dabei sollen die Fehler »nach unten« im Vordergrund stehen, denn sie sind es, die das Chefbild Ihrer Mitarbeiter in erster Linnie prägen. Die übrigen Instanzen (eigene Vorgesetzte und Kollegen, externes Umfeld) sollen in diesem Kontext ausgeklammert bleiben.

Fehler 1: Sich nicht mit Menschen auseinandersetzen mögen

»Wer Menschen beschäftigt, kommt nicht umhin, sich mit Menschen zu beschäftigen«, lautet mein Leitsatz. Das klingt nach einer Selbstverständlichkeit, und doch ist nicht allen Führungskräften klar, dass Führungsverantwortung mehr bedeutet als Dienstwagen, größeres Büro und höheres Gehalt. Wer Teamsitzungen, Delegationsgespräche, Zielgespräche oder das Schlichten von Konflikten als ein »Abhalten« von der »eigentlichen« Arbeit betrachtet, sitzt einem Irrtum auf – denn eben das ist seine eigentliche Arbeit. Alle strategischen Überlegungen und Planungen müssen schließlich per Mitarbeiter in die Praxis umgesetzt werden. Mit dem bloßen Absolvieren solcher Aufgaben allein ist es kaum getan: Wer ein negatives Menschenbild pflegt, kontaktscheu und misstrauisch ist, tut sich schwer, ein ehrliches Interesse für seine Mitarbeiter zu entwickeln. Eben das jedoch erwarten Mitarbeiter: auch persönlich wahrgenommen und wertschätzend behandelt zu werden. Der Publizist Wolf Lotter hat dafür im Wirtschaftsmagazin *Brand eins* die schöne Formel geprägt: »Führungskräfte, die mit Menschen nicht umgehen möchten, sind so unfähig wie Kapitäne mit Seewasserallergie.« Das typische Fehlverhalten solcher Allergiker besteht dann zum Beispiel in

- Rückzug und Abschottung, Nicht-greifbar-Sein für die Mitarbeiter,
- der Unfähigkeit, sich in andere Menschen hineinzuversetzen und dem angemessen zu handeln,
- Mitleidslosigkeit und kaltem Zynismus.

Mir sind Führungskräfte begegnet, die nicht einmal ihrer Sekretärin verrieten, ob und wann sie im Haus waren, um lästige Begegnungen mit Mitarbeitern zu vermeiden, und die ohne Ankündigung in den Urlaub verschwanden; Vorgesetzte, die ihr Büro mit rot-weißem Plastikband als »Sperrgebiet« markierten (kein Scherz); Chefs, die engen Mitarbeitern, die über 30 Jahre im Unternehmen waren, per Hauspost während einer Dienstreise die Kündigung zustellen ließen, um selbst nicht mit deren Reaktion konfrontiert zu werden. Das passiert Ihnen möglicherweise nicht, aber haben Sie noch nie einen Mitarbeiter mit einem barschen »Dafür habe ich jetzt wirklich keine Zeit!« das Wort abgeschnitten, ein

Mitarbeitergespräch mehrfach vertagt, weil »Wichtigeres« anstand, oder erstaunt registriert, dass ein Führungskollege viel mehr über Mitglieder Ihres Teams weiß als Sie selbst?

Fehler 2: Zweifel an Ihrer Loyalität aufkommen lassen

Wer etwas werden will, muss sich seinem eigenen Vorgesetzten gegenüber als loyal erweisen. Das ist den allermeisten Chefs bewusst: Der Schlagabtausch im Meeting, der den Vorgesetzten der Ahnungslosigkeit überführt, das Lästern hinter vorgehaltener Hand oder gar der Gang zum Chef vom Chef rächt sich früher oder später. Erfolgreiche Führung setzt allerdings auch eine zweite Form der Loyalität voraus: die Loyalität gegenüber den eigenen Mitarbeitern. Darunter verstehe ich schlicht ein solidarisches Verhalten, ein Beistehen, auch wenn es einmal schwierig werden sollte, sowie ein Handeln im Interesse des ganzen Teams. Chefs, die diese Loyalität vermissen lassen,

- schieben Mitarbeitern gern die Verantwortung für Misserfolge und Pannen zu (auch für selbst verschuldete),
- reklamieren Erfolge und Ideen auch dann für sich, wenn sie auf das Konto eines Mitarbeiters gehen,
- stellen sich nicht vor Mitarbeiter, wenn diese harscher Kritik von außen ausgesetzt sind,
- haben vorwiegend ihr aktuelles Eigeninteresse (den Bonus, das eigene Image oder den nächsten Karriereschritt) im Visier und ziehen ungerührt zur nächsten Karrierestation weiter, ehe der Scherbenhaufen offenbar wird, den sie mit ihrem kurzsichtigen Agieren möglicherweise angerichtet haben.

Wer Bauernopfer bringt und Sündenböcke sucht, darf sich eigentlich nicht wundern, wenn seine Mitarbeiter auf Distanz gehen. Schließlich könnte jeder von ihnen der nächste sein. Auch das Wegducken bei eigenen Fehlentscheidungen, die mittelfristig den gesamten Bereich oder das Schlüsselprodukt gefährden, fällt für mich unter illoyales Verhalten. Manch einer hofft ganz einfach, dass die Angelegenheit erst auffliegt, wenn er das Haus verlassen hat und jemand anders die Kehrtwende einleiten muss.

Fehler 3: Die Hierarchie strapazieren

Fragt man Führungskräfte im Vorstellungsgespräch nach ihrem Führungsstil, antworten die meisten erwartungsgemäß mit »kooperativ« oder »demokratisch«. Unter dem Druck des Alltags gerät dieser gute Vorsatz gelegentlich in Vergessenheit, und manche moderne Führungskraft nimmt in schwierigen Situationen dann doch Zuflucht zum autoritären Führungsstil. Etwa so:

- Diskussionen werden im »Basta«-Ton abgewürgt (»Das überlassen Sie gefälligst mir!«).
- Entscheidungen werden nicht begründet (»Tun Sie einfach, was ich sage!«).
- Es wird mit zweierlei Maß gemessen, etwa wenn Sparappelle an die Mitarbeiter ergehen, während man selbst den neuen Dienstwagen bestellt.

Insbesondere der letzte Punkt – das bekannte Sprichwort »Wasser predigen und Wein trinken« – führt regelmäßig zu bösem Blut im Unternehmen. Viele Führungskräfte unterschätzen die negative Signalwirkung, beispielsweise als der Siemens-Vorstand 2006 eine Erhöhung seiner Bezüge um 30 Prozent anstrebte, während Tausende von Mitarbeitern in der Sparte »Siemens Business Services« um ihre Jobs zittern und drastische Lohneinbußen hinnehmen mussten.[79] Die Symbolwirkung solcher Handlungen wird völlig übersehen. Die *Frankfurter Allgemeine Zeitung* berichtete, das Siemens-Intranet quelle über von zornigen Mitarbeiterkommentaren, etwa dazu, dass die höheren Vorstandsgehälter mit den Bezügen bei anderen Unternehmen begründet würden. »Ich habe von unserer Siemens-Personalabteilung gelernt, dass nur Verweise auf eigene Leistungen das Gehalt rechtfertigen – nicht Vergleiche mit anderen«, heiße es dort beispielsweise.

Fehler 4: Die Hierarchie leugnen

Wer die Unternehmenshierarchie durch autoritäres Gehabe strapaziert, fördert Duckmäusertum und vertreibt womöglich die besten Köpfe. Wer ins andere Extrem verfällt und sich der Führungsrolle verweigert, öffnet ein Machtvakuum, das nicht selten zu einer unguten inoffiziellen Hackordnung führt. Mancher Chef will gerne der Kumpel seiner Mitarbeiter sein, duzt sich mit jedermann und muss bei jedem Feierabendbier mit dabeisitzen – sei es aus Konfliktscheu, sei es aus Scheu vor der Vereinsamung, die mit der Führungsrolle meist einhergeht.

So musste einer meiner Coaching-Klienten erst mühsam überzeugt werden, dass seine Mitarbeiter wenig begeistert sind, immer wieder mit dem neuen Chef den Abend zu verbringen, nur weil der sich in der neuen Stadt einsam fühlt. Bei der ersten unangenehmen Entscheidung brechen solche Konstrukte zusammen: Wer Fehler kritisieren, Gehaltsforderungen zurückweisen oder Urlaubspläne durchkreuzen muss, kann nicht gleichzeitig »gut Freund« sein. Im operativen Geschäft kann dieses realitätsferne Führungsverständnis ebenfalls zu Versäumnissen führen, etwa

- wenn der Vorgesetzte in einer kritischen Situation keine Entscheidung trifft, sondern abtaucht und die Angelegenheit auszusitzen versucht;
- wenn Konflikte in der Abteilung monatelang schwelen, die Führungskraft aber tatenlos zusieht und auch auf Hilfsappelle der Mitarbeiter nicht reagiert;
- wenn niemand weiß, wo es eigentlich langgehen soll, was die übergeordneten Ziele und was die nächsten Schritte sind, weil alles endlos »ausdiskutiert« wird, um dann im Sande zu verlaufen.

Fehler 5: Keine Vertrauenskultur

Gegenseitiges Vertrauen ist der Kitt im Unternehmensgefüge, heute mehr denn je. In einer Zeit, in der kaum ein Chef seinen Mitarbeitern den Arbeitsplatz garantieren kann, in der morgen schon alles anders sein kann, weil eine ferne Unternehmenszentrale Strategien neu definiert, nimmt die Identifikation mit dem Arbeitgeber rapide ab (siehe den »Engagement-Index« von Gallup auf Seite 16). Der psychologische Arbeitsvertrag – Leistung gegen Sicherheit – gilt eben nicht mehr. Was kann da Menschen in Organisationen noch zusammenhalten?

Unter anderem eine vertrauensvolle Arbeitsbeziehung nach dem Motto: »Mein Chef kann mir nicht alles garantieren, aber er wird mich fair behandeln.« Vertrauen ist ein weicher Faktor, es ist die Zuversicht, dass der andere zuverlässig, »anständig« handeln wird. Vertrauen ist aber auch gleichzeitig ein harter (Kosten-)Faktor: Wo Vertrauen fehlt, sind detaillierte Anweisungen und zeitraubende Kontrollen erforderlich. Vertrauen ist schnell verspielt, zum Beispiel

- durch das Nichteinhalten von Zusagen und falsche Versprechungen;
- durch Kaltstellen und andere Bestrafungen von Kritikern – nachdem man zuvor ausdrücklich um »ehrliches Feedback« gebeten hat;
- durch Verschweigen unangenehmer Botschaften, etwa wenn auf Nachfrage die Unwahrheit über die Zukunft des Unternehmens gesagt wird, um »Unruhe« zu vermeiden (und Mitarbeiter dann irgendwann aus der Zeitung erfahren, dass doch Arbeitsplätze abgebaut werden);
- durch Drohungen und Einschüchterungen zur Durchsetzung eigener Ziele oder gar durch Erpressungen (womöglich noch, um Mitarbeiter zu illegalen Handlungen zu zwingen).

Fehler 6: Unangemessene Kommunikation

Mit den Tücken der Managersprache und den Fallstricken großer Auftritte haben wir uns im letzten Kapitel beschäftigt. Führungskräfte müssen ihre Ziele, Visionen und nicht zuletzt auch unangenehme Botschaften in die richtigen Worte übersetzen können. Aber auch im Einzelgespräch ist angemessene Kommunikation eine der wichtigsten Führungseigenschaften: Reden Sie so, dass Ihr Gegenüber wirklich versteht, was Sie meinen? Und vor allem: Reden Sie so, dass es nicht regelmäßig zu »atmosphärischen Störungen«, etwa Trotzreaktionen, feindseligem Schweigen, wütendem Widerspruch oder gar Tränen kommt? Kein Basisseminar für Führungskräfte kommt ohne den Hinweis auf die Bedeutung der »Beziehungsebene« für gelungene Kommunikation aus, ohne Erläuterung zu »Ich-Botschaften«, »aktivem Zuhören« und den »vier Seiten einer Botschaft«. Ohne Kommunikation ist Führen unmöglich; bei näherer Betrachtung tun Sie den ganzen Tag fast nichts anderes. Gehen Sie davon aus, dass Mitarbeiter zu Ihnen und häufig auch zu Ihrem Job auf Distanz gehen, wenn sie sich persönlich missachtet fühlen. Typische Versäumnisse Ihrerseits können sein:

- nicht zuhören können, beispielsweise Anliegen abwürgen (»Ja, ja, später ...«) oder nur mit halbem Ohr hinhören, wenn Mitarbeiter Sachverhalte schildern, und dann vorschnell mit einer eigenen Lösung aufwarten;
- Mitarbeiter nicht ausreichend informieren, sodass sie bei der Erledigung ihrer Aufgaben nicht genau wissen, warum sie etwas tun, in welchem Kontext das Ganze steht und was genau das Ziel ist;
- Mitarbeiter pauschal abwerten, statt sachlich Kritik am konkreten Fehlverhalten zu üben (»Sie kriegen auch gar nichts geregelt!«; »Das übersteigt wohl Ihren Horizont.«);
- Mitarbeiter anschreien, demütigen oder in Anwesenheit Dritter vorführen.

Fehler 7: Mitarbeiterpotenziale missachten

Das Fördern von Mitarbeitern wird von Führungskräften gerne an die Personalabteilung delegiert. Doch die Förderung von Talenten ist mehr als ein Seminar hier und eine Personalentwicklungsmaßnahme dort – es ist eine originäre Führungsaufgabe. Insbesondere bei den »Stars« oder Leistungsträgern unter ihren Mitarbeitern kommt manchen Chefs da schlicht das Eigeninteresse in die Quere. Mittelfristig verliert man seine besten Leute, indem

- man ängstlich versucht, die Stützen der Abteilung im eigenen Team zu halten, und ihnen Karrierechancen verbaut;
- man Erfolge und Verdienste begabter Mitarbeiter für sich reklamiert und zu verhindern sucht, dass deren Stern zu hell strahlt und so Begehrlichkeiten anderer Abteilungen weckt.

Seien Sie gewiss: Besonders engagierte Mitarbeiter, die über ihre aktuelle Position hinausgewachsen sind, orientieren sich um. Und da ist es allemal besser, wenn sie das mit Ihrer Förderung tun, als sich frustriert zu verabschieden. Denn so bleibt Ihnen bei internen Wechseln immerhin ein wichtiger Verbündeter im Unternehmen, bei externen ein neuer Partner in Ihrem Branchennetzwerk.

Fehler 8: Projektteams nicht aktiv managen

Spötter übersetzen »Team« gerne mit »Toll, ein anderer macht's«. Wenn Projektteams zu gefürchteten Zeitfressern mutieren, von denen man tunlichst die Finger lässt, dann liegt das in der Regel an der mangelnden Teamführung durch den Vorgesetzten, der

- in der Projektleitung Mitarbeiter »parkt«, die anderswo gescheitert sind oder für die man momentan irgendeine Übergangsbeschäftigung braucht;
- Projektteams gerne für Fragen einsetzt, die offiziell als wichtig deklariert, hinter vorgehaltener Hand jedoch gering geschätzt werden (zum Beispiel Aspekte der Political Correctness wie Gender-Fragen oder Nachhaltigkeit);
- die Teamarbeit nicht engagiert begleitet (etwa durch eine hochkarätig besetzte Startveranstaltung und regelmäßige Sitzungsteilnahme) und riskiert, dass eine ungute Gruppendynamik den Erfolg gefährdet.

Fehler 9: Schlechte Informationspolitik

Wo Informationen fehlen, entfalten sich Gerüchte – und zwar zu meist viel größeren gedanklichen Gespenstern, als die Realität sie schafft. Doch Informationsmangel kann nicht nur zu wilden Spekulationen führen – in manchen Abteilungen herrscht auch ein permanentes Grundchaos von Missverständnissen, Doppelarbeit, verpassten Deadlines und Katastrophenbegrenzungen in allerletzter Minute, weil relevante Informationen nicht oder nicht rechtzeitig bei jenen landen, die sie eigentlich brauchen. Dies führt dazu, dass die bequemen Mitarbeiter sich hinter einer Barrikade nach dem Motto »Davon habe ich nichts gewusst« zurücklehnen, während die ergebnisorientierten Kollegen langsam, aber sicher verzweifeln. Den Informationsfluss sicherzustellen zählt daher zu den klassischen Führungsaufgaben. Klappt das nicht, verursacht dies Stress, Frust und Reibereien im Team. Gängige Versäumnisse sind:

- Ad-hoc-Informationen zwischen Tür und Angel (»Ach, wo ich Sie gerade sehe ...«) statt gut organisierter Informationsroutinen (zum Beispiel Jour fixe, Strategiesitzung und andere Meetingformen);

- Bevorzugen von Insidern und Kronprinzen, die mehr wissen als andere und die dieses Wissen gerne mal ausspielen;
- keine Klarheit darüber, welche Informationsinstrumente wie genutzt werden sollen und worüber Sie überhaupt informiert werden wollen (Bevorzugen Sie E-Mail oder Telefon? Was gehört in die große Runde, was ins Zweiergespräch? Wie detailliert wollen Sie auf dem Laufenden gehalten werden?);
- Schwierigkeiten, Sitzungen ergebnisorientiert zu leiten.

Fehler 10: Keine Zeit in Netzwerke investieren

Netzwerke im Unternehmen und darüber hinaus sind heute aus vielen Gründen unverzichtbar, für die eigene Karriere nicht zuletzt deshalb, weil die interessantesten Positionen häufig über Kontakte vergeben werden. Netzwerke dienen aber auch dazu, die Leistungen des eigenen Bereichs ins richtige Licht zu rücken, den Dienstweg gelegentlich etwas zu beschleunigen oder wichtige Schlüsselinformationen vielleicht etwas früher zu bekommen als andere. Insofern wirkt sich die schlechte Vernetzung des Chefs mittelbar auch auf seine Mitarbeiter aus, wenn

- das Image der Abteilung im Unternehmen eher mäßig ist, weil Erfolge und Leistungen nicht genügend sichtbar werden. Dies kann sich bei Gehaltsverhandlungen oder Diskussionen um Stellenabbau oder Standortverlagerung sehr konkret auswirken;
- die Abteilung eher als Abstellgleis wirkt denn als Sprungbrett für ein weiteres Fortkommen.

Der Blick hinter die Kulissen: Fehlerursachen

Die Fallstricke im Führungsalltag sind also zahlreich, und zweifellos beeinträchtigen nicht alle Fehler den Führungserfolg und die Zusammenarbeit mit den Mitarbeitern in gleichem Maße. Am einen Ende der Skala liegen Drohungen, Erpressungen und Einschüchterungen Untergebener, gefolgt von Missachtung, Unsensibilität und Desinteresse, am anderen Ende eher handwerkliche Fehler wie chaotisches Informationsmanagement oder mangelnde Teamführung. Grundsätzlich wirken sich (zwischen-)menschliche Verfehlungen, die die Beziehung zu Mitarbeitern belasten und das Klima vergiften, verheerender aus als Sand im Getriebe der Arbeitsorganisation. Mitarbeiter, die an ihrem Arbeitsplatz Wertschätzung oder zumindest Respekt vermissen, verabschieden sich häufig in die innere Kündigung. Außerdem sollten Sie davon ausgehen, dass Ihr Verhalten prägend wirkt – gleichgültig, ob es sich um die Verletzung minimaler Höflichkeitsstandards oder das Einhalten von Terminen handelt. Wenn Sie es selbst nicht so genau nehmen, warum sollten Ihre Mitarbeiter das dann tun?

In zweieinhalb Jahrzehnten Unternehmenspraxis, ob als Führungskraft, Beraterin oder Coach, war ich mit zahllosen Formen von Fehlverhalten konfrontiert, zum Teil in schockierender Form. Was treibt Führungskräfte dazu, alle guten Sitten und Grundsätze wie Fairness oder Anstand außer Kraft zu setzen? Menschen, die im Privatleben nette Nachbarn, aufmerksame Freunde, liebevolle Mütter oder untadelige Familienväter sein mögen? Ein kurzer Blick auf mögliche Ursachen.

Stress: Wenn der Druck zu groß wird

Der Arbeitsdruck ist in den letzten Jahrzehnten auf allen Ebenen stark gestiegen. In vielen Bereichen werden immer mehr Aufgaben von immer weniger Menschen erledigt, was gerne als »Verdichtung« der Arbeit umschrieben wird. Zugunsten internationaler Wettbewerbsfähigkeit wurde radikal verschlankt, umstrukturiert und outgesourct. »Speck«, den man noch »abschmelzen« könnte, gibt es kaum noch, obwohl dynamische Jungberater unverdrossen weiter danach fahnden.

Stattdessen melden Krankenkassen eine Zunahme psychosomatischer und psychischer Erkrankungen, Befragungen belegen, dass immer mehr Menschen sich überfordert und erschöpft fühlen. Das setzt sich fort bis in die Führungsetagen. Die Weltgesundheitsorganisation (WHO) hat Stress zu einer der größten Gesundheitsgefahren des 21. Jahrhunderts erklärt.[80] Mancher Chef steht mit dem Rücken zur Wand, wenn er den Ansprüchen des Vorstands, der Shareholder und der Mitarbeiter gleichermaßen gerecht zu werden sucht. Das kann aggressiv machen oder abstumpfen. Man gibt den Druck ungefiltert weiter oder lässt aufgestauten Frust dort heraus, wo negative Folgen vordergründig ausbleiben – bei den Mitarbeitern. Nicht selten »dopen sich die Manager durch den Stress eines 18-Stunden-Tages«, schreibt die *Frankfurter Allgemeine Sonntagszeitung* Ende 2008 unter der Überschrift »Cola, Koks und Ritalin«.[81] Auch die Flucht in die Sucht wirft ein Schlaglicht auf die Befindlichkeit vieler Vorgesetzter.

Es ist also kein Zufall, dass »Work Life Balance« oder »Downshifting« zu den Modevokabeln unserer Zeit gehören. Immer mehr Führungskräfte versuchen, ihr Leben wieder ins Gleichgewicht zu bringen oder einen Gang herunterzuschalten, bis hin zum radikalen Ausstieg, oft in der Lebensmitte, wenn die Batterien endgültig leer sind. Von Investmentbankerinnen, die Modelabels gründen, ehemaligen Teamleitern in Konzernen, die als Studienkoordinatoren auf drei Viertel des bisherigen Gehaltes verzichten, oder von Chipentwicklern, die alle Zelte hinter sich abbrechen, um auf Weltreise zu gehen, berichtete etwa die *Frankfurter Allgemeine Zeitung* zu Weihnachten 2007.[82]

Wer souverän führen will, braucht Gelassenheit und Abstand; wer leistungsfähig bleiben will, sollte an seine Gesundheit denken, bevor Burnout, Hörsturz, Tinnitus, Depression oder Herzinfarkt drohen. Leider reagieren viele Menschen erst nach dem ersten »Warnschuss«. Wodurch man hohe Belastung ausgleichen kann, von Sport und gesunder Ernährung über soziale Kontakte und Hobbys bis zu Meditation und regelmäßigen Atempausen, ist längst bekannt. Sie wissen es selbst – man muss es eben nur *tun*, etwa indem man feste Termine dafür einplant und diese ebenso eisern verteidigt wie Businesstermine. Selbst US-Präsident Barack Obama schafft es dem Vernehmen nach ins Fitnessstudio. Das Gegenargument, keine Zeit zu haben, erinnert zudem an die Geschichte vom Waldarbeiter, der sich mit einer stumpfen Säge an einem dicken Baum abmüht. Ein Spaziergänger fragt ihn, warum er nicht erst sein Werkzeug schärft. Darauf der Arbeiter: »Säge schärfen?! Dafür habe ich keine Zeit!«

Werte: Wenn der innere Kompass abhandenkommt

Werte im Unternehmenskontext sind seit einigen Jahren ein Thema in Debatten und Sonntagsreden, aber auch in Seminaren und Coachings.

Wer bei Google die Stichworte »Werte und Führung« eingibt, wird mit rund 1,2 Millionen Treffern belohnt. Öffentlich kocht die Frage immer dann wieder hoch, wenn Verfehlungen einzelner Topmanager bekannt werden. Werte sind die Richtschnur für das eigene Handeln, der letzte Entscheidungsgrund in Dilemmasituationen, für die es keine wirkliche Lösung gibt – Rollenkonflikte, widerstreitende Erwartungen unterschiedlicher Instanzen, Druck von oben oder gar Ansinnen, die man bestenfalls als halblegal bezeichnen kann, wie das folgende:

Der Personalleiter eines großen Dienstleistungsunternehmens gründet in Abstimmung mit dem Vorstand eine betriebseigene Krankenkasse. Er selbst wird Vorsitzender des Beirats der Kasse, eines Gremiums, das seine Entscheidungen unabhängig vom Trägerunternehmen fällt. Nach zwei Jahren zeichnet sich ab, dass die neue Betriebskrankenkasse wegen der begrenzten Mitgliederzahl auf Dauer wirtschaftlich nicht überlebensfähig sein wird. Daraufhin beschließt der Beirat, die Kasse für andere Mitglieder zu öffnen. Trotz der eindeutigen juristischen Lage betrachtet der Vorstandsvorsitzende des Trägerunternehmens diese Entscheidung offenbar als Angriff auf seine persönliche Autorität. Er stellt dem Personalleiter ein Ultimatum: Entweder er nimmt die Entscheidung sofort zurück, beruft den Beirat noch einmal ein und erklärt das Ganze zum »Irrtum«, oder er, der Vorstandsvorsitzende, werde dafür sorgen, dass der Personaler »seinen Job hier bald los« sei. Die Kasse bleibt »offen«, es gibt sie bis heute. Der Personalleiter allerdings wird nach einem Jahr mit hoher Abfindung aus dem Unternehmen hinauskomplimentiert.

Karriereambitionen, Sicherheit, persönliche Integrität, Moral – nach welchen Maßstäben entscheidet man in solchen Situationen? Die Antwort wird je nach persönlicher Wertehierarchie unterschiedlich ausfallen, und diese Güterabwägung nimmt Ihnen niemand ab. Gut, wenn man sich schon bei ruhiger See Gedanken gemacht hat, wie man reagieren will, wenn es einmal stürmisch wird. Könnten Sie spontan Ihre drei wichtigsten Werte benennen? An welchen »Leitsternen« richten Sie Ihr Leben aus? Auf was könnten Sie keinesfalls verzichten? Auf Erfolg, Ansehen, Macht? Auf Familie? Auf persönliche Integrität? Welche Konzessionen würden Sie zugunsten Ihrer Karriere machen? Würden Sie Mitarbeiter belügen, als Sündenböcke missbrauchen oder gar feuern, wenn das Ihnen persönlich nutzt? Wie wichtig ist Ihnen Ihre persönliche Ehre? Und wie unabhängig sind Sie in Ihrer Entscheidungsfreiheit? Ich höre immer wieder bei Managern, die im Dilemma stecken, dass sie ja anders entscheiden würden, wenn sie es sich leisten könnten, aber Kinder, Haus und Boot würden eben kosten. Die Frage, wie stark man die eigenen finanziellen Fesseln anlegt, ist für den Grad der Entspanntheit einer Karriere eine sehr wesentliche. Je mehr finanzielle Sicherheit Sie im Rücken verspüren, je schuldenfreier und überschaubarer der Rahmen ist, in dem Sie leben, umso freier sind Sie darin, Ihren Werten zu folgen.

Wenn man es fast schon als rührend altmodisch empfindet, im Zusammenhang mit Management an die »Ehre« zu appellieren, zeigt dies nur, wie weit wir inzwischen von verbindlichen Verhaltensstandards entfernt sind. Man könnte ebenso gut »Anstand« sagen oder die früher übliche »Moral des ehrlichen Kaufmanns« zitieren. Auch Immanuel Kants berühmter kategorischer Imperativ taugt bis heute als ebenso bündige wie ambitionierte Richtschnur: »Handle so, dass die Maxime deines Willens jederzeit zugleich als Prinzip einer allgemeinen Gesetzgebung gelten könne.«

Im realen Business scheinen teilweise eher die Gesetze des Dschungels zu herrschen. Möglicherweise hängt das auch damit zusammen, dass nicht wenige Führungskräfte dem im Kapitel *Wunschdenken* zitierten Heldenmythos selbst aufsitzen. Vor allem die jüngeren, karrierehungrigen unter ihnen verstehen das Business häufig als eine Art »Krieg« und sich selbst als unerschrockene Kämpfer. Von diesem Selbstverständnis ist es nicht weit zu Einstellungen wie »Wo gehobelt wird, fallen Späne« oder »Hart sein, gegen sich selbst und andere«, eben zum achselzuckenden Hinnehmen der »Kollateralschäden« des Businesskrieges.

Werte im Führungsalltag

Wie ist es also in der Unternehmenspraxis um die Werte bestellt? Eine Umfrage der »Initiative Werte bewusste Führung« in Zusammenarbeit mit dem Institut für angewandtes Wissen e.V (iaw-Köln) aus dem Jahr 2007 zeigt, dass viele Führungskräfte Werten durchaus einen hohen Stellenwert beimessen. Aber ergibt eine solche Studie mehr als wohlfeile Lippenbekenntnisse? Knapp 500 Führungskräfte im Alter zwischen 36 und 55 Jahren nannten folgende Werte als besonders wichtig für sich und das persönliche Handeln: Verantwortung (75,3 Prozent), Vertrauen (68 Prozent), Respekt (53,3 Prozent), Integrität (44,9 Prozent), Nachhaltigkeit (30,8 Prozent), Mut (18,6 Prozent). Skeptisch stimmt dabei, dass Mut mit Abstand auf dem letzten Platz gelandet ist – um die anderen Werte zu leben, braucht es nicht selten vor allem Mut! Auch die Relevanz des Modewerts Nachhaltigkeit stimmt misstrauisch.

Dazu passt auch, dass die Aussage »Ich bin ein werteorientierter Mensch« auf der Skala von 0 bis 10 (stimme überhaupt nicht zu/stimme voll zu) eine Zustimmung von 7,5 erhält; die Aussage »Wer Recht hat, muss auch negative Konsequenzen in Kauf nehmen, um es einzufordern« jedoch nur noch einen schwachen Mittelwert von 4,3. Daraus könnte man schließen, dass für etliche der Befragten Werte etwas für Schönwetterperioden sind. Was Werte wirklich »wert« sind, zeigt sich jedoch erst in Belastungssituationen.[83] Vorbeugen kann man allenfalls, indem man schon vor Stellenantritt auszuloten versucht, ob die im Unternehmen gelebten Werte zum eigenen Werteprofil passen – sofern das überhaupt möglich ist.

Fachleute sehen jedenfalls Handlungsbedarf: Rakesh Khurana und Nitin Nohria, Professoren an der renommierten Harvard Business School, fordern angesichts des gravierenden Ansehensverlustes von Managern einen Verhaltenskodex für diese Berufsgruppe, einen »hippokratischen Eid für Manager«. Die Überwachung dieser Selbstverpflichtung, die durch eine reglementierte Ausbildung flankiert und bereits im Studium vermittelt werden soll, solle ähnlich wie bei Medizinern und Ärzten einer Standesorganisation übertragen werden. Die beiden Wirtschaftswissenschaftler setzen auf die psychologische Wirkung verbindlicher Standards, deren Einhaltung man zu Beginn seiner Laufbahn geschworen hat. Und sie liefern sogar einen Textentwurf für einen solchen Eid – hier ein paar Auszüge:

»Als Manager diene ich der Gesellschaft als Treuhänder einer ihrer wichtigsten Institutionen: Unternehmen, die Menschen und Ressourcen zusammenbringen [...]. Meine Aufgabe besteht darin, dem Interesse der Öffentlichkeit zu dienen, indem ich den Wert vermehre, den mein Unternehmen für die Gesellschaft schafft. [...]

Ich gelobe, dass Belange, die von Vorteil für meine Person sind, niemals Vorrang vor den Interessen des Unternehmens haben werden, mit dessen Management ich betraut bin. [...]

In meinem persönlichen Verhalten werde ich ein Beispiel für Integrität sein und nach den Werten handeln, die ich öffentlich vertrete. [...]

Ich leite mein Unternehmen, indem ich gewissenhaft, rücksichtsvoll und sorgfältig auf Grundlage des größtmöglichen verfügbaren Wissens urteile. [...]

Ich erkenne an, dass mein Ansehen und meine Privilegien als Manager auf das Ansehen und das Vertrauen zurückzuführen sind, die der Berufsstand insgesamt genießt. Ich übernehme die Verantwortung dafür, die Standards der Managementprofession selbst zu verkörpern, zu schützen und weiterzuentwickeln, um diesen Respekt und diese Ehre zu mehren.«[84]

Gelebte Werte sorgen dafür, dass Führungskräfte für Mitarbeiter und Öffentlichkeit berechenbar und glaubwürdig sind. Außerdem: Woran will man sich orientieren, wenn nicht an eigenen Prinzipien? Unternehmen kommen und gehen, Strategien ändern sich schneller, als man nachkommt, eine global vernetzte Wirtschaft konfrontiert auch mit fragwürdigen Ansprüchen und Geschäftspraktiken.

Wahr ist allerdings auch: Häufig bleiben unmittelbare Sanktionen des Umfelds aus, wenn Vorgesetzte gegenüber ihren Mitarbeitern unfair agieren, sei es durch Druck, Missachtung oder Launenhaftigkeit. Solange die Zahlen stimmen, drücken die Verantwortlichen oft beide Augen zu. Nicht selten werden Sie sogar beobachten, dass Menschen, die sich von allen Minimalstandards der Höflichkeit und des Anstands verabschiedet haben, scheinbar ungehindert Karriere machen. Viele fragwürdige Führungskräfte kommen sehr weit oder sitzen schon ganz oben. Die Unbeliebtheit bei den Mitarbeitern hat ihnen bisher nicht geschadet. Ich erlebe in meiner Beratungspraxis immer wieder, dass Vorstände sich fragen, ob »so jemand« noch tragbar sei und ob nicht die Trennung der beste Weg sei, wenn massiv gegen die Leitsätze des Unternehmens verstoßen wird. Anschließend werden Umsätze, Kundenbindung, Ideenreichtum und Innovationskraft dagegen aufgewogen – und wer hier punktet, »überlebt« zunächst.

Führungsverhalten fließt nicht in allen Kontexten in die Gesamtbeurteilung oder gar Entlohnung mit ein: Entscheidend ist, wer die Entscheidungen fällt. Dass etwas (noch) »funktioniert«, entschuldigt jedoch längst nicht alles. Man braucht den Anker in sich selbst. Ein hippokratischer Eid kann da eine Stütze sein, ein Leuchtturm, der den Weg weist. Er kann aber Selbstreflexion und innere Haltung nicht ersetzen.

Emotionale Intelligenz: Wenn es an Einfühlung mangelt

Wenn Karriere, Geld und Macht in der persönlichen Wertehierarchie ganz oben stehen, bleibt im Führungsalltag kaum Platz zum Hinhören und Nachfragen und für Respekt und Rücksichtnahme. Eben dies, gerne auch als Empathie oder Einfühlungsvermögen beschrieben, sorgt jedoch dafür, dass Mitarbeiter sich an ihrem Arbeitsplatz wohlfühlen. Gute Führungskräfte sind (auch) »gut mit Menschen«. Daniel Goleman, dessen Motto »Gute Stimmung, gute Arbeit« oben schon zitiert wurde, hat diesen Kerngedanken unter dem Stichwort »emotionale Intelligenz« schon vor Jahren populär gemacht. Emotional intelligente Menschen

- sind sich ihrer eigenen Emotionen und deren Wirkung bewusst (Selbstwahrnehmung);
- können negative Impulse und Emotionen kontrollieren (Selbstkontrolle);
- verfügen über Empathie, sie »können die Emotionen anderer wahrnehmen, ihre Sicht der Dinge verstehen und aktives Interesse für ihre Anliegen zeigen« (soziales Bewusstsein) – übrigens eine der wesentlichen Unterscheidungen zwischen uns Menschen und anderen Säugetieren;
- können Beziehungen aufbauen und aufrechterhalten, andere überzeugen, fördern und Feedback geben (Beziehungsmanagement).[85]

Emotionale Intelligenz im Führungsalltag

Wissen Sie, wie Sie auf andere wirken? Wundern Sie sich manchmal über heftige Reaktionen, obwohl Sie doch nur »ganz sachlich« auf Fehler hingewiesen haben? Fallen Sie bei Eigenkündigungen Ihrer Mitarbeiter regelmäßig aus allen Wolken, weil für Sie eigentlich »alles in Ordnung« war? Überraschen Führungskollegen Sie gelegentlich mit Einschätzungen zu Ihrem Team, die meilenweit von Ihren eigenen entfernt sind? Kurz: Bekommen Sie noch mit, wie es um Ihre Mitarbeiter bestellt ist?

Einer meiner Coaching-Klienten war im Rahmen eines Führungsfeedbacks seiner Mitarbeiter peinlich berührt und geradezu erschrocken darüber, dass man ihm zurückmeldete, es wäre einfach schön und wertschätzend, wenn er doch morgens mal grüßen würde, wenn er Mitarbeitern im Büro begegnet. Ihm war überhaupt nicht bewusst, dies nicht zu tun, er hielt sich für einen höflichen Chef. Erst bei längerem Nachdenken fiel ihm ein, dass sie Recht hatten, denn sein Morgenritual sah so aus, während des Weges vom Parkplatz zum Schreibtisch schon den Tag zu skizzieren, seine To-Do-Liste im Kopf hochzufahren. Und dabei war er so konzentriert, dass er nicht richtig sah, wer ihm begegnete. Er erklärte den Mitarbeitern dann sein bisheriges Vorgehen und versprach Besserung.

Ebenso irritiert reagierte ein Chefarzt, der seine Mitarbeiter bei der Visite höflich grüßte, sich für die Informationen und nach abgeschlossenem Rundgang bedankte und sie sogar mit Namen kannte und ansprach. Er fühlte sich auf der sicheren Seite und hielt sich für eine vorbildliche Führungskraft. Das Feedback seiner Mitarbeiter lautete: »Sie sehen uns nur wie einen Automat, der Fakten ausspuckt. Wie es uns geht, was uns Sorgen bereitet, wie wir mit der Arbeit zurechtkommen, das interessiert Sie alles überhaupt nicht. Wir müssen nur funktionieren. Aber wir sind doch auch Menschen.« Zwischen korrektem und empathischem Verhalten liegt oft nur eine schwer auszumachende kleine Differenz, es geht um Gestik und Mimik sowie das Zuhören und Nachfragen. Dieser Arzt bewegte zum Beispiel nie seine untere Gesichtshälfte, zeigte kein Lächeln und keine Mundbewegungen. Es fehlten eine körperlich spürbare Zugewandtheit und echtes Interesse an den Kollegen, auch wenn augenscheinlich alles untadelig war.

Kann man Empathie trainieren, seine emotionale Intelligenz verbessern? Mit verstärkter Aufmerksamkeit in konkreten beruflichen Situationen, eventuell auch durch das Feedback eines versierten Coachs lässt sich die Sensibilität für die weichen Faktoren im Unternehmensalltag steigern. Dies lohnt sich auch deswegen, weil Menschen, die sich mit sozialen Faktoren schwertun, eben nicht nur in der Führung Probleme bekommen, sondern häufig auch im Umgang mit den Kollegen und Vorgesetzten anecken.

Fehler ausbügeln: Wie retten Sie die Situation?

»Dass viele Manager in den letzten Jahren Fehler gemacht haben, ist unbestreitbar. Wer entscheidet, der macht immer auch Fehler, das ist nicht das Problem. Nur: Warum gibt es keine Manager mit Rückgrat, die zu ihren Fehlern stehen?«, fragt der bekannte Schweizer Wirtschaftsjournalist und Fernsehmoderator Reto Lipp anlässlich des Weltwirtschaftsforums 2009 in Davos.[86] Anschließend wundert er sich, dass keinem der Topmanager in den Banken, die in den letzten Jahren Milliarden in faulen Krediten und hoch spekulativen Anlageformen versenkten, auch nur ein Wort des Bedauerns über die Lippen kam. Man mag hier juristische Vorsicht ins Feld führen, aber ist das nicht eher eine bequeme Ausrede?

Tatsache ist: Wer Fehler gemacht hat, wird sie durch Totschweigen oder gar Schuldzuweisungen an andere nicht ungeschehen machen – im Gegenteil, Zorn, Groll oder Resignation werden sich aufstauen und umso hartnäckiger festsetzen. Die Alternative? Rechtzeitig den Fehler eingestehen und Besserung beziehungsweise Wiedergutmachung geloben. Nichts wirkt auf das Gegenüber entwaffnender, als ein offenes Eingeständnis der eigenen Versäumnisse.

Seien wir ehrlich: Ich mache Fehler, Sie machen Fehler, wir alle machen welche. Wenn sich in Ihrer Abteilung Lustlosigkeit breitmacht, wenn Sie in Besprechungen den Alleinunterhalter spielen, wenn all Ihre Ideen auf trotziges Schweigen prallen, dann wird es höchste Zeit zu reagieren. Dasselbe gilt, wenn Mitarbeiter Ihnen aus dem Weg gehen, Dienst nach Vorschrift machen, wegen Kleinigkeiten aus der Haut fahren oder sich zu hämischen Kommentaren hinreißen lassen. Auch Sehnsucht nach dem Vorgänger ist ein Alarmsignal: Wenn »früher alles besser war«, wenn Ihnen zugetragen wird, der Herr Müller oder die Frau Schulze hätten wenigstens gewusst, wie man »die da oben managen muss«, sollten Sie die Notbremse ziehen.

Welche Fehlerkultur pflegen Sie?

In vielen Unternehmen wird zwar »Kritikfähigkeit« beschworen und eine positive Fehlerkultur (»Non-Blaming Culture«) gefordert. Manchmal hat man allerdings den Eindruck, dass das Management sich selbst davon bewusst oder unbewusst ausnimmt. Kein Wunder: Helden, Übervväter und Visionäre machen eben keine Fehler – und wenn doch, dann offensichtlich solche, die in gängigen Bewerbungsratgebern auch ambitionierten Stellenaspiranten empfohlen werden: »Welcher ist Ihr größter Fehler?« lautet eine Frage im Prominentenfragebogen der *Frankfurter Allgemeinen Zeitung*. Topberater Roland Berger antwortete: »Ungeduld«; Unternehmer Vural Öger: »Alles jetzt und sofort – Ungeduld«;

Roland Koch, hessischer Ministerpräsident: »Ungeduld.« Die Liste ließe sich fortsetzen. Nur Hans-Olaf Henkel, ehemaliger BDI-Präsident, bekannte tapfer Farbe: »Bestimmt nicht Ungeduld, wie die meisten Feiglinge hier antworten, eher Selbstgerechtigkeit, Egozentrik und Narzissmus.«[87]

Schon sachliche Managementfehler werden in kaum einem Unternehmen offen thematisiert. Zwar werden Fehlschläge anderer gelegentlich benutzt, um den Karriererivalen zu demontieren. Ein produktiver Umgang mit Fehlern, dass man sie als Lernchance oder als Warnsignal begreift, um Fehlentwicklungen rechtzeitig zu korrigieren, ist jedoch die Ausnahme. Wenn es Managern schon unglaublich schwerfällt, sachliche Fehler und Fehlentscheidungen einzuräumen – wie schwer muss es erst sein, ein persönliches Fehlverhalten zuzugeben und sich dafür auch noch zu entschuldigen? Das gelingt vielen Menschen noch nicht einmal im Privatleben. Umso schwerer ist es dann im Job, noch dazu für Führungskräfte, die sich jederzeit hinter den Schutzwall der Hierarchie zurückziehen können und Kritik oder Angriffe so in den meisten Fällen erfolgreich im Keim ersticken. Auf die Dauer bringt Wegducken jedoch nichts – vielmehr lohnt es sich, offen mit den eigenen Fehlern umzugehen.

Wie Sie souverän mit Fehlern umgehen

Im Führungsalltag kommt es gar nicht selten vor, dass man nicht weiß und versteht, warum sich die Mienen in letzter Zeit so verdüstert haben. Ich habe in meiner Beratungspraxis Klienten erlebt, die sich erst fragten, was falsch gelaufen sein könnte, als der dritte oder vierte Mitarbeiter binnen weniger Monate gekündigt hatte. Gegen die Betriebsblindheit in eigener Sache kann man etwas tun. Sie müssen wirklich zuhören, Feedback einfordern und vor allem lernen, auf erste Warnsignale wie die folgenden zu achten:

- (einzelne) Mitarbeiter gehen Ihnen aus dem Weg und tauchen förmlich ab;
- Mitarbeiter stehen umgekehrt dauernd bei Ihnen in der Tür, haben offensichtlich etwas auf dem Herzen;
- Sie werden in Sitzungen immer öfter mit trotzigem Schweigen konfrontiert;

- schnippische Bemerkungen (»Wenn Sie meinen ...«) nehmen zu;
- Ihr Team trifft sich immer öfter tuschelnd auf dem Flur, beim Kopierer oder in der Teeküche, und die Gespräche verstummen blitzartig, wenn Sie vorbeikommen;
- Krankheitsfälle und Kündigungen häufen sich;
- die Disziplin in Meetings und der Respekt Ihnen gegenüber schwächen sich ab, man ist unpünktlich, unvorbereitet und beteiligt sich nicht mehr konstruktiv an Diskussionen.

Gehen Sie solchen Beobachtungen auf den Grund. Mögliche Vorgehensweisen:

- Konfrontieren Sie die Mitarbeiter offen mit Ihrem Eindruck: »Ich habe den Eindruck, dass im Moment schlechte Stimmung herrscht. Woran liegt das?« Oder: »Mir fällt auf, dass wir in diesem Projekt auf der Stelle treten, dass die Luft raus ist. Welche Gründe hat das?«
- Stellen Sie konstruktive Fragen: »Was kann ich tun, damit Sie sich für das Projekt begeistern?« Oder: »Wie kann ich dazu beitragen, dass wir konstruktiver miteinander umgehen, dass hier ein positiver Geist Einzug hält?«
- Zeigen Sie eigene Betroffenheit: »Mir fällt auf, dass sich das Klima in unserer Abteilung in letzter Zeit verschlechtert hat. Gibt es konkrete Gründe, auch von meiner Seite?«

Bei all diesen Fragen liegt die Kunst darin, keine Unterstellungen oder Vorwürfe zu verstecken und nach der Frage das Schweigen so lange auszuhalten, bis die Antworten kommen. Und je nachdem, wie groß der Frust in der Abteilung schon ist, kann das dauern.

Wenn einzelne Mitarbeiter auf Distanz gehen, sich zurückziehen oder aggressiv reagieren, sollten Sie diese im persönlichen Gespräch darauf ansprechen. Werden Sie mit unerwarteter Kritik konfrontiert, sollten Sie erst einmal ruhig zuhören. Sehen Sie es als Vertrauensbeweis an, wenn Mitarbeiter sich aus der Deckung trauen. Haken Sie nach, wenn Sie einzelne Punkte nicht verstehen, aber vermeiden Sie vorschnelle Rechtfertigungsversuche. Trifft Sie das Ganze völlig unvorbereitet, kann es am klügsten sein, eigene Reaktionen erst einmal zu vertagen – bedanken Sie sich für die Offenheit und geben Sie zu, dass Sie darüber erst einmal nachdenken müssen. Sie dürfen die Angelegenheit dann allerdings nicht im Sande verlaufen lassen!

Wenn eine Entschuldigung fällig ist

Ratlosigkeit wird jedoch nicht der Regelfall sein: Häufig genug ist einem selbst bewusst, dass und wo man unnötig schroff reagiert, unfair gehandelt, Mitarbeiter bewusst im Dunkeln gelassen oder zugunsten von Eigeninteressen benutzt oder vorgeschoben hat. Hier hilft nur eine schnörkellose Entschuldigung. Mit »schnörkellos« meine ich ohne Umschweife und mit klaren, einfachen Worten: »Das war falsch, und es tut mir leid«, oder: »Das war mein Fehler, und dafür bitte ich Sie um Entschuldigung.« Vermeiden Sie relativierende Nachsätze, die Ihre Entschuldigung wertlos machen: »Es tut mir leid, *aber* in der Situation war Ihr Verhalten auch schwer nachvollziehbar«, oder: »Es tut mir leid, *aber* unter dem Druck der Ereignisse war eben rasches Handeln geboten!« Indirekt schieben Sie so die Verantwortung Ihrem Gegenüber oder den Umständen zu. Dann können Sie es auch gleich sein lassen.

Viele Führungskräfte – viele Menschen überhaupt – schrecken vor Entschuldigungen zurück, weil sie meinen, damit ihren Status zu beschädigen, sich klein zu machen oder an Ansehen zu verlieren. In der Alltagssprache heißt es, man wolle nicht »zu Kreuze kriechen«, und darin schwingt eben jene Sorge deutlich mit. Dabei ist es genau umgekehrt: Eine ehrliche, ernst gemeinte Entschuldigung nötigt Respekt ab und stärkt Ihre Souveränität.

Eine schöne Übung: Treffen Sie nach einer Entschuldigung Ihrerseits für ein typisches negatives Verhalten eine Abmachung mit Ihrem Team und arbeiten Sie gemeinsam daran, dass sich dieses Verhalten nicht wiederholt. So könnten Sie zum Beispiel ausmachen, dass immer dann, wenn Sie wieder zu Ihrem genervten Ausspruch »Ja, ja, ist schon klar, kommen Sie zum Punkt!« ansetzen wollen und jemandem ins Wort fallen, Teammitglieder mit dem Stift wedeln, um Ihnen ein Signal zu geben, dass es wieder so weit ist. So lernen Sie etwas über Ihren blinden Fleck und entwickeln sich gleichzeitig als Team weiter.

Gehen Sie also mit gutem Beispiel voran und stehen Sie zu Ihren Fehlern. Damit legen Sie gleichzeitig die Basis für eine echte positive Fehlerkultur und für mehr »Kritikfähigkeit« auch im Team.

Auf einen Blick

- Blicken Sie der Wahrheit ins Gesicht: Jeder macht Fehler, auch in der Mitarbeiterführung – auch Sie!
- Die meisten Führungsfehler beeinträchtigen zunächst einmal »weiche« Faktoren: Sie beschädigen Vertrauen, belasten die Beziehung zu einzelnen Mitarbeitern und vergiften im Extremfall das Abteilungsklima. Da all dies sich negativ auf die Arbeitsproduktivität auswirkt, haben Fehler messbare Folgen. Es lohnt sich daher, konstruktiv mit eigenen Fehlern umzugehen.
- Vorbeugen ist besser als heilen: Eine ausgewogene Work-Life-Balance schützt Sie vor impulsiven Reaktionen im stressigen Führungsalltag und vor Verhaltensweisen, die Ihnen später leid tun.
- Nicht jede unfaire oder sogar unmoralische Verhaltensweise gegenüber Mitarbeitern wird im Unternehmenskontext sanktioniert. Handlungsmaßstab sollte jedoch nicht das sein, was »funktioniert«, sondern was Ihr persönliches Wertesystem Ihnen rät. Werte sind Leitplanken für das eigene Verhalten und ein Wegweiser in Dilemma-Situationen.
- Die Fähigkeit, konstruktiv mit den eigenen Emotionen und denen anderer umzugehen, ist ein wichtiger Baustein des Führungserfolgs. Empathie bedeutet nicht Kuschelkurs, sondern kluges Eingehen auf andere Menschen. Wenn es Sie öfter irritiert, welche Reaktionen Sie auslösen, sollten Sie gezielt an diesen Soft Skills arbeiten, etwa mit einem erfahrenen Coach.
- Gehen Sie den Dingen auf den Grund, wenn sich das Klima in Ihrem Bereich verschlechtert, wenn einzelne Mitarbeiter Ihnen aus dem Weg gehen oder wenn sich Aggression und Lethargie ausbreiten.
- Stehen Sie zu Ihren Fehlern und entschuldigen Sie sich schnörkellos. Entgegen einem weitverbreiteten Vorurteil wird Sie das nicht Respekt kosten, sondern Ihre Autorität stärken.

Kapitel 8

Brücken bauen – sieben Erfolgsfaktoren für ein produktives Arbeitsklima

Alles Große in unserer Welt geschieht nur,
weil jemand mehr tut, als er muss.
Hermann Gmeiner

Führungstheorien gibt es mehr als genug, und jedes Jahr kommen neue, ultimative Erfolgsrezepte auf den Markt. Wenn man jedoch auf die Praxis in den Unternehmen schaut, mangelt es nicht an ausgeklügelten Modellen. Woran es hapert, sind oft die vermeintlich »simplen« Dinge – so banal, dass man sie manchmal kaum auszusprechen wagt.

Ein prominentes Beispiel zeigt das deutlich: Anfang Februar 2009 geriet der Stuhl des Chefs der Deutschen Bahn, Hartmut Mehdorn, heftig ins Wackeln. Scheibchenweise kam das ganze Ausmaß der »Bespitzelungsaffäre« im Bahnkonzern ans Licht; der Kreis der Betroffenen wurde immer größer, bis sich schließlich herausstellte, dass 173 000 Mitarbeiter betroffen waren. Statt einer sofortigen Aufklärung und Entschuldigung ließ sich Mehdorn nur unter dem Druck der Öffentlichkeit zu einer halbherzigen Entschuldigung herab: »Wenn [...] der Eindruck entstanden sein sollte, der Vorstand misstraue den Mitarbeitern, dann bedaure ich dies ausdrücklich...« Drei Tage zuvor hatte der Chefbahner den Journalisten noch diktiert, man habe sich nichts vorzuwerfen.[88]

Schlimmer geht's kaum, und auch hier wurden einfachste Führungsgrundsätze verletzt, etwa Respekt vor den Mitarbeitern, das Stehen zu den eigenen Fehlern und ein professionelles Krisenmanagement. Ende März bot Hartmut Mehdorn schließlich seinen Rücktritt an.

Ich überlasse die neuen Supertheorien in Sachen Führung deshalb gerne anderen. Mir würde es schon genügen, wenn die in diesem Kapitel vorgestellten Grundlagen bei der Menschenführung im Alltag beherzigt und verinnerlicht würden. Chefs, die zu Feindbildern mutieren, wären dann die Ausnahme.

1. Die eigenen Stärken und Schwächen kennen – Selbstreflexion

Gute Führungskräfte hinterfragen die eigene Person, sie sind bereit, dazuzulernen. Sich selbst zu reflektieren, sich eigener Schwächen und blinder Flecken in der Eigenwahrnehmung bewusst zu sein zeugt von großer Souveränität – einer Souveränität, die narzisstisch geprägten Egomanen in den Chefetagen überwiegend fehlt. In den Personalabteilungen hat man auf diesen Zustand in den letzten Jahrzehnten mit Instrumenten wie Management-Audits, 360-Grad-Feedback und verstärkten Coaching-Angeboten reagiert. Leider werden diese Angebote häufig als Kontrollinstrumente missverstanden (und gelegentlich auch als solche missbraucht).

Ich kann Sie nur ermuntern, solche Chancen umfassenden Feedbacks aktiv einzufordern und zu nutzen, um sich selbst zu überprüfen. Seien Sie bereit, an sich zu arbeiten, und gehen Sie überraschenden Bewertungen auf den Grund. Mit jedem Schritt auf der Karriereleiter, mit jedem Unternehmenswechsel sind Sie neu gefordert – nehmen Sie die Herausforderung an und entwickeln Sie sich aktiv weiter.

2. Sich nicht nur mit Jasagern umgeben – Offenheit

Selbst der Papst kommt nicht ohne Korrektiv aus, so das Fazit vieler Beobachter angesichts der Wiederaufnahme reaktionärer und (zumindest in einem Fall) antisemitischer Bischöfe in die Kirche durch Benedikt XVI. Anfang 2009. Die Folgen für den interreligiösen Dialog waren verheerend. Die schwer nachvollziehbare Handlungsweise des Papstes wurde unter anderem mit seiner Abschottung gegen kritische Stimmen begründet. Wer sich nur mit Jasagern umgibt, hat niemanden, der ihn bei Fehleinschätzungen warnt. Außerdem verzichtet er auf das kreative Potenzial anderer. Menschen, die schon eifrig nicken, bevor Sie Ihre Ausführungen beendet haben, tragen im Allgemeinen wenig dazu bei, das Unternehmen voranzutreiben.

Sorgen Sie also für ein offenes, lebendiges Klima in Ihrer Abteilung, diskutieren Sie Ideen, veranstalten Sie Brainstormings zur Lösungsfindung in wichtigen Fragen. Das bedeutet nicht, Basisdemokratie einzuführen, sondern vor einer Entscheidung alle gehört zu haben. Mitarbeiter beklagen zu Recht häufig, dass sie nicht nach ihrer Meinung gefragt wurden. Warum also alles selbst machen oder selbst erfinden? Ob Ihre Mitarbeiter sich auch trauen, kritische Meinungen zu äußern, hängt ganz von Ihrer Reaktion bei Präzedenzfällen ab. Wer ungehalten reagiert und so die zuvor beschworene »Kritikfähigkeit« als reines Lippenbekenntnis entlarvt, erweist sich selbst einen Bärendienst.

3. Sich selbst zurücknehmen können – Empathie

Führungskräfte scheitern vorwiegend an weichen Faktoren, seltener an mangelnder Fachkompetenz. Sich in den anderen hineindenken, seine Reaktionen vorhersehen oder nachvollziehen zu können, um besonnen damit umzugehen – das ist sicherlich eine Schlüsselqualifikation im Bereich sozialer Kompetenz. Empathie meint also nicht bedingungslose Identifikation, sondern das Einkalkulieren von Gefühlen und Einstellungen des Gegenübers bei der eigenen Vorgehensweise. Das gelingt nur, wenn nicht alles um die eigene Person kreist. Nur dann ist man in der Lage, genauer hinzuhören und nachzufragen. Und gut zuzuhören ist für die meisten Menschen eine der schwierigsten Aufgaben überhaupt.

Eine Umfrage zum Jahresende 2008 ergab übrigens, dass Mitarbeiter sich in schwierigen Zeiten (wie einer Rezession) von ihren Führungskräften vor allem vier Dinge wünschen: Zukunft, Mitgefühl, Vertrauen und Stabilität. Immerhin zwei der Top 4 setzen soziale Kompetenz zwingend voraus.

4. Sich Zeit für Führung nehmen – Fokussieren

Alle hehren Vorsätze für Mitarbeiterorientierung bringen wenig, wenn sie im kräftezehrenden Alltagsgeschäft versanden. Einem Chef, der kaum da oder kaum ansprechbar ist, nützt alle Empathie der Welt wenig. Und doch weiß jeder: Gerade bei anspruchsvollen Positionen ist immer zu wenig Zeit da, um »alles« zu schaffen. Dennoch braucht es Zeit füreinander und Zeit miteinander, wenn man eine belastbare Führungsbeziehung zu seinen Mitarbeitern aufbauen will: Zeit für Gespräche, Zeit am Rande von Meetings, Zeit für eigens einberufene Grundsatzdiskussionen und Frage-Antwort-Stunden. Vielleicht ist das sogar der schwierigste Lernprozess in einer Führungslaufbahn: sich Zeit zu nehmen für originäre Führungsaufgaben, wenn man sie »eigentlich« nicht hat.

Wenn Sie sich diese Zeit nehmen, dann sollten Sie auch »ganz da sein« in der Situation und sich wirklich ganz auf das Gespräch, auf das Gegenüber fokussieren. In einem Gespräch dürfen Sie also nichts anderes parallel tun, sondern müssen sich ganz auf die Situation einlassen, pur und ohne Ablenkung. Wie selten tun wir das und wie selten erleben wir das bei unseren Gesprächspartnern? »Quality time« ist ein neues Schlagwort, nicht nur in der Kindererziehung und Partnerschaft: Die wenige Zeit, die man hat, qualitativ hochwertig zu gestalten und bewusst wahrzunehmen – das gibt Beziehungen und Persönlichkeiten Tiefe.

Gute Führung braucht also Präsenz, Greifbarkeit und Ansprechbarkeit. Ansätze wie »Management by Walking Around« lenken die Aufmerksamkeit darauf. Wird der Druck der Sach- und Führungsaufgaben zu groß, hilft es, bewusst innezuhalten: Was muss wirklich unbedingt und sofort erledigt werden? Wofür werde ich bezahlt? Setze ich die richtigen Prioritäten? Die Kernaufgabe einer Führungskraft besteht schließlich darin, dafür zu sorgen, dass im Team alles rund läuft und gute Ergebnisse erzielt werden.

5. Mit Fehlern umgehen können – Fehlerkultur

Nur wenige Abteilungen schaffen es, Fehler tatsächlich als Lernchancen zu begreifen und die Frage »Wer ist schuld?« durch die viel lohnendere Frage »Wie vermeiden wir das zukünftig?« zu ersetzen. Eine solche Fehlerkultur muss vom Chef vorgelebt und implementiert werden. Das beginnt beim Zugeben eigener Versäumnisse und endet beim konstruktiven Aufarbeiten von Fehlern, die in der Abteilung passiert sind. Das ist weit mehr als ein achselzuckendes »Macht ja nichts«. In einer positiven

Fehlerkultur sollten die Beteiligten an einem Tisch gemeinsam ausloten, was warum schiefgelaufen ist und welche Prozesse, Verhaltensweisen und Produkte konkret verändert werden müssen, um dem in Zukunft vorzubeugen. So werden aus Fehlern Zukunftserfolge.

6. Unterschiede ertragen können – Souveränität

Dass Führungskräfte im Lauf der Zeit Mitarbeiter um sich scharen, die ihnen besonders »liegen«, ist menschlich und nachvollziehbar. Andersartigkeit ertragen zu können und Diversität wirklich zu leben ist allerdings viel fruchtbarer, und zwar nicht nur, weil der »War for Talents« sich in Zukunft verschärfen und eine globale Wirtschaft dem Einzelnen ohnehin mehr Toleranz in der Zusammenarbeit mit anders geprägten Menschen abfordern wird. Bunte Teams bündeln außerdem mehr Ideen und mehr kreatives Potenzial als Monokulturen.

Auch in anderer Hinsicht hilft es Ihnen als Führungskraft, wenn Sie Menschen nicht reflexartig über den eigenen Kamm scheren. Es hilft zu ertragen, dass im Team manchmal erst gejammert werden muss, bevor man gemeinsam die Probleme angehen kann. Es hilft, mit überzogenen Erwartungen zu leben, denen Sie als Vorgesetzter gelegentlich ausgesetzt sind (Stichwort Helden- oder Übervater-Mythos). Es macht es für Sie leichter erträglich, in Krisensituationen zur Zielscheibe für Vorwürfe zu werden, weil Sie eben greifbar sind, die Konzernzentrale als Urheber ungeliebter Maßnahmen hingegen sehr fern. Menschen sind unterschiedlich: unterschiedlich souverän, unterschiedlich ambitioniert, unterschiedlich ängstlich oder veränderungsfreudig. Die eigene Messlatte nicht zwanghaft an andere anzulegen hilft, konstruktiv damit umzugehen.

7. In sich selbst ruhen – Werteklarheit

Was ist Ihnen wirklich wichtig im Leben? Woran richten Sie Ihr Denken und Handeln aus? Sich darüber klar zu werden und Entscheidungen daran auszurichten schafft innere Unabhängigkeit und Berechenbarkeit nach außen. Mitarbeiter können mit vielem leben, wenn die Spielregeln eindeutig definiert sind und sie wissen, »woran sie sind«. Was zornig oder ängstlich macht, demotiviert und frustriert, sind Halbherzigkeit, Wankelmütigkeit, Messen mit zweierlei Maß sowie Wutausbrüche aus nichtigem Anlass oder um eigenes Versagen zu kaschieren. Erinnern Sie sich einfach an jene Chefs, die Sie selbst zur Verzweiflung brachten. Kaum etwas ist schwerer zu ertragen, als wenn unter dem Deckmantel eines vorbildlichen Leitbildes ein ganz anderes Verhalten steckt.

Wenn also Erfolg und Unabhängigkeit ganz oben auf Ihrer Werteskala stehen, wenn Sie daran Ihre Entscheidungen ausrichten, selbst dafür Opfer bringen und diese auch von Ihren Mitarbeitern erwarten: Sagen Sie das. Wenn Ordnung und Berechenbarkeit in Ihrer Welt eine wichtige Rolle spielen, vermitteln Sie auch das. Wenn Gerechtigkeit einer Ihrer Kernwerte ist, wird Ihnen das gelegentlich andere Entscheidungen abverlangen als Ihrem Kollegen, der Status an die erste Stelle setzt. Gehen Sie Ihren Weg und gehen Sie ihn bewusst. Machen Sie sich vorher klar, worauf Sie in Dilemmasituationen zurückgreifen wollen. Und schließlich: Respektieren Sie die Wertesysteme anderer Menschen. Wer als Sachbearbeiter oder Mitarbeiter in der Produktion seinen Beitrag leistet, rückt in seinem Leben wahrscheinlich andere Dinge in den Vordergrund als jemand, der sich bis in die Unternehmensspitze vorgekämpft hat.

Für ein konstruktives Miteinander

Dieser Erfolgskanon ist ambitioniert, das ist mir bewusst. Und es gibt wohl kaum jemanden, der im Alltag nicht hin und wieder daran scheiterte. Wer ist schon perfekt? Aber das sollte uns nicht hindern, unser Verhalten als Führungskräfte mit hohen Maßstäben zu messen.

Vielleicht vermissen Sie bei all der Kritik am Fehlverhalten auf den Führungsetagen auch einen Hinweis auf die »Sünden« der anderen Seite. Natürlich gibt es die auch: Mitarbeiter, die ein bequemes Schwarzweiß-Bild vom gierigen Arbeitgeber und ausgebeuteten Arbeitnehmer pflegen; Mitarbeiter, die eine Versetzung an einen 30 Kilometer entfernten Standort als unerträgliche Zumutung betrachten und dafür eine üppige Ausgleichszahlung fordern; Mitarbeiter, die das Ansinnen, sich fortzubilden, brüsk zurückweisen und erwarten, dass sich in den verbleibenden 15 Berufsjahren für sie gefälligst nichts ändern sollte.

Doch das war hier nicht das Thema. Das Thema war vielmehr, wie Sie als Führungskraft mit Ihren Mitarbeitern die Dinge bewegen können, die Ihnen wichtig sind. Wie Sie Kritikpunkte Ihrer Mitarbeiter an Ihrem Führungsstil rechtzeitig erkennen, wie Sie gegensteuern und wie Sie verhindern, dass diese Menschen irgendwann demotiviert den Rückzug antreten. Schließlich verbringen wir am Arbeitsplatz mehr als ein Drittel unserer »wachen« Lebenszeit. Allein das ist Grund genug, diese Zeit so spannend, produktiv und menschlich fair zu gestalten wie eben möglich.

Danksagung

Mein herzlicher Dank gilt allen, die dieses Buch anregten, unterstützten oder dessen Entstehung begleiteten. Darüber hinaus danke ich allen Kunden, bei denen und für die ich tätig sein, Erfahrungen und Erkenntnisse sammeln und mich persönlich einbringen darf. Natürlich danke ich auch meinen Klienten, die mich in der Zusammenarbeit erkennen ließen, was hilfreich ist, und die mir durch ihre Beispiele und das Teilhaben an einem Stück ihres Lebensweges Erkenntnisse brachten und meine Erfahrung befruchteten.

So danke ich auch für die Möglichkeit, so oft Zeuge sein zu dürfen, wenn Menschen geführt werden.

Mir selbst hat es trotz der Mühen, die ein Buch in der Entstehung immer mit sich bringt, wieder einmal Spaß und eigene neue Einsichten gebracht, mich so intensiv mit dem Thema auseinanderzusetzen, intelligentes Material aus der ganzen Welt zu sichten und alles zu einem Bild zu verbinden. So ist am Ende ein Werk entstanden, zu und hinter dem ich persönlich stehe und in dem viele Leser, die mich kennen, unsere gemeinsame Arbeitsweise und Werkzeuge wiedererkennen werden.

Für Feedback, Anregungen oder kritische Meinungen, für die Anfrage nach den Dienstleistungen, die mein Team und ich Ihnen anbieten können, auf der Suche nach Coaching, Managementtrainings oder Vorträgen wenden Sie sich bitte an den Campus Verlag oder an unser Büro:

Lehky Consulting	Telefon: 040/44 14 09 90
St. Benedictstraße 34	Fax: 040/44 14 09 99
20149 Hamburg	info@lehky-consulting.de

Maren Lehky

Anmerkungen

1 Vgl. »Die besten DAX-Chefs«, ein Ranking, das die Zeitschrift *Capital* aufgrund eines Kriterienkatalogs der Unternehmensberatung Kienbaum von Experten erstellen ließ (*Capital* Heft 8, 2008, S. 191 ff.)

2 Gerhard Dammann: *Narzissten, Egomanen, Psychopathen in der Führungsetage.* Bern/Stuttgart/Wien 2007, S. 97

3 *Focus* vom 29. Januar 2007

4 Dammann: *Narzissten, Egomanen, Psychopathen.* Bern/Stuttgart/Wien 2007, S. 71

5 Oswald Neuberger: *Führen und führen lassen.* Stuttgart 6. Aufl. 2002, S. 528

6 David Collinson: »Dialectics of Leadership«, in: *Human Relations* Vol. 58, 2005

7 Dammann: *Narzissten, Egomanen, Psychopathen.* Bern/Stuttgart/Wien 2007, S. 31

8 Thomas Holtbernd: *Führungsfaktor Humor. Wie Sie und Ihr Unternehmen davon profitieren können.* München 2003. Oder: Gerhard Schwarz: *Führen mit Humor. Ein gruppendynamisches Erfolgskonzept.* Wiesbaden, 2., überarb. Ausgabe 2008

9 Neuberger: *Führen und führen lassen.* Stuttgart 2002, S. 107

10 Petra Begemann: *Den Chef im Griff.* Frankfurt am Main 2009, S. 52

11 www.klub-langer-menschen.de > Presse

12 Quelle: »Die Geheimnisse der Personalchefs«, in: *Focus Money* vom 12.06.2008

13 Sigmund Freud: *Der Mann Moses und die monotheistische Religion: Drei Abhandlungen*, Frankfurt am Main 1986, S. 555 f.

14 Vergleiche hierzu auch Abraham Maslow: *Motivation und Persönlichkeit*, Reinbek 1981

15 Neuberger: *Führen und führen lassen.* Stuttgart 2002, S. 117

16 Nach Dammann: *Narzissten, Egomanen, Psychopathen.* Bern/Stuttgart/Wien 2007, S. 81 f.

17 *manager magazin* vom 01.07.1998

18 *manager magazin* vom 09.12.2003

19 Quelle: *Wirtschaftswoche* vom 04.08.2008: »Warum weibliche Führungskräfte den Firmenwert steigern.«

20 Dammann: *Narzissten, Egomanen, Psychopathen.* Bern/Stuttgart/Wien 2007, S. 10, 16 und S. 40

21 In einem Beitrag von *Süddeutsche TV* vom 10.04.2006; Quelle: http://www.sueddeutsche-tv.de/index.php?idart=406

22 Mehr dazu unter www.umsetzungsberatung.de > Der Change Guide > Psychologie der Veränderung

23 Weitere Informationen im Überblick unter http://arbeitsblaetter.stangl-taller.at (> Fritz

Riemanns »Grundformen der Angst«) und www.schulz-von-thun.de (> Modelle > Das Riemann-Thomann-Modell)

24 Quelle: www.umsetzungsberatung.de > Lexikon des Change Management > Emotionen: Motoren unseres Handelns, Quell unserer Ausreden

25 David M. Noer: *Die vier Lerntypen: Reaktionen auf Veränderungen im Unternehmen.* Stuttgart 1998

26 Nachlesen können Sie das unter anderem in Friedemann Schulz von Thun et al.: *Miteinander reden. Kommunikationspsychologie für Führungskräfte.* Reinbek bei Hamburg 2000

27 Erhebungen der DAK zufolge erhöhte sich die Zahl der psychischen Erkrankungen von 1997 bis 2004 um 70 Prozent. Fast 10 Prozent der Fehltage am Arbeitsplatz gehen inzwischen auf dieses Konto. (Quelle: www.welt.de; Artikel »Arbeitsausfälle durch psychische Erkrankungen« vom 18.06.2005)

28 Quelle: Samuel Berner: *Reaktionen der Verbleibenden auf Personalabbau.* Diss. Nr. 2248 der Universität St. Gallen 1999. Im Rahmen dieser Studie befragte Berner britische und amerikanische Unternehmen. Seine Arbeit ist bis heute wegweisend, weil sie als erste die lange Zeit unterschätzte »Survivor-Problematik« thematisierte.

29 Andreas Krause, Timo Stadil, Jessica Bünke: »Auswirkungen von Downsizing-Maßnahmen auf das organisationale Commitment der verbleibenden Mitarbeiter: Ein Vorher-Nachher-Vergleich«, in: *Gruppendynamik und Organisationsberatung,* 34. Jahrgang, Heft 4, 2003, S. 355–372

30 *Financial Times Deutschland* vom 06.10.2006: »Wenn Lehrlinge die Filiale leiten«, Seite SC 3

31 Marcus Buckingham, Curt Coffman: *Erfolgreiche Führung gegen alle Regeln.* Frankfurt am Main 2005

32 Paul Watzlawick: *Anleitung zum Unglücklichsein.* München, 11. Aufl. 2008

33 Robert B. Cialdini: *Die Psychologie des Überzeugens.* Bern, 6. Aufl. 2008

34 Ebd., S. 218 ff.

35 Michael Hartmann: *Der Mythos von den Leistungseliten: Spitzenkarrieren und soziale Herkunft in Wirtschaft, Politik, Justiz und Wissenschaft.* Frankfurt am Main 2004

36 Cialdini: *Die Psychologie des Überzeugens.* Bern 2008, S. 225

37 Ebd., S. 225 ff.

38 Vgl. zum Beispiel Meredith Belbin: *Management Teams. Why They Succeed or Fail.* Oxford 2003 oder ders.: *Team Roles at Work.* Oxford 1996

39 Am 24.11.2007 unter der Überschrift »Wie aus dem Matrosen ein Kapitän wird«

40 *Financial Times Deutschland* vom 08.03.2006 unter der Überschrift »Abgehoben«

41 Quelle: http://www.wo-institut.de/fileadmin/wo-institut/media/Bungard.pdf

42 Frank J. Sulloway: *Der Rebell der Familie.* Berlin 1997

43 Am 25.06.2001 unter der Überschrift »Zum Helden verdammt«

44 Quelle: *Die Welt* vom 27.01.2008; Artikel: »Der Fluch, einen großen Bruder zu haben«

45 Chuck Lucier, Steven Wheeler, Rolf Habbel: »The Era of the Inclusive Leader«; in: *strategy + business,* Issue 47, Summer 2007 (Download im Internet unter http://www.boozallen.com/media/file/Era_of_the_Inclusive_Leader_.pdf.)

46 Quelle: *Wirtschaftswoche* vom 13.05.2008, Artikel »Kündigung im Hinterkopf«. Befragt wurden mehr als 900 Manager.

47 *Süddeutsche Zeitung* vom 29.02.2008; Interview unter der Überschrift »Manager und Unternehmer müssen Vorbild sein«

48 Quelle: *Frankfurter Allgemeine Zeitung* vom 26.02.2008, Artikel »Man überlebt nicht, wenn man die Moral hochhält«

49 *Frankfurter Allgemeine Zeitung* vom 04.01.09, Artikel »Sand im Getriebe der Dresdner-Übernahme«; Quelle: www.faz.net

50 *Financial Times Deutschland* vom 24.06.2008; Artikel »Kühler Statthalter«

51 Götz Hamann: »Montgomery hat alles falsch gemacht«, in: Zeit online vom 13.01.2009 (http://images.zeit.de/text/online/2009/03/mecom-verkauf-zeitungen)

52 Im Interview mit der *Frankfurter Rundschau* vom 21.07.2008

53 *Süddeutsche Zeitung* vom 30.07.2008, Artikel »Ganz der Kranich«

54 Quelle: sueddeutsche.de vom 30.03.2008

55 Martin Suter: *Unter Freunden und andere Geschichten aus der Business Class*. Zürich 2007, S. 191 ff.

56 Download auf der Homepage der Deutschen Bank unter www.deutsche-bank.de/ presse/de/content/reden_praesentationen_2005.htm

57 Artikel »Briten beklagen Schikane durch Chefs«

58 Maryam L. Moazedi: »Macht und Ohnmacht der Managersprache«, im Internet unter www.wmedia.at/wm_2008/06/wm200806_lm.pdf

59 *Frankfurter Allgemeine Zeitung* vom 29.07.2006

60 Moazedi: »Macht und Ohnmacht der Managersprache«, im Internet unter www. wmedia.at/wm_2008/06/wm200806_lm.pdf

61 Gegenüber der Zeitung *Die Welt* (Artikel: »Präzision bitte auch beim Wort«, 11.10.2003, Quelle: www.welt.de)

62 Alexander Kirchner: »Bullshit-Bingo in der Chefetage. Modeworte und der Verlust der Glaubwürdigkeit«; in: *RhetOn. Online Zeitschrift für Rhetorik & Wissenstransfer* 1/2006 (www.rheton.at)

63 Albert Thiele: *Die Kunst zu überzeugen. Faire und unfaire Dialektik*. 8. Aufl. Berlin/ Heidelberg 2006, S. 51

64 Ebd., S. 62

65 Auszug: »Wenn Sie vom Flug – äh vom Hauptbahnhof starten Sie steigen in den Hauptbahnhof ein Sie fahren mit dem Transrapid in zehn Minuten an den Flughafen in an den Flughafen Franz-Josef Strauß dann starten Sie praktisch hier am Hauptbahnhof in München – das bedeutet natürlich, dass der Hauptbahnhof im Grunde genommen näher an Bayern an die bayerischen Städte heranwächst …« (Quelle: ARD/MDR-Sendung FAKT »Stoibers Welt«)

66 *Der Spiegel* vom 05.01.09, S. 57 (Artikel »Gelöschte Hochfackel«)

67 Brigitte Biehl: »Der perfekte Auftritt«, in: *Harvard Business Manager* Heft 5/2007, S. 18 ff.

68 Brigitte Biehl: *Business is Showbusiness – Wie Topmanager sich vor Publikum inszenieren*. Frankfurt am Main 2007

69 Am 12.06.2006 im Interview mit den »Management Angels«. Nachzulesen unter www.managementangels.com. Titel des Gesprächs: »Führung heißt, Menschen zur Selbstverantwortung zu befähigen«

70 Inghard Langer/Friedemann Schulz von Thun/Reinhard Tausch/Jürgen Höder: *Sich verständlich ausdrücken*. 8. Aufl. München 2006

71 Bernice McCarthy: *4MAT in Action: Creative Lesson Plans for Teaching to Learning*

Styles, Excel 1980. Modell und weiterführende Hinweise auch unter www.aboutlearning.com

72 Als Postscriptum zu den »Ratschlägen für einen schlechten Redner«, Kurt Tucholsky: *Ausgewählte Werke*. Reinbek bei Hamburg 1998, S. 215

73 Jörg Thomann: »Der schlimmste Chef aller Zeiten«, *Frankfurter Allgemeine Zeitung* vom 05.03.2007; Quelle: www.faz.net

74 Ebd.

75 Buckingham/Coffman: *Erfolgreiche Führung gegen alle Regeln*. Frankfurt 2001, S. 24 und S. 26

76 Ebd., S. 35

77 Daniel Goleman/Richard Boyatzis/Annie McKee: *Emotionale Führung*, München 2002, S. 33

78 Im Internet unter www.pwc.de/fileserver/RepositoryItem/studie_wikri_2007.pdf?itemId = 3169192

79 Quelle: »Angriff auf den Siemens-Vorstand«, *Frankfurter Allgemeine Zeitung* vom 27.09.2006 (www.faz.net)

80 Quelle: *Der Spiegel* Nr. 48, 2008, Titelthema: »Wege aus dem Stress«, S. 145 ff.

81 *Frankfurter Allgemeine Sonntagszeitung* vom 7.12.2008, S. 42 f.

82 *Frankfurter Allgemeine Zeitung* vom 23.12.2007, Artikel: »Wir sind dann mal weg – Die Sehnsucht nach der kreativen Pause«, S. 34 f.

83 Wertekommission/Initiative Werte bewusste Führung: »Führungskräftebefragung 2007«, verfasst von Mathias Bucksteeg und Kai Hattendorf. Im Internet unter www.iaw-koeln.de/uploads/wk_studie_2007.pdf

84 Rakesh Khurana/Nitin Nohria: »Die Neuerfindung des Managers«, in: *Harvard Business Manager*, Januar 2009, S. 20 ff., hier S. 29

85 Goleman/Boyatzis/McKee: *Emotionale Führung*. München 2002, S. 61

86 Wirtschaftblog vom WEF Davos 2009; Titel des Beitrags: »Abgeschottet und realitätsfern«; im Internet unter: http://wirtschaft.blog.sf.tv

87 *Brand eins* 08/2007; Liste unter dem Titel »Die Ungeduldigen«

88 *Handelsblatt* vom 03.02.2009, Artikel: »Spitzenaffäre: Mehdorn entschuldigt sich bei Mitarbeitern«; im Internet unter www.handelsblatt.com

Literatur

Babiak, Paul/Hare, Robert D.: *Menschenschinder oder Manager: Psychopathen bei der Arbeit*. München: Hanser 2007

Belbin, Meredith: *Management Teams. Why They Succeed or Fail*. Oxford/Boston: Butterworth-Heinemann 2003

Belbin, Meredith: *Team Roles at Work*. Oxford/Boston: Butterworth-Heinemann 1996

Berner, Samuel: *Reaktionen der Verbleibenden auf Personalabbau*. Diss. Nr. 2248 der Universität St. Gallen 1999

Biehl, Brigitte: »Der perfekte Auftritt«, in: *Harvard Business Manager* Heft 5/2007, S. 18 ff

Biehl, Brigitte: *Business is Showbusiness – Wie Topmanager sich vor Publikum inszenieren*. Frankfurt am Main: Campus 2007

Buckingham, Marcus/Coffman, Curt: *Erfolgreiche Führung gegen alle Regeln*. Frankfurt am Main: Campus 2005

Capital: »Die besten DAX-Chefs«. Ein Ranking, das die Zeitschrift *Capital* aufgrund eines Kriterienkatalogs der Unternehmensberatung Kienbaum von Experten erstellen ließ (Heft 8, 2008, S. 191ff)

Cialdini, Robert B.: *Die Psychologie des Überzeugens*. Bern: Verlag Hans Huber, 6. Aufl. 2008

Collinson, David: »Dialectics of Leadership«, in: *Human Relations* Vol. 58, 2005

Dammann, Gerhard: *Narzissten, Egomanen, Psychopathen in der Chefetage*. Bern/Stuttgart/Wien: Haupt Verlag 2007

Goleman, Daniel/Boyatzis, Richard/McKee, Annie: *Emotionale Führung*, München: Econ 2002

Goleman, Daniel/Boyatzis, Richard: »Soziale Intelligenz – warum Führung Einfühlung bedeutet«, in: *Harvard Business Manager* Heft 1, 2009, S. 35 ff

Hartmann, Michael: *Der Mythos von den Leistungseliten: Spitzenkarrieren und soziale Herkunft in Wirtschaft, Politik, Justiz und Wissenschaft*. Frankfurt am Main: Campus 2004

Holtbernd, Thomas: *Führungsfaktor Humor. Wie Sie und Ihr Unternehmen davon profitieren können*. München: Redline Wirtschaft 2003

Kirchner, Alexander: »Bullshit-Bingo in der Chefetage. Modeworte und der Verlust der Glaubwürdigkeit«; in: *RhetOn. Online Zeitschrift für Rhetorik & Wissenstransfer* 1/2006 (www.rheton.at)

König, Karl: *Brüder und Schwestern. Geburtenfolge als Schicksal*. Göttingen: Vandenhoeck & Ruprecht 2008

Krause, Andreas/Stadil, Timo/Bünke, Jessica: »Auswirkungen von Downsizing-Maßnahmen auf das organisationale Commitment der verbleibenden Mitarbeiter: Ein Vorher-Nachher-Vergleich; in: *Gruppendynamik und Organisationsberatung*, 34. Jg., Heft 4, 2003, S. 355 ff

Khurana, Rakesh/Nohria, Nitin: »Die Neuerfindung des Managers«, in: *Harvard Business Manager*, Heft 1, Januar 2009, S. 20 ff

Langer, Inghard/Schulz von Thun, Friedemann/Tausch, Reinhard/Höder, Jürgen: *Sich verständlich ausdrücken*. 8. Aufl. München: Reinhardt 2006

Lehky, Maren: *Der Mitarbeiter, der zu mir passt. Das 1 x 1 der Personalauswahl*. Frankfurt am Main: Eichborn 2002

Lehky, Maren: *Mitarbeitergespräche sicher und kompetent führen*. Frankfurt am Main: Eichborn 2002

Lehky, Maren: *Die 10 größten Führungsfehler und wie Sie sie vermeiden*. Frankfurt am Main: Campus 2007

Lehky, Maren: *Sicher durch die Krise führen*. Frankfurt am Main: Eichborn 2003

Maslow, Abraham: *Motivation und Persönlichkeit*. Reinbek: Rowohlt Verlag 1981

McCarthy, Bernice: *4MAT in Action: Creative Lesson Plans for Teaching to Learning Styles*. Excel 1980. Modell und weiterführende Hinweise auch unter www.aboutlearning.com

Neuberger, Oswald: *Führen und Führen lassen*. Stuttgart: Lucius & Lucius, 6., völlig neu bearb. und erw. Aufl. 2002

Noer, David M.: *Die vier Lerntypen: Reaktionen auf Veränderungen im Unternehmen*. Stuttgart: Klett-Cotta 1998

Schulz von Thun, Friedemann et al.: *Miteinander reden. Kommunikationspsychologie für Führungskräfte*. Reinbek bei Hamburg: Rowohlt 2000

Schwarz, Gerhard: *Führen mit Humor. Ein gruppendynamisches Erfolgskonzept*. Wiesbaden: Gabler Verlag, 2., überarb. Ausgabe 2008

Sulloway, Frank J.: *Der Rebell der Familie*. Berlin: Siedler Verlag 1997

Suter, Martin: *Unter Freunden und andere Geschichten aus der Business Class*. Zürich: Diogenes Verlag 2007

Sutton, Robert I.: *Der Arschloch-Faktor. Vom geschickten Umgang mit Aufschneidern, Intriganten und Despoten im Unternehmen*. München: Hanser Verlag 2006

Thiele, Albert: *Die Kunst zu überzeugen. Faire und unfaire Dialektik*. 8. Aufl. Berlin/Heidelberg: Springer Verlag 2006

Tucholsky, Kurt: »Ratschläge für einen schlechten Redner«, in: ders., *Ausgewählte Werke*. Reinbek bei Hamburg: Rowohlt 1998

Watzlawick, Paul: *Anleitung zum Unglücklichsein*. München: Piper, 11. Aufl. 2008

Wertekommission/Initiative Werte bewusste Führung: »Führungskräftebefragung 2007«, verfasst von Mathias Bucksteeg und Kai Hattendorf. Im Internet unter www.iaw-koeln.de/uploads/wk_studie_2007.pdf

Register